시대는 빠르게 변해도
배움의 즐거움은
변함없어야 하기에

어제의 비상은
남다른 교재부터
결이 다른 콘텐츠
전에 없던 교육 플랫폼까지

변함없는 혁신으로
교육 문화 환경의 새로운 전형을
실현해왔습니다.

비상은 오늘, 다시 한번
새로운 교육 문화 환경을 실현하기 위한
또 하나의 혁신을 시작합니다.

오늘의 내가 어제의 나를 초월하고
오늘의 교육이 어제의 교육을 초월하여
배움의 즐거움을 지속하는 혁신,

바로, 메타인지 기반 완전 학습을.

상상을 실현하는 교육 문화 기업 비상

메타인지 기반 완전 학습

초월을 뜻하는 meta와 생각을 뜻하는 인지가 결합한 메타인지는
자신이 알고 모르는 것을 스스로 구분하고 학습계획을 세우도록 하는
궁극의 학습 능력입니다. 비상의 메타인지 기반 완전 학습 시스템은
잠들어 있는 메타인지를 깨워 공부를 100% 내 것으로 만들도록 합니다.

초등과학 6-1

(공부계획표)

나는 이렇게 공부할 거야! ✎　　　　　　　초등학교　　이름

과학 공부
습관 기르고!

오투의 각 일차가 내 교과서의
몇 쪽에 해당하는지 확인할 수 있어요!
만약 **비상 교과서 22~23쪽**이면
오투 12~15쪽을 공부하면 돼요!

대단원	소단원	오투	비상 교과서	아이스크림	천재 교과서	천재 교육	지학사	동아 출판	금성 출판사	미래엔	김영사
3 식물의 구조와 기능	1 생물을 이루는 세포	84~87	72~73	66~67	52~53	80~81	70~71	70~71	88~89	72~73	72~73
	2 뿌리의 생김새와 하는 일	88~91	74~77	68~69	54~55	82~83	72~73	72~73	90~91	74~75	74~75
	3 줄기의 생김새와 하는 일	92~95	78~79	70~71	56~57	84~85	74~75	74~75	92~93	76~77	76~77
	4 잎의 생김새와 하는 일	100~103	80~81	74~75	58~59	86~87	76~77	78~79	94~95	80~81	78~79
	5 잎에 도달한 물의 이동	104~107	78~79	72~73	60~61	88~89	78~79	76~77	96~97	78~79	80~81
	6 꽃의 생김새와 하는 일	112~115	82~83	76~77	62~63	90~91	80~81	80~81	98~99	82~83	82~83
	7 씨가 퍼지는 방법	116~119	86~87	78~79	64~65	92~93	82~83	82~83	102~103	84~85	84~85
4 빛과 렌즈	1 햇빛이 프리즘을 통과한 모습	130~133	100~101	94~95	100~101	108~109	94~95	94~95	66~67	98~99	96~97
	2 빛이 물과 유리를 통과하여 나아가는 모습	134~137	102~103	96~97	102~105	104~105	96~97	96~99	68~69	100~102	98~99
	3 물속에 있는 물체의 모습	138~141	–	–	102~103	106~107	98~99	98~99	70~71	100~102	100~101
	4 볼록 렌즈의 특징과 볼록 렌즈로 본 물체의 모습	146~149	104~107	98~101	106~107	110~113	100~101	100~103	72~75	104~107	102~105
	5 볼록 렌즈를 통과한 햇빛의 모습	150~153	104~105	98~99	108~109	110~111	102~103	100~101	72~73	104~105	102~103
	6 볼록 렌즈를 이용한 도구를 만들어 관찰한 물체의 모습	158~161	106~107	104~105	110~111	114~115	104~105	106~107	76~77	110~111	108~109
	7 우리 생활에서 볼록 렌즈를 이용하는 예	162~165	108~109	102~103	112~113	116~117	106~107	104~105	78~79	108~109	106~107

오투와 내 교과서 비교하기

대단원	소단원	오투	비상교과서	아이스크림	천재교과서	천재교육	지학사	동아출판	금성출판사	미래엔	김영사
탐구 단원	생활 속에서 탐구하기	6~10	12~17	12~17	12~23	14~21	10~17	10~19	10~19	10~19	10~19
1 지구와 달의 운동	1 하루 동안 태양과 달의 위치 변화	12~15	22~23	22~23	28~29	28~29	24~25	24~25	26~29	24~25	28~29
	2 하루 동안 태양과 달의 위치가 변하는 까닭	16~19	24~27	24~25	30~31	30~31	22~23	26~27	24~25	26~27	24~25 28~29
	3 낮과 밤이 생기는 까닭	20~23	24~27	24~25	32~33	32~33	26~27	26~27	30~31	26~27	26~27
	4 계절별 대표적인 별자리	28~31	28~29	26~27	34~35	34~35	30~31	30~31	32~33	30~31	32~33
	5 계절에 따라 보이는 별자리가 달라지는 까닭	32~35	30~31	28~29	36~37	36~39	28~31	28~31	32~33	32~35	30~33
	6 여러 날 동안 달의 모양과 위치 변화	36~39	32~35	30~31	38~41	40~45	32~35	32~35	34~37	36~39	34~37
2 여러 가지 기체	1 산소의 성질	50~53	48~51	44~45	76~79	56~59	46~49	46~49	46~47	48~51	48~51
	2 이산화 탄소의 성질	54~57	52~53	46~47	80~83	60~63	50~53	50~53	48~49	52~55	52~53
	3 압력에 따른 기체의 부피 변화	62~65	54~57	50~51	84~85	64~65	56~57	56~57	50~51	58~61	56~57
	4 온도에 따른 기체의 부피 변화	66~69	54~57	48~49	86~87	66~67	54~55	54~55	52~53	56~57 60~61	54~55
	5 공기를 이루는 여러 가지 기체	70~73	58~59 62~63	52~53 58~59	88~89	68~69 72~73	58~59 62~63	58~59	54~59	62~63 68	58~61

과학 자신감 올리고!

01일차	**02**일차	**03**일차	**04**일차	**05**일차
6~10쪽	12~15쪽	16~19쪽	20~27쪽	28~31쪽
월 일	월 일	월 일	월 일	월 일

06일차	**07**일차	**08**일차	**09**일차	**10**일차
32~35쪽	36~43쪽	44~48쪽	50~53쪽	54~61쪽
월 일	월 일	월 일	월 일	월 일

11일차	**12**일차	**13**일차	**14**일차	**15**일차
62~65쪽	66~69쪽	70~77쪽	78~82쪽	84~87쪽
월 일	월 일	월 일	월 일	월 일

16일차	**17**일차	**18**일차	**19**일차	**20**일차
88~91쪽	92~99쪽	100~103쪽	104~111쪽	112~115쪽
월 일	월 일	월 일	월 일	월 일

21일차	**22**일차	**23**일차	**24**일차	**25**일차
116~123쪽	124~128쪽	130~133쪽	134~137쪽	138~145쪽
월 일	월 일	월 일	월 일	월 일

26일차	**27**일차	**28**일차	**29**일차	**30**일차
146~149쪽	150~157쪽	158~161쪽	162~169쪽	170~174쪽
월 일	월 일	월 일	월 일	월 일

완자 진도책

초등 과학

6·1

차례

| 탐구 단원 | 생활 속에서 탐구하기 | 6~10 |

1 지구와 달의 운동

1	하루 동안 태양과 달의 위치 변화	12~15
2	하루 동안 태양과 달의 위치가 변하는 까닭	16~19
3	낮과 밤이 생기는 까닭	20~23
4	계절별 대표적인 별자리	28~31
5	계절에 따라 보이는 별자리가 달라지는 까닭	32~35
6	여러 날 동안 달의 모양과 위치 변화	36~39
●	단원 정리하기, 단원 마무리 문제	44~48

2 여러 가지 기체

1	산소의 성질	50~53
2	이산화 탄소의 성질	54~57
3	압력에 따른 기체의 부피 변화	62~65
4	온도에 따른 기체의 부피 변화	66~69
5	공기를 이루는 여러 가지 기체	70~73
●	단원 정리하기, 단원 마무리 문제	78~82

규칙적으로 공부하고, 공부한 내용을
확인하는 과정을 반복하면서 과학이
재미있어지고, 자신감이 쌓여갑니다.

3 식물의 구조와 기능

1 생물을 이루는 세포 -------- 84~87

2 뿌리의 생김새와 하는 일 -------- 88~91

3 줄기의 생김새와 하는 일 -------- 92~95

4 잎의 생김새와 하는 일 -------- 100~103

5 잎에 도달한 물의 이동 -------- 104~107

6 꽃의 생김새와 하는 일 -------- 112~115

7 씨가 퍼지는 방법 -------- 116~119

● 단원 정리하기, 단원 마무리 문제 -------- 124~128

4 빛과 렌즈

1 햇빛이 프리즘을 통과한 모습 -------- 130~133

2 빛이 물과 유리를 통과하여 나아가는 모습 -------- 134~137

3 물속에 있는 물체의 모습 -------- 138~141

4 볼록 렌즈의 특징과 볼록 렌즈로 본 물체의 모습 -------- 146~149

5 볼록 렌즈를 통과한 햇빛의 모습 -------- 150~153

6 볼록 렌즈를 이용한 도구를 만들어 관찰한 물체의 모습 -------- 158~161

7 우리 생활에서 볼록 렌즈를 이용하는 예 -------- 162~165

● 단원 정리하기, 단원 마무리 문제 -------- 170~174

오투와 함께 하면,
단계적으로 학습하여 규칙적인 공부 습관을 기를 수 있습니다.

진도책 | 개념 학습

탐구로 시작하여 개념을 이해할 수 있도록 구성하였고, 9종 교과서를
완벽하게 비교 분석하여 빠진 교과 개념이 없도록 구성하였습니다.

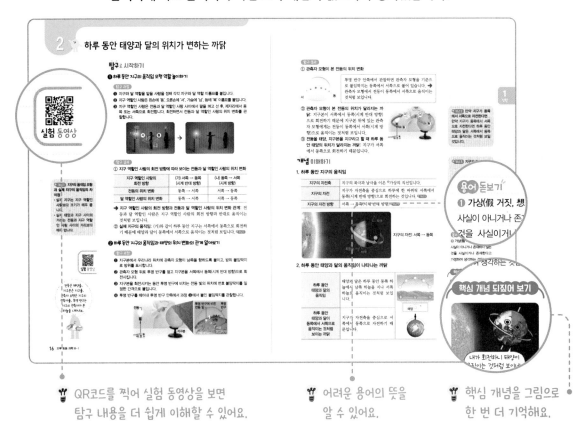

💡 QR코드를 찍어 실험 동영상을 보면
탐구 내용을 더 쉽게 이해할 수 있어요.

💡 어려운 용어의 뜻을
알 수 있어요.

💡 핵심 개념을 그림으로
한 번 더 기억해요.

문제 학습

단계적 문제 풀이를 할 수 있도록 구성하였습니다.

기본 문제로 익히기 **실력 문제**로 다잡기 **단원** 마무리 문제

평가책

단원별로 개념을 한눈에 보이도록 정리하였고, 효과적으로 복습할 수 있도록 문제를 구성하였
습니다. 학교 단원 평가와 학업성취도 평가에 대비할 수 있습니다.

단원 평가 대비

- 단원 정리
- 쪽지 시험 / 서술 쪽지 시험
- 단원 평가
- 서술형 평가

학업성취도 평가 대비

- 학업성취도 평가 대비 문제 1회(1~2단원)
- 학업성취도 평가 대비 문제 2회(3~4단원)

생활 속에서 탐구하기

1 탐구 문제를 정하고 가설을 세우기 (문제 인식, 가설 설정)

탐구로 시작하기

탐구 문제를 정하고 가설 세우기

탐구 과정

❶ 전개도를 이용하여 종이 기둥을 만듭니다.

❷ 종이 기둥 위에 책을 한 권씩 쌓아 올리면서 나타나는 변화를 관찰합니다.

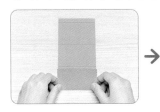 →  →

탐구 결과

① 종이 기둥 위에 책을 쌓아 올릴 때 나타나는 변화
- 종이 기둥의 모서리 부분이 단단해집니다.
- 책을 세 권 쌓아 올렸을 때 종이 기둥이 찌그러지면서 무너졌습니다.

② 궁금한 점을 탐구 문제로 정하고, 결과를 예상하여 가설 세우기

> - 종이로 만든 기둥에 책을 쌓아 올려도 무너지지 않는 까닭은 무엇일까?
> - 기둥 바닥의 꼭짓점 수에 따라 종이 기둥이 견딜 수 있는 무게가 달라질까?

> **탐구 문제** 기둥 바닥의 꼭짓점 수는 종이 기둥이 견디는 무게에 영향을 미칠까?

> **가설** 기둥 바닥의 꼭짓점 수가 많을수록 종이 기둥이 견디는 무게가 커질 것이다.

개념 이해하기

1. 가설을 설정하는 방법

① **가설 설정**: 탐구 문제의 답을 예상하는 것
- 탐구할 문제를 정한 뒤 탐구 결과를 미리 생각해 보고 탐구 문제의 답을 예상해 봅니다.

궁금한 점 → 탐구 문제 정하기 → 가설 설정

② **가설을 설정하는 방법**: 관찰한 사실이나 경험, 이미 알고 있는 지식을 바탕으로 가설을 설정합니다.

③ **가설을 세울 때 생각할 점**
- 탐구를 하여 알아보려는 내용이 분명하게 드러나야 합니다.
- 이해하기 쉽도록 간결하게 표현해야 합니다.
- 탐구를 하여 가설이 맞는지 확인할 수 있어야 합니다.

기본 문제로 익히기

○ 정답과 해설 ● 2쪽

1 다음 탐구 문제를 해결하기 위한 가설로 옳은 것을 보기 에서 골라 기호를 써 봅시다.

> **탐구 문제** 기둥 바닥의 꼭짓점 수는 종이 기둥이 견디는 무게에 영향을 미칠까?

> **보기**
> ㉠ 종이 색깔이 어두울수록 종이 기둥이 견디는 무게가 커질 것이다.
> ㉡ 기둥의 높이가 높을수록 종이 기둥이 견디는 무게가 커질 것이다.
> ㉢ 기둥 바닥의 꼭짓점 수가 많을수록 종이 기둥이 견디는 무게가 커질 것이다.

( )

2 다음 ( ) 안에 알맞은 말을 써 봅시다.

> ( ) 설정은 탐구할 문제를 정한 뒤 탐구 문제의 답을 예상하는 것이다.

( )

3 가설을 설정하는 방법을 옳게 설명한 친구의 이름을 써 봅시다.

> - 민호: 가설은 간결하게 표현해야 해.
> - 혜진: 내가 알고 있는 지식을 바탕으로 가설을 설정하면 안 돼.

( )

2 😊 실험 계획 세우기

탐구로 시작하기

실험 계획 세우기

① 실험 방법 정하기

기둥 바닥의 꼭짓점 수가 다른 여러 개의 종이 기둥을 준비하여 각각의 종이 기둥에 추를 쌓아 올리며 무너지기 직전까지 쌓아 올린 추의 개수를 세어 본다.

② 실험 조건 정하기

다르게 해야 할 조건	종이 기둥 바닥의 꼭짓점 수: 꼭짓점 수가 세 개, 네 개, 다섯 개, 여섯 개인 종이 기둥
같게 해야 할 조건	• 종이의 종류　　　　　• 종이의 크기 • 종이 기둥 위에 쌓을 물건　• 종이 기둥 위에 물건을 쌓을 위치

③ 구체적인 실험 계획 세우기

관찰하거나 측정할 것	기둥 바닥의 꼭짓점 수가 다른 각각의 종이 기둥이 무너지기 직전까지 쌓아 올린 추의 개수
실험 과정	❶ 여러 가지 모양의 종이 기둥 만들기 ❷ 기둥 바닥의 꼭짓점 수가 세 개인 종이 기둥에 빨대를 꽂은 후 받침대를 올려놓고 그 위에 추를 하나씩 쌓아 올리기 ❸ 종이 기둥이 무너지기 직전까지 쌓아 올린 추의 개수를 세어 보기 ❹ 기둥 바닥의 꼭짓점 수가 네 개, 다섯 개, 여섯 개인 종이 기둥을 사용하여 실험을 반복하기
준비물	종이 기둥 전개도, 풀, 추 받침대, 빨대, 무게가 같은 추 여러 개
안전 수칙	종이 기둥이 무너질 때 떨어지는 추에 다치지 않도록 주의하기
모둠 구성원의 역할	• 역할1: 종이 기둥 만들기 • 역할2: 종이 기둥에 추 쌓아 올리기 • 역할3: 실험 결과 기록하기

개념 이해하기

1. 실험 계획을 세우는 방법

실험 방법 정하기	실험 조건 정하기	구체적인 실험 계획 세우기
가설이 맞는지 확인할 수 있는 실험 방법을 생각합니다.	실험에서 다르게 해야 할 조건과 같게 해야 할 조건을 정합니다.	실험하면서 관찰하거나 측정해야 할 것, 실험 과정, 준비물, 안전 수칙, 모둠 구성원의 역할 등을 구체적으로 정합니다.

기본 문제로 익히기

◉ 정답과 해설 ● 2쪽

1 다음 가설을 해결하기 위한 실험 계획을 세울 때 다르게 해야 할 조건은 어느 것입니까? (　　)

> 가설　기둥 바닥의 꼭짓점 수가 많을수록 종이 기둥이 견디는 무게가 커질 것이다.

① 종이의 종류
② 종이의 크기
③ 종이 기둥 위에 쌓을 물건
④ 종이 기둥 바닥의 꼭짓점 수
⑤ 종이 기둥 위에 물건을 쌓을 위치

2 다음은 실험 계획을 세우는 방법을 순서에 상관없이 나타낸 것입니다. 순서대로 기호를 써 봅시다.

> ㉠ 실험 방법 정하기
> ㉡ 구체적인 실험 계획 세우기
> ㉢ 실험에서 다르게 해야 할 조건과 같게 해야 할 조건 정하기

(　　) → (　　) → (　　)

3 구체적인 실험 계획을 세울 때 정해야 하는 것이 아닌 것은 어느 것입니까? (　　)

① 실험 과정
② 실험 결과
③ 실험 준비물
④ 모둠 구성원의 역할
⑤ 실험하면서 관찰할 것

3 실험하기

탐구로 **시작하기**

종이 기둥이 견디는 무게 알아보기

탐구 과정

❶ 전개도를 이용하여 여러 가지 모양의 종이 기둥을 만듭니다.

❷ 기둥 바닥의 꼭짓점 수가 세 개인 종이 기둥에 빨대를 꽂은 후 받침대를 올려놓고, 그 위에 추를 하나씩 쌓아 올립니다.

 →

❸ 종이 기둥이 무너지기 직전까지 쌓아 올린 추의 개수를 세어 봅니다.

❹ 기둥 바닥의 꼭짓점 수가 네 개, 다섯 개, 여섯 개인 종이 기둥을 사용하여 실험을 반복합니다.

탐구 결과

기둥 바닥의 꼭짓점 수에 따라 종이 기둥이 견디는 추의 개수

기둥 바닥의 꼭짓점 수		3개	4개	5개	6개
추의 개수(개)	1회	16	23	28	32
	2회	15	21	27	32
	3회	17	22	27	33
	평균	16	22	27.33	32.33

개념 이해하기

1. 실험을 하고 실험 결과를 기록하는 방법

① 실험을 하는 방법
- 변인을 통제하면서 계획한 과정에 따라 실험합니다.
- 관찰하거나 측정하려고 하는 것을 분명히 알고 실험합니다.
- 실험을 여러 번 반복하면 더 정확한 실험 결과를 얻을 수 있습니다.
- 실험하는 동안 안전 수칙을 잘 지킵니다.

② 실험 결과를 기록하는 방법
- 실험하면서 관찰하거나 측정한 내용은 바로 기록합니다.
- 실험 결과를 있는 그대로 기록합니다.
- 실험 결과가 예상과 다르더라도 고치거나 빼지 않습니다.

기본 문제로 **익히기**

◎ 정답과 해설 • 2쪽

1 다음은 종이 기둥이 견디는 무게를 알아보는 실험 과정입니다. ( ) 안에 알맞은 말을 써 봅시다.

> 종이 기둥에 빨대를 꽂은 후 받침대를 올려놓고 그 위에 추를 하나씩 쌓아 올린다. 종이 기둥이 무너지기 직전까지 쌓아 올린 추의 ( )를 세어 본다.

( )

2 다음은 기둥 바닥의 꼭짓점 수에 따라 종이 기둥이 견디는 추의 개수를 알아본 결과입니다. ㉠과 ㉡ 중 종이 기둥이 견디는 무게가 더 큰 것은 어느 것인지 써 봅시다.

꼭짓점 수		㉠	㉡
추의 개수(개)	1회	16	23
	2회	15	21
	3회	17	22
	평균	16	22

( )

3 실험을 하고 결과를 기록하는 방법으로 옳지 <u>않은</u> 것은 어느 것입니까? ( )

① 안전 수칙을 잘 지킨다.
② 계획한 과정대로 실험한다.
③ 실험 결과를 있는 그대로 기록한다.
④ 실험 결과가 예상과 다르면 결과를 고친다.
⑤ 정확한 실험 결과를 얻기 위해 반복하여 실험한다.

4 실험 결과를 변환하고 해석하기 〈자료 변환, 자료 해석〉

탐구로 시작하기

실험 결과를 변환하고 해석하기

① 실험 결과를 그래프로 나타내기(자료 변환)

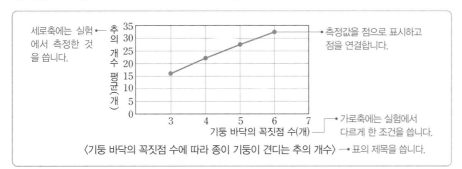

세로축에는 실험에서 측정한 것을 씁니다.

측정값을 점으로 표시하고 점을 연결합니다.

가로축에는 실험에서 다르게 한 조건을 씁니다.

〈기둥 바닥의 꼭짓점 수에 따라 종이 기둥이 견디는 추의 개수〉 → 표의 제목을 씁니다.

② 그래프를 보고 알 수 있는 점 생각하기(자료 해석)
- 종이 기둥이 견디는 추의 개수가 가장 적은 것은 기둥 바닥의 꼭짓점 수가 세 개인 것이고, 가장 많은 것은 기둥 바닥의 꼭짓점 수가 여섯 개인 것입니다.
- 기둥 바닥의 꼭짓점 수가 많을수록 종이 기둥이 견디는 추의 개수가 많습니다.

개념 이해하기

1. 실험 결과를 변환하는 방법

① 자료 변환: 실험 결과를 표나 그래프 등의 형태로 바꾸어 나타내는 것
➡ 실험 결과를 한눈에 비교할 수 있고, 실험 결과의 특징을 쉽게 이해할 수 있습니다.

② 자료 변환을 하는 방법 → 실험 결과를 잘 표현할 수 있는 방법으로 변환합니다.

그래프 → 막대그래프, 꺾은선그래프, 원그래프가 있습니다.		표
〈한 시간 동안 여러 교통수단이 이동한 거리〉 ▲ 막대그래프	〈하루 동안 지면과 수면의 온도 변화〉 ▲ 꺾은선그래프	〈종이의 종류에 따라 접힌 부분이 펴지는 데 걸린 시간〉
종류별 차이를 비교할 때 주로 사용합니다.	시간이나 양에 따른 변화를 나타낼 때 주로 사용합니다.	많은 양의 자료를 체계적으로 정리할 수 있습니다.

2. 실험 결과를 해석하는 방법

① 자료 해석: 변환한 자료를 해석하여 그 의미를 파악하고, 자료 사이의 관계나 규칙을 찾아내는 것

② 자료 해석을 하는 방법
- 실험에서 다르게 한 조건과 실험 결과와의 관계를 알아내고, 실험 결과에서 규칙성을 찾아냅니다. → 규칙에서 벗어난 값이 있다면 그 까닭을 생각합니다.
- 실험 조건을 잘 통제하였는지, 실험 과정과 측정 방법에는 이상이 없었는지 생각합니다.

기본 문제로 익히기

○ 정답과 해설 ● 2쪽

과학 탐구

1 다음 그래프를 보고 알 수 있는 사실을 보기 에서 골라 기호를 써 봅시다.

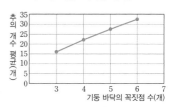

〈기둥 바닥의 꼭짓점 수에 따라 종이 기둥이 견디는 추의 개수〉

보기
ㄱ 꼭짓점 수가 많을수록 종이 기둥이 견디는 추의 개수가 많아진다.
ㄴ 꼭짓점 수가 적을수록 종이 기둥이 견디는 추의 개수가 많아진다.
ㄷ 꼭짓점 수와 관계없이 종이 기둥이 견디는 추의 개수는 모두 같다.

( )

2 다음 ( ) 안에 알맞은 말을 써 봅시다.

실험 결과를 한눈에 비교하기 쉽도록 실험 결과를 표나 그래프 등의 형태로 바꾸어 나타내는 것이다.

( )

3 시간이나 양에 따른 변화를 나타낼 때 주로 사용하는 자료 변환의 방법으로 가장 알맞은 것은 어느 것입니까?
( )
① 표 ② 글
③ 그림 ④ 막대그래프
⑤ 꺾은선그래프

5 결론 내리기

탐구로 시작하기

결론을 이끌어 내고 새로운 탐구 시작하기

① 실험 결과를 보고 가설이 맞는지 판단하고 결론 이끌어 내기

가설

기둥 바닥의 꼭짓점 수가 많을수록 종이 기둥이 견디는 무게가 커질 것이다.

→

실험 결과

(그래프: 가로축 — 기둥 바닥의 꼭짓점 수(개), 세로축 — 추의 개수 평균(개), 0~35)

기둥 바닥의 꼭짓점 수가 많을수록 종이 기둥이 견디는 추의 개수가 많아졌으므로 우리 모둠의 가설은 맞다.

결론

기둥 바닥의 꼭짓점 수는 종이 기둥이 견디는 무게에 영향을 미친다.

←

② 더 알고 싶은 것을 탐구 문제로 정하고 가설 세우기

탐구 문제 종이 기둥 위에 사람이 올라갈 수 있을까?

↓

가설 기둥 바닥이 원 모양인 종이 기둥을 많이 놓으면 그 위에 사람이 올라갈 수 있을 것이다.

개념 이해하기

1. 결론을 도출하는 방법

① **결론 도출**: 실험 결과를 해석한 후 가설이 맞는지 판단하고 결론을 이끌어 내는 것

가설이 맞는지 판단하기

→ 실험 결과가 나의 가설과 같다면, 이를 토대로 탐구 문제의 답을 정리해 결론을 내립니다.

→ 실험 결과가 나의 가설과 다르다면, 가설을 수정하여 탐구를 다시 시작합니다.

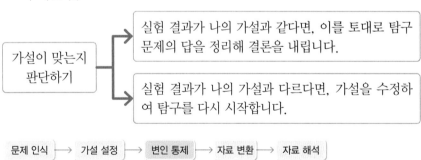

문제 인식 → 가설 설정 → 변인 통제 → 자료 변환 → 자료 해석

가설 수정 ← 맞지 않음. ← 가설이 맞았는지 판단 → 맞음. → 결론 도출

▲ 탐구 과정

② 결론을 도출한 후에는 결론을 뒷받침할 수 있는 추가 실험을 하거나, 여러 탐구 결과를 모아 규칙을 찾아 일반화할 수 있습니다.

기본 문제로 익히기

◉ 정답과 해설 • 2쪽

1 다음 결론의 ( ) 안에 들어갈 알맞은 말을 써 봅시다.

[가설] 기둥 바닥의 꼭짓점 수가 많을수록 종이 기둥이 견디는 무게가 커질 것이다.
[실험 결과] 기둥 바닥의 꼭짓점 수가 많을수록 종이 기둥이 견디는 추의 개수가 많아졌다.
[결론] 기둥 바닥의 꼭짓점 수는 종이 기둥이 견디는 ( )에 영향을 미친다.

( )

2 다음은 결론을 도출하는 방법입니다. ( ) 안에 알맞은 말을 써 봅시다.

실험 결과를 해석한 후 ( )이 맞는지 판단하고 결론을 이끌어 낸다.

( )

3 결론 도출에 대해 옳게 설명한 친구의 이름을 써 봅시다.

• 아현: 실험 결과가 가설과 같으면 정리해서 결론을 내려.
• 태준: 실험 결과가 가설과 달라도 다시 탐구를 하지 않아.

( )

1

지구와 달의 운동

하루 동안 태양의 위치가 달라지는 까닭은 무엇일까요?

달의 모양과 위치는 어떻게 달라질까요?

1 하루 동안 태양과 달의 위치 변화

탐구로 시작하기

❶ 하루 동안 태양의 위치 변화 관찰하기

탐구 과정

❶ 태양을 관찰하려는 장소에서 나침반을 이용하여 동서남북의 방위를 확인합니다.

❷ 남쪽을 보고 서서 학교 안의 나무나 주변 건물 등의 위치를 표시합니다.

❸ 같은 장소에서 일정한 시간 간격으로 태양의 위치를 관찰하여 기록합니다.
  └• 맨눈으로 태양 빛을 보면 눈을 다칠 수 있으므로 태양 관찰 안경을 끼고 관찰합니다.

탐구 결과

① 하루 동안 태양이 움직이는 방향: 동쪽 → 남쪽 → 서쪽

② 하루 동안 태양의 높이 변화: 태양은 동쪽 지평선에서 떠올라 시간이 지남에 따라 점점 높아지다가 낮아지며, 서쪽 지평선으로 집니다.

➕ 또 다른 방법!

천체 관측 프로그램에서 해 뜨는 시각을 처음 시각으로 설정한 후, 일정 시간 간격으로 태양을 관찰하는 방법도 있습니다.

▲ 천체 관측 프로그램

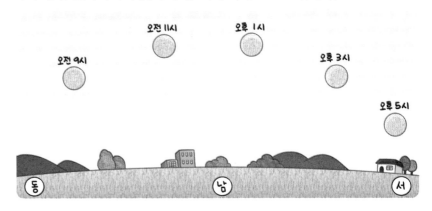

❷ 하루 동안 달의 위치 변화 관찰하기

탐구 과정
  └• 주변에 높은 건물이나 나무가 없어서 태양이나 달이 가려지지 않는 장소가 관찰하기에 적합합니다.

❶ 달을 관찰하려는 장소에서 나침반을 이용하여 동서남북의 방위를 확인합니다.

❷ 남쪽을 보고 서서 학교 안의 나무나 주변 건물 등의 위치를 표시합니다.

❸ 같은 장소에서 일정한 시간 간격으로 달의 위치를 관찰하여 기록합니다.

보름달이 뜨는 음력 15일 무렵에 달의 위치 변화를 쉽게 관찰할 수 있어요.

탐구 결과

① 하루 동안 달이 움직이는 방향: 동쪽 → 남쪽 → 서쪽

② 하루 동안 달의 높이 변화: 달은 동쪽 지평선에서 떠올라 시간이 지남에 따라 점점 높아지다가 낮아지며, 서쪽 지평선으로 집니다.
  └• 남쪽 하늘에서 가장 높습니다.

개념 이해하기

1. 태양과 달을 관찰할 때 동서남북의 방위 확인하는 방법

남쪽을 향해 섰을 때 왼쪽이 동쪽,
오른쪽이 서쪽, 뒤쪽이 북쪽이 됩니다.

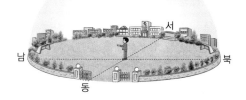

2. 하루 동안 태양, 달, 별의 위치 변화

① 하루 동안 태양, 달, 별을 관찰하면 태양, 달, 별은 시간이 지남에 따라 위치가 달라집니다. ➕개념1
② 하루 동안 태양, 달, 별의 위치가 달라지는 방향은 같습니다.
③ **태양, 달, 별의 위치 변화:** 동쪽 → 서쪽 방향으로 움직이는 것처럼 보입니다.

하루 동안 태양의 위치 변화

태양은 동쪽 ❶지평선에서 떠올라 남쪽 하늘을 지나 서쪽 하늘로 움직이는 것처럼 보입니다. ➕개념2

하루 동안 달의 위치 변화

달은 동쪽 지평선에서 떠올라 남쪽 하늘을 지나 서쪽 하늘로 움직이는 것처럼 보입니다.

보름달은 초저녁에 동쪽 하늘에서 보입니다.

보름달은 새벽에 서쪽 하늘에서 보입니다.

하루 동안 별의 위치 변화

하루 동안 별의 움직임을 관찰하면 별도 태양과 달처럼 동쪽 에서 서쪽 방향으로 움직이는 것처럼 보입니다.

➕개념1 **한낮의 파라솔 그늘이 시간이 지나면서 달라지는 까닭**
하루 동안 태양의 위치가 달라져 파라솔 그림자의 방향이 바뀌기 때문입니다.

➕개념2 **사람들이 해돋이를 보기 위해 동해안으로 가는 까닭**
태양은 동쪽에서 서쪽으로 위치가 달라지기 때문에 태양이 솟는 모습은 동쪽에서 볼 수 있습니다. 따라서 동쪽 바다인 동해에서 해돋이를 보기 위해 사람들은 동해안으로 갑니다.

용어 돋보기
❶ 지평선(地 땅, 平 평평하다, 線 줄)
평평한 대지의 끝과 하늘이 맞닿아 경계를 이루는 선입니다.

핵심 개념 되짚어 보기

하루 동안 태양과 달, 별들은 동쪽에서 서쪽으로 움직이는 것처럼 보입니다.

기본 문제로 익히기

○ 정답과 해설 ● 2쪽

핵심 체크

● 태양과 달을 관찰할 때 동서남북의 방위를 확인하는 방법: ❶ [ ]쪽을 향해 섰을 때 왼쪽이 동쪽, 오른쪽이 서쪽, 뒤쪽이 북쪽입니다.

● 하루 동안 태양과 달의 위치 변화

태양의 위치 변화	달의 위치 변화
❷ [ ]쪽 하늘 → 남쪽 하늘 → ❸ [ ]쪽 하늘	❹ [ ]쪽 하늘 → 남쪽 하늘 → ❺ [ ]쪽 하늘

● 하루 동안 별의 위치 변화: 동쪽에서 서쪽 방향으로 움직이는 것처럼 보입니다.

Step 1　　( ) 안에 알맞은 말을 써넣어 설명을 완성하거나 설명이 옳으면 ○, 틀리면 ×에 ○표 해 봅시다.

1 하루 동안 태양의 위치 변화를 관찰할 때, 태양을 관찰하려는 장소에서 ( )쪽을 보고 서서 학교 안의 나무나 주변 건물 등의 위치를 표시합니다.

2 하루 동안 태양의 위치를 관찰하면 태양은 오후 12시 30분 무렵에 ( )쪽 하늘에서 보입니다.

3 태양은 동쪽 지평선에서 떠오르고, 서쪽 지평선으로 집니다. (○ , ×)

4 하루 동안 달의 위치 변화는 서쪽 → 남쪽 → 동쪽으로 일어납니다. (○ , ×)

5 하루 동안 같은 장소에서 일정한 시간 간격으로 별을 관찰하면 위치가 변하지 않습니다.
(○ , ×)

1 다음은 태양과 달을 관찰할 때 동서남북의 방위를 확인하는 방법입니다. ㉠과 ㉡에 해당하는 방위를 각각 써 봅시다.

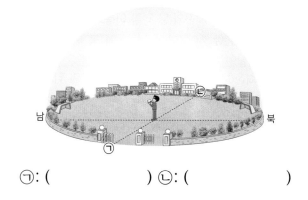

㉠: (   ) ㉡: (   )

2 하루 동안 태양의 위치 변화를 옳게 나타낸 것은 어느 것입니까?   (   )

① 남쪽 → 동쪽 → 북쪽
② 북쪽 → 서쪽 → 남쪽
③ 서쪽 → 남쪽 → 동쪽
④ 동쪽 → 남쪽 → 서쪽
⑤ 동쪽 → 북쪽 → 서쪽

3 오후 12시 30분 무렵에 관찰한 태양의 위치로 가장 옳은 것은 어느 것입니까?   (   )

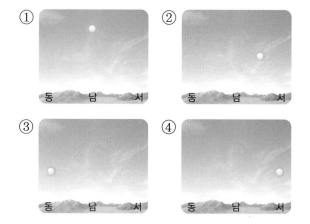

4 다음은 하루 동안 보름달의 위치를 관찰하여 나타낸 것입니다. 관찰한 시간 순서대로 기호를 써 봅시다.

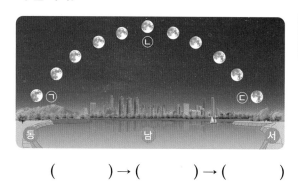

(   ) → (   ) → (   )

5 하루 중 보름달이 다음과 같은 위치에서 보이는 때는 언제입니까?   (   )

① 저녁 7시 30분 무렵
② 저녁 9시 30분 무렵
③ 오전 12시 30분 무렵
④ 오전 2시 30분 무렵
⑤ 오전 5시 30분 무렵

6 하루 동안 일정한 시간 간격으로 태양과 달의 위치를 관찰하여 알게 된 점으로 옳은 것을 보기 에서 골라 기호를 써 봅시다.

> 보기
> ㉠ 하루 동안 태양은 서쪽 지평선에서 떠오른다.
> ㉡ 하루 동안 달은 동쪽에서 서쪽 방향으로 움직이는 것처럼 보인다.
> ㉢ 하루 동안 태양과 달을 관찰하면 움직이는 방향이 다르다.

(   )

2 하루 동안 태양과 달의 위치가 변하는 까닭

탐구로 시작하기

❶ 하루 동안 지구의 움직임 모형 역할 놀이하기

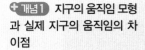

탐구 과정

❶ 지구와 달 역할을 맡을 사람을 정해 각각 지구와 달 역할 이름표를 붙입니다.

❷ 지구 역할인 사람은 왼손에 '동', 오른손에 '서', 가슴에 '남', 등에 '북' 이름표를 붙입니다.

❸ 지구 역할인 사람은 전등과 달 역할인 사람 사이에서 팔을 펴고 선 후, 제자리에서 동쪽 또는 서쪽으로 회전합니다. 회전하면서 전등과 달 역할인 사람의 위치 변화를 관찰합니다.

탐구 결과

① 지구 역할인 사람의 회전 방향에 따라 보이는 전등과 달 역할인 사람의 위치 변화

지구 역할인 사람의 회전 방향	(가) 서쪽 → 동쪽 (시계 반대 방향)	(나) 동쪽 → 서쪽 (시계 방향)
전등의 위치 변화	동쪽 → 서쪽	서쪽 → 동쪽
달 역할인 사람의 위치 변화	동쪽 → 서쪽	서쪽 → 동쪽

➡ **지구 역할인 사람의 회전 방향과 전등과 달 역할인 사람의 위치 변화 관계:** 전등과 달 역할인 사람은 지구 역할인 사람의 회전 방향과 반대로 움직이는 것처럼 보입니다.

② **실제 지구의 움직임:** (가)와 같이 하루 동안 지구는 서쪽에서 동쪽으로 회전하기 때문에 태양과 달이 동쪽에서 서쪽으로 움직이는 것처럼 보입니다. ➕개념1

> **➕개념1 지구의 움직임 모형과 실제 지구의 움직임의 차이점**
> • 실제 지구는 지구 역할인 사람보다 크기가 매우 큽니다.
> • 실제 태양과 지구 사이의 거리는 전등과 지구 역할인 사람 사이의 거리보다 매우 멉니다.

❷ 하루 동안 지구의 움직임과 태양의 위치 변화의 관계 알아보기

탐구 과정

❶ 지구본에서 우리나라 위치에 관측자 모형이 남쪽을 향하도록 붙이고, 방위 붙임딱지로 방위를 표시합니다.

❷ 관측자 모형 위로 투명 반구를 덮고 지구본을 서쪽에서 동쪽(시계 반대 방향)으로 회전시킵니다.

❸ 지구본을 회전시키는 동안 투명 반구에 비치는 전등 빛의 위치에 번호 붙임딱지를 일정한 간격으로 붙입니다.

❹ 투명 반구를 떼어내 투명 반구 안쪽에서 과정 ❸에서 붙인 붙임딱지를 관찰합니다.

> 전등은 태양을, 지구본은 지구를, 관측자 모형은 지구의 관측자를, 투명 반구는 지구의 관측자가 본 하늘을 나타내요.

① 관측자 모형이 본 전등의 위치 변화

투명 반구 안쪽에서 관찰하면 관측자 모형을 기준으로 붙임딱지는 동쪽에서 서쪽으로 붙어 있습니다. ➡ 관측자 모형에서 전등이 동쪽에서 서쪽으로 움직이는 것처럼 보입니다.

② 관측자 모형이 본 전등의 위치가 달라지는 까닭: 지구본이 서쪽에서 동쪽(시계 반대 방향)으로 회전하기 때문에 지구본 위에 있는 관측자 모형에게는 전등이 동쪽에서 서쪽(시계 방향)으로 움직이는 것처럼 보입니다.

③ 전등을 태양, 지구본을 지구라고 할 때 하루 동안 태양의 위치가 달라지는 까닭: 지구가 서쪽에서 동쪽으로 회전하기 때문입니다.

개념 이해하기

1. 하루 동안 지구의 움직임

지구의 자전축	지구의 북극과 남극을 이은 ❶가상의 직선입니다.
지구의 자전	지구가 자전축을 중심으로 하루에 한 바퀴씩 서쪽에서 동쪽(시계 반대 방향)으로 회전하는 것입니다. ➕개념2
지구의 자전 방향	서쪽 → 동쪽(시계 반대 방향) ➕개념3

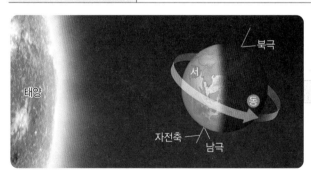

지구의 자전: 서쪽 → 동쪽

2. 하루 동안 태양과 달의 움직임이 나타나는 까닭

하루 동안 태양과 달의 움직임	태양과 달은 하루 동안 동쪽 하늘에서 남쪽 하늘을 지나 서쪽 하늘로 움직이는 것처럼 보입니다.
하루 동안 태양과 달이 동쪽에서 서쪽으로 움직이는 것처럼 보이는 까닭	지구가 자전축을 중심으로 서쪽에서 동쪽으로 자전하기 때문입니다.

➕개념2 만약 지구가 동쪽에서 서쪽으로 자전한다면

만약 지구가 동쪽에서 서쪽으로 자전한다면 하루 동안 태양과 달은 서쪽에서 동쪽으로 움직이는 것처럼 보일 것입니다.

➕개념3 지구의 자전 방향

지구의 북극 위에서 보면 지구는 시계 반대 방향으로 자전합니다.

용어 돋보기

❶ 가상(假 거짓, 想 생각)
사실이 아니거나 존재하지 않는 것을 사실이거나 존재한다고 가정하여 생각하는 것입니다.

핵심 개념 되짚어 보기

내가 회전하니 태양이 움직이는 것처럼 보이네.

지구가 자전축을 중심으로 서쪽에서 동쪽으로 자전하기 때문에 태양이 동쪽에서 서쪽으로 움직이는 것처럼 보입니다.

핵심 체크

● 하루 동안 지구의 움직임과 태양의 위치 변화의 관계 알아보기

전등	❶
지구본	지구
관측자 모형	지구의 관측자
투명 반구	관측자가 본 하늘

→ 지구본이 서쪽에서 동쪽(시계 반대 방향)으로 회전하기 때문에 관측자 모형에서는 전등이 동쪽에서 서쪽으로 움직이는 것처럼 보입니다.

● 지구의 ❷ ☐☐☐ : 지구의 북극과 남극을 이은 가상의 직선입니다.

● 지구의 자전: 지구가 자전축을 중심으로 하루에 한 바퀴씩 ❸ ☐쪽에서 ❹ ☐쪽(시계 반대 방향)으로 회전하는 것입니다.

● 지구에서 하루 동안 태양과 달이 동쪽에서 서쪽으로 움직이는 것처럼 보이는 까닭: 지구가 자전축을 중심으로 서쪽에서 동쪽으로 ❺ ☐☐하기 때문입니다.

지구의 자전 방향	하루 동안 태양과 달의 위치 변화
서쪽 → 동쪽	동쪽 → 서쪽

Step 1   ( ) 안에 알맞은 말을 써넣어 설명을 완성하거나 설명이 옳으면 ○, 틀리면 ×에 ○표 해 봅시다.

1 하루 동안 지구의 움직임과 태양의 위치 변화의 관계를 알아보는 실험을 할 때, 실제 지구의 회전 방향과 같이 지구본을 시계 방향으로 회전시킵니다. (○ , ×)

2 지구의 ( )은/는 지구가 자전축을 중심으로 하루에 한 바퀴씩 서쪽에서 동쪽으로 회전하는 것입니다.

3 지구의 북극에서 보면 지구는 시계 반대 방향으로 자전합니다. (○ , ×)

4 지구가 자전축을 중심으로 ( )쪽에서 ( )쪽으로 자전하기 때문에 하루 동안 태양과 달이 ( )쪽에서 ( )쪽으로 움직이는 것처럼 보입니다.

[1~3] 지구본에서 우리나라가 있는 곳에 관측자 모형을 붙이고 투명 반구를 덮은 다음, 지구본을 서쪽에서 동쪽으로 회전시켜 보았습니다.

1 위 실험에서 관측자 모형을 지구본에 붙일 때 어느 방향을 향하도록 해야 하는지 써 봅시다.

(   )

2 위 실험에서 지구본을 회전시킬 때, 관측자 모형에서 보이는 전등의 모습을 옳게 설명한 것은 어느 것입니까? (   )

① 움직이지 않는 것처럼 보인다.
② 서쪽에서 동쪽으로 움직이는 것처럼 보인다.
③ 동쪽에서 서쪽으로 움직이는 것처럼 보인다.
④ 남쪽에서 북쪽으로 움직이는 것처럼 보인다.
⑤ 북쪽에서 남쪽으로 움직이는 것처럼 보인다.

3 위 실험을 통해 알 수 있는 사실로 옳은 것을 보기 에서 골라 기호를 써 봅시다.

> 보기
> ㉠ 실제로 지구는 동쪽에서 서쪽으로 회전한다.
> ㉡ 지구가 회전하기 때문에 태양이 움직이는 것처럼 보인다.
> ㉢ 지구가 회전하는 방향과 지구에서 본 태양이 움직이는 방향은 같다.

(   )

4 다음은 지구의 움직임에 대한 설명입니다. ( ) 안에 들어갈 알맞은 말을 각각 써 봅시다.

> (㉠)은/는 지구의 북극과 남극을 연결한 가상의 직선이다. 지구가 (㉠)을/를 중심으로 서쪽에서 동쪽으로 회전하는 것을 지구의 (㉡)(이)라고 한다.

㉠: (   ) ㉡: (   )

5 지구의 자전 방향을 옳게 나타낸 것을 골라 기호를 써 봅시다.

㉠  ㉡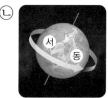

(   )

6 다음은 하루 동안 관찰한 태양과 달의 위치 변화입니다. 하루 동안 태양과 달이 움직이는 것처럼 보이는 까닭은 무엇 때문인지 써 봅시다.

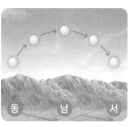 
▲ 태양의 위치 변화   ▲ 달의 위치 변화

(   )

3 낮과 밤이 생기는 까닭

탐구로 시작하기

○ 낮과 밤이 생기는 까닭 알아보기

실험 동영상

전등은 태양을,
지구본은 지구를,
관측자 모형은 지구의
관측자를 나타내요.

탐구 과정

❶ 전등으로부터 30 cm 떨어진 곳에 지구본을 놓고, 지구본에서 우리나라가 있는 곳에 관측자 모형을 붙입니다.

❷ 전등을 켜고, 지구본을 서쪽에서 동쪽(시계 반대 방향)으로 천천히 회전시킵니다.
└ 지구의 자전을 나타냅니다.

❸ 낮일 때와 밤일 때의 관측자 모형의 위치를 확인합니다.

❹ 지구본을 회전시키면서 낮과 밤이었던 지역의 변화를 관찰합니다.

탐구 결과

① 낮일 때와 밤일 때의 관측자 모형의 위치 +개념1

➕개념1 태양이 뜰 때, 한낮일 때, 태양이 질 때, 한밤중일 때 관측자 모형의 위치

우리나라가 낮일 때	우리나라가 밤일 때
	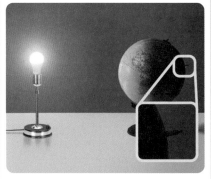
• 전등 빛을 받는 위치에 있습니다. • 태양이 떠 있는 낮처럼 밝습니다.	• 전등 빛을 받지 못하는 위치에 있습니다. • 태양이 진 후인 밤처럼 어둡습니다.

② **지구본이 회전하는 동안 낮과 밤이었던 지역의 변화:** 지구본을 회전시키면 낮이었던 지역은 밤이 되고, 밤이었던 지역은 낮이 됩니다.

③ **지구본을 회전시킬 때와 회전시키지 않을 때의 차이점**

지구본을 회전시킬 때	낮과 밤이 ❶번갈아 나타납니다.
지구본을 회전시키지 않을 때	낮인 지역은 낮이 계속되고, 밤인 지역은 밤이 계속됩니다.

④ **낮과 밤이 생기는 까닭:** 지구가 서쪽에서 동쪽으로 자전하기 때문에 태양 빛을 받는 지역은 낮이 되고, 태양 빛을 받지 못하는 지역은 밤이 됩니다.

용어 돋보기

❶ 번갈아

일정한 시간 동안 어떤 행동이 되풀이되어 영향을 미치는 대상들의 차례를 바꾸는 것입니다.

개념 이해하기

1. 낮과 밤

낮	밤
• 태양이 동쪽 지평선에서 떠오를 때부터 서쪽 지평선으로 완전히 질 때까지의 시간입니다. • 지구에서 태양 빛을 받는 쪽은 낮이 됩니다.	• 태양이 서쪽 지평선으로 진 때부터 다시 동쪽 지평선에서 떠오르기 전까지의 시간입니다. • 지구에서 태양 빛을 받지 못한 쪽은 밤이 됩니다.

2. 낮과 밤이 생기는 까닭 지구가 하루에 한 바퀴씩 자전하기 때문입니다.

① 지구가 자전하기 때문에 태양 빛을 받는 곳이 달라집니다.
  └→ 지구는 서쪽에서 동쪽으로 자전합니다.

② 지구에서 태양 빛을 받는 지역은 낮이 되고, 태양 빛을 받지 못하는 지역은 밤이 됩니다. ✚개념2

③ 지구는 하루에 한 바퀴씩 자전하기 때문에 낮과 밤이 하루에 한 번씩 번갈아 나타납니다.

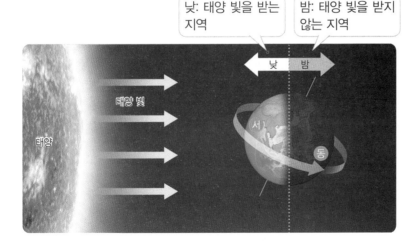

낮: 태양 빛을 받는 지역
밤: 태양 빛을 받지 않는 지역

3. 지구가 자전하지 않는다면 일어나는 하루 동안 낮과 밤의 변화

지구가 자전하지 않는다면 하루 동안 낮과 밤이 번갈아 나타나지 않아 낮인 지역은 계속 낮이 되고, 밤인 지역은 계속 밤이 될 것입니다.

✚개념2 **우리나라에서 가장 먼저 태양이 떠서 낮이 시작되는 곳**
독도입니다. 지구는 서쪽에서 동쪽 방향으로 자전하므로 하루 동안 태양을 관찰하면 동쪽 지평선에서 떠올라 서쪽으로 위치가 변합니다. 따라서 우리나라에서 가장 동쪽에 위치한 독도에서 가장 먼저 낮이 시작됩니다.

핵심 개념 되짚어 보기

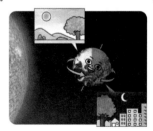

지구가 자전하기 때문에 낮과 밤이 생기며, 태양 빛을 받는 쪽은 낮이 되고 태양 빛을 받지 못하는 쪽은 밤이 됩니다.

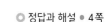

핵심 체크

● 낮과 밤

❶	・태양이 동쪽 지평선에서 떠오를 때부터 서쪽 지평선으로 완전히 질 때까지의 시간입니다. ・지구에서 태양 빛을 받습니다.
❷	・태양이 서쪽 지평선으로 진 때부터 다시 동쪽 지평선에서 떠오르기 전까지의 시간입니다. ・지구에서 태양 빛을 받지 않습니다.

● **낮과 밤이 생기는 까닭:** 지구가 하루에 한 바퀴씩 ❸ ☐☐하기 때문입니다.

• 지구가 자전하기 때문에 태양 빛을 받는 곳이 달라집니다.

• 지구에서 태양 빛을 받는 지역은 ❹ ☐ 이 되고, 태양 빛을 받지 않는 지역은 ❺ ☐ 이 됩니다.

• 지구가 하루에 한 바퀴씩 자전하기 때문에 낮과 밤이 하루에 한 번씩 번갈아 나타납니다.

Step 1 ( ) 안에 알맞은 말을 써넣어 설명을 완성하거나 설명이 옳으면 ○, 틀리면 ×에 ○표 해 봅시다.

1 낮은 태양이 동쪽 지평선에서 떠오를 때부터 서쪽 지평선으로 완전히 질 때까지의 시간입니다. (○ , ×)

2 지구본, 관측자 모형, 전등을 이용하여 낮과 밤이 생기는 까닭을 알아보는 실험을 할 때, 지구본을 동쪽에서 서쪽으로 회전시킵니다. (○ , ×)

3 지구가 ( )하기 때문에 낮과 밤이 생깁니다.

4 지구가 하루에 ( ) 바퀴씩 자전하기 때문에 낮과 밤이 하루에 ( ) 번씩 번갈아 나타납니다.

[1~3] 다음과 같이 지구본의 우리나라 위치에 관측자 모형을 붙인 다음, 전등을 켜고 지구본을 천천히 회전시켜 보았습니다.

1 위 실험에서 전등과 지구본이 나타내는 것은 무엇인지 각각 써 봅시다.

(1) 전등: (   )

(2) 지구본: (   )

2 위 실험에서 관측자 모형이 위와 같이 위치할 때에 대한 설명으로 옳은 것을 **보기** 에서 모두 골라 기호를 써 봅시다.

> **보기**
> ㉠ 우리나라는 낮이다.
> ㉡ 우리나라는 밤이다.
> ㉢ 우리나라는 빛을 받는다.
> ㉣ 우리나라는 빛을 받지 못한다.

(   )

3 위 실험에서 알 수 있는 것은 어느 것입니까?

(   )

① 지구가 자전한다.
② 태양이 자전한다.
③ 지구 전체가 항상 태양 빛을 받는다.
④ 지구가 태양을 중심으로 태양 주위를 회전한다.
⑤ 태양이 지구를 중심으로 지구 주위를 회전한다.

4 다음과 같이 태양 빛이 지구를 비추고 있을 때 우리나라는 낮과 밤 중 어느 때인지 써 봅시다.

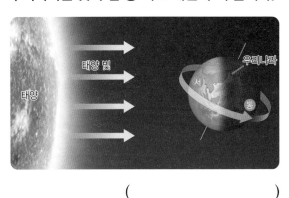

(   )

5 낮과 밤에 대한 설명으로 옳지 <u>않은</u> 것은 어느 것입니까? (   )

① 태양 빛을 받는 쪽은 낮이 된다.
② 태양 빛을 받지 못하는 쪽은 밤이 된다.
③ 밤은 태양이 떠오를 때부터 질 때까지의 시간이다.
④ 지구가 자전하기 때문에 낮과 밤이 생긴다.
⑤ 낮과 밤이 하루에 한 번씩 번갈아 나타난다.

6 지구가 자전하지 않는다고 할 때 낮과 밤에 대해 <u>잘못</u> 설명한 친구의 이름을 써 봅시다.

> • 지호: 하루 동안 낮과 밤이 번갈아 나타나지 않아.
> • 수지: 낮인 지역은 계속 낮이 되고, 밤인 지역은 계속 밤이 돼.
> • 민규: 밤인 지역에도 태양 빛이 비칠 거야.

(   )

[1~2] 다음은 하루 동안 태양의 위치 변화를 나타낸 것입니다.

① 하루 동안 태양과 달의 위치 변화

1 위 ㉠~㉢에 해당하는 방위를 각각 써 봅시다.

㉠: (　　　　　　　) ㉡: (　　　　　　　) ㉢: (　　　　　　　)

2 하루 동안 태양의 위치 변화를 관찰한 결과에 대한 설명으로 옳은 것을 보기 에서 골라 기호를 써 봅시다.

> 보기
> ㉠ 오전 8시 30분 무렵에는 남쪽 하늘에서 보인다.
> ㉡ 오후 4시 30분 무렵에는 서쪽 하늘에서 보인다.
> ㉢ 오후 12시 30분 무렵에는 동쪽 하늘에서 보인다.
> ㉣ 동쪽 하늘에서 북쪽 하늘을 지나 서쪽 하늘로 움직이는 것처럼 보인다.

(　　　　　　　)

3 하루 동안 일어나는 달의 위치 변화에 대한 설명으로 옳은 것을 <u>두 가지</u> 골라 써 봅시다. (　　 , 　　)

① 하루 동안 태양이 움직이는 방향과 같다.
② 달이 남쪽 하늘을 지날 때에는 달을 관찰할 수 없다.
③ 서쪽 하늘에서 남쪽 하늘을 지나 동쪽 하늘로 움직이는 것처럼 보인다.
④ 동쪽 하늘에서 남쪽 하늘을 지나 서쪽 하늘로 움직이는 것처럼 보인다.
⑤ 동쪽에서 서쪽으로 움직였다가 서쪽에서 다시 동쪽으로 돌아오는 것처럼 보인다.

[4~6] 다음은 하루 동안 지구의 움직임을 알아보기 위한 실험입니다.

❷ 하루 동안 태양과 달의 위치가 변하는 까닭

4 위 실험에서 전등이 나타내는 것은 무엇인지 써 봅시다.

(   )

5 위 실험에서 ㉠지구본이 회전하는 방향과 ㉡관측자 모형이 본 전등이 움직이는 방향을 옳게 짝 지은 것은 어느 것입니까? (   )

㉠	㉡
① 동쪽 → 서쪽	동쪽 → 서쪽
② 서쪽 → 동쪽	동쪽 → 서쪽
③ 서쪽 → 동쪽	서쪽 → 동쪽
④ 남쪽 → 북쪽	서쪽 → 동쪽
⑤ 남쪽 → 북쪽	남쪽 → 북쪽

6 위 실험을 통해 알 수 있는 점으로 옳은 것은 어느 것입니까? (   )

① 지구는 실제로 움직이지 않는다.
② 지구와 태양은 같은 방향으로 회전한다.
③ 태양은 하루에 한 바퀴씩 시계 반대 방향으로 회전한다.
④ 태양이 자전하기 때문에 지구가 움직이는 것처럼 보인다.
⑤ 지구가 자전하기 때문에 태양이 움직이는 것처럼 보인다.

7 오른쪽과 같이 지구에서 낮과 밤이 생기는 까닭을 알아보기 위해 지구본에서 우리나라가 있는 곳에 관측자 모형을 붙인 뒤, 전등을 켜고 지구본을 회전시켰습니다. 이 실험에 대한 설명으로 옳지 <u>않은</u> 것은 어느 것입니까? ( )

① 전등은 태양을 나타낸다.
② 지구본을 시계 반대 방향으로 회전시킨다.
③ 지구본을 회전시키면 낮과 밤인 쪽이 바뀐다.
④ 관측자 모형이 빛을 받을 때 우리나라는 낮이다.
⑤ 지구본을 회전시켜도 전등 빛을 받는 쪽은 항상 같다.

8 오른쪽의 ㉠과 ㉡은 각각 지구에서 낮 또는 밤이 되는 지역입니다. ㉠과 ㉡에 대한 설명으로 옳은 것을 <u>두 가지</u> 골라 써 봅시다.

(,)

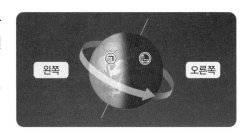

① 현재 태양은 지구의 왼쪽에 있다.
② ㉠은 현재 낮이다.
③ 12시간 뒤에 ㉠은 낮이다.
④ 12시간 뒤에 ㉡은 낮을 거쳐 다시 밤이 된다.
⑤ ㉡은 낮과 밤이 하루에 두 번씩 번갈아 나타난다.

9 지구의 자전과 지구가 자전하기 때문에 나타나는 현상에 대한 설명으로 옳은 것을 보기 에서 모두 골라 기호를 써 봅시다.

> 보기
> ㉠ 지구의 자전은 지구가 자전축을 중심으로 회전하는 것이다.
> ㉡ 지구의 자전 방향은 동쪽에서 서쪽이다.
> ㉢ 지구의 자전으로 낮과 밤이 생긴다.
> ㉣ 지구의 자전으로 달이 남쪽에서 북쪽으로 움직이는 것처럼 보인다.

( )

서술형 길잡이

❶ 달은 하루 동안 [ ]쪽 하늘에서 남쪽 하늘을 지나 [ ]쪽 하늘로 움직이는 것처럼 보입니다.

❷ 태양은 하루 동안 [ ]쪽 하늘에서 남쪽 하늘을 지나 [ ]쪽 하늘로 움직이는 것처럼 보입니다.

10 다음은 우리나라에서 하루 동안 달의 위치를 관찰하여 기록한 것입니다.

(1) ㉠~㉢ 중 가장 먼저 관찰한 달의 모습은 어느 것인지 써 봅시다.

(   )

(2) 하루 동안 우리나라에서 관찰한 태양과 달의 위치 변화의 공통점을 써 봅시다.

_____

_____

❶ 지구는 하루에 한 바퀴씩 [ ]쪽에서 [ ]쪽으로 자전합니다.

❷ 지구가 자전하기 때문에 태양과 달은 하루 동안 [ ]쪽에서 [ ]쪽으로 움직이는 것처럼 보입니다.

11 오른쪽과 같이 전등을 놓고 한 사람은 지구 역할, 다른 한 사람은 달 역할을 맡아 지구에서 본 태양과 달의 위치 변화를 알아보았습니다.

(1) ㉠과 ㉡ 중 지구 역할인 사람이 회전해야 하는 방향은 무엇인지 써 봅시다.

(   )

(2) 하루 동안 우리나라에서 관찰한 태양과 달의 위치 변화를 지구의 자전과 관련지어 써 봅시다.

_____

_____

❶ 지구가 자전하면서 태양 빛을 받는 쪽은 [ ]이 되고, 태양 빛을 받지 못하는 쪽은 [ ]이 됩니다.

12 오른쪽과 같이 우리나라 위치에 관측자 모형을 붙인 지구본을 회전시키면서 우리나라가 낮일 때와 밤일 때 관측자 모형의 위치를 관찰하였습니다. 이 실험을 통해 알 수 있는 지구에 낮과 밤이 번갈아 나타나는 까닭을 써 봅시다.

_____

_____

4 계절별 대표적인 별자리

탐구로 시작하기

○ ❶계절별 대표적인 별자리 찾아보기

탐구 과정

❶ 계절에 따라 저녁 9시 무렵에 하늘에서 볼 수 있는 별자리를 알아봅시다.

❷ 각 계절의 밤하늘에서 오랜 시간 동안 볼 수 있는 ❷대표적인 별자리를 알아봅시다.

❸ 봄철 저녁 9시 무렵에 남동쪽 하늘에서 보이는 별자리는 여름철 저녁 9시 무렵에 어느 쪽 하늘에서 보이는지 알아봅시다.

❹ 계절별 별자리 중 하나를 골라 별자리가 일 년 동안 저녁 9시 무렵에 보이는 위치를 알아봅시다.

탐구 결과

① 계절에 따라 저녁 9시 무렵에 하늘에서 볼 수 있는 별자리

하루 동안 별자리가 동쪽에서 서쪽으로 이동하므로 남동쪽이나 남쪽 하늘에 있는 별자리들은 오랜 시간 동안 볼 수 있어요.

봄

여름

가을   겨울

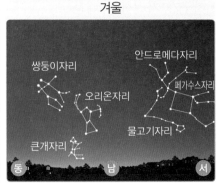

② **우리나라의 계절별 대표적인 별자리**: 저녁 9시 무렵에 남동쪽이나 남쪽 하늘에 있는 별자리

봄	목동자리, 사자자리, 처녀자리
여름	백조자리, 거문고자리, 독수리자리
가을	안드로메다자리, 페가수스자리, 물고기자리
겨울	쌍둥이자리, 오리온자리, 큰개자리

③ **봄철 저녁 9시 무렵에 남동쪽 하늘에서 보이는 별자리가 여름철 저녁 9시 무렵에 보이는 위치**: 남서쪽 하늘에서 보입니다.

④ **계절별 별자리가 일 년 동안 저녁 9시 무렵에 보이는 위치 변화**: 하나의 별자리를 일 년 동안 저녁 9시 무렵에 관찰했을 때 별자리의 위치가 달라집니다.

용어 돋보기

❶ 계절(季 계절, 節 마디)
규칙적으로 되풀이되는 자연 현상에 따라서 일 년을 봄, 여름, 가을, 겨울의 네 계절로 구분한 것입니다.

❷ 대표(代 대신하다, 表 겉)
전체의 상태나 성질을 어느 하나로 잘 나타낸 것입니다.

개념 이해하기

1. 계절별 대표적인 별자리

① 계절에 따라 저녁 9시 무렵에 하늘에서 볼 수 있는 별자리가 다릅니다. +개념1
  └ 봄철에는 남쪽 하늘에서 사자자리를 볼 수 있지만 가을철에는 볼 수 없습니다. 여름철에는 백조자리를 볼 수 있지만 겨울철에는 볼 수 없습니다.

② **계절별 대표적인 별자리**: 어느 계절에 밤하늘에서 오랜 시간 동안 볼 수 있는 별자리입니다.

③ 저녁 9시 무렵에 남동쪽이나 남쪽 하늘에 위치한 별들은 ❸초저녁부터 밤하늘에서 오랜 시간 볼 수 있기 때문에 그 계절의 대표적인 별자리가 됩니다.

계절	대표적인 별자리		
봄	▲ 목동자리	▲ 사자자리	▲ 처녀자리
여름	▲ 백조자리	▲ 거문고자리	▲ 독수리자리
가을	▲ 안드로메다자리	▲ 페가수스자리	▲ 물고기자리
겨울	▲ 쌍둥이자리	▲ 오리온자리	▲ 큰개자리

④ **남동쪽이나 남쪽 하늘에 있는 별자리를 오랜 시간 볼 수 있는 까닭**: 밤하늘을 관찰하면 하루 동안 태양과 달이 동쪽에서 서쪽 방향으로 위치가 변하는 것처럼, 별자리도 동쪽에서 서쪽 방향으로 위치가 변하기 때문입니다.

2. 계절별 대표적인 별자리의 특징

계절별 대표적인 별자리들은 한 계절에만 보이는 것이 아니라 두 계절이나 세 계절에 걸쳐 볼 수 있습니다.

📖 저녁 9시 무렵 봄철에 보이는 대표적인 별자리인 사자자리의 위치

봄	여름	가을	겨울
남쪽 하늘	서쪽 하늘	보이지 않습니다.	동쪽 하늘

+개념1 **우리나라에서 계절에 상관없이 일 년 내내 볼 수 있는 별자리**
북두칠성, 큰곰자리, 작은곰자리, 카시오페이아자리 등 북쪽 하늘에 있는 별자리는 계절에 상관없이 일 년 내내 볼 수 있습니다.

용어 돋보기
❸ **초저녁**(初 처음, 저녁)
날이 어두워진 지 얼마 되지 않은 때입니다.

핵심 개념 되짚어 보기

안녕, 난 봄철 사자자리야.

나는 여름철 독수리자리야.

계절마다 저녁 9시 무렵에 오랜 시간 동안 볼 수 있는 별자리가 달라집니다.

핵심 체크

● **계절별 대표적인 별자리**
  • 계절에 따라 저녁 9시 무렵에 하늘에서 볼 수 있는 별자리가 다릅니다.
  • 계절별 대표적인 별자리: 어느 계절에 밤하늘에서 오랜 시간 동안 볼 수 있는 별자리입니다.

  → 저녁 9시 무렵에 ❶ ☐☐쪽이나 ❷ ☐쪽 하늘에서 보이는 별자리

봄	목동자리, ❸ ☐☐자리, 처녀자리
❹ ☐☐	백조자리, 거문고자리, 독수리자리
가을	안드로메다자리, ❺ ☐☐☐☐자리, 물고기자리
❻ ☐☐	오리온자리, 큰개자리, 쌍둥이자리

● **계절별 대표적인 별자리의 특징:** 계절별 대표적인 별자리는 한 계절에만 보이는 것이 아니라 두 계절이나 세 계절에 걸쳐 볼 수 있습니다.

Step 1

( ) 안에 알맞은 말을 써넣어 설명을 완성하거나 설명이 옳으면 ○, 틀리면 ×에 ○표 해 봅시다.

1 계절에 따라 밤하늘에서 오랜 시간 동안 볼 수 있는 별자리가 ( ).

2 저녁 9시 무렵에 서쪽 하늘에 위치한 별자리는 그 계절의 대표적인 별자리가 됩니다.
(○ , ×)

3 거문고자리는 네 계절 중 여름철에 가장 오랜 시간 동안 볼 수 있습니다. (○ , ×)

4 오리온자리는 ( )철의 대표적인 별자리입니다.

5 봄철에는 봄철의 대표적인 별자리만 볼 수 있습니다. (○ , ×)

1 저녁 9시 무렵에 밤하늘에서 다음과 같은 별자리를 관찰할 수 있는 때는 언제입니까? ( )

① 봄　　　　　　② 여름
③ 가을　　　　　④ 겨울
⑤ 일 년 내내

2 다음 별자리를 오랜 시간 동안 볼 수 있는 계절을 써 봅시다.

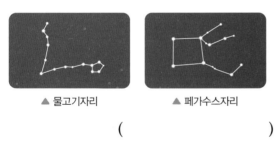

▲ 물고기자리　　　▲ 페가수스자리

( )

3 겨울철의 대표적인 별자리가 <u>아닌</u> 것을 <u>두 가지</u> 골라 써 봅시다. (,)

① 큰개자리　　　② 백조자리
③ 쌍둥이자리　　④ 오리온자리
⑤ 독수리자리

4 다음 별자리에 대한 설명으로 옳은 것을 보기에서 골라 기호를 써 봅시다.

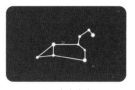

▲ 사자자리

보기
㉠ 봄철의 대표적인 별자리이다.
㉡ 가을철에 남쪽 하늘에서 볼 수 있다.
㉢ 일 년 내내 밤하늘에서 볼 수 있다.

( )

5 다음 ( ) 안에 들어갈 알맞은 말을 각각 써 봅시다.

하루 동안 밤하늘을 관찰하면 별자리가 (㉠)쪽에서 (㉡)쪽으로 위치가 변한다. 따라서 저녁 9시 무렵에 남동쪽이나 남쪽 하늘에 있는 별자리를 오랜 시간 동안 볼 수 있다.

㉠: ( )　㉡: ( )

6 계절별 대표적인 별자리에 대한 설명으로 옳은 것은 어느 것입니까? ( )

① 어느 계절에 보이는 시간이 짧은 별자리를 그 계절의 대표적인 별자리라고 한다.
② 봄철과 가을철의 대표적인 별자리는 같다.
③ 저녁 9시 무렵에 남쪽 하늘에서 볼 수 있는 별자리는 계절에 따라 달라진다.
④ 계절별 대표적인 별자리는 한 계절에만 보인다.
⑤ 북쪽 하늘에 있는 별자리는 겨울철에만 볼 수 있다.

5 계절에 따라 보이는 별자리가 달라지는 까닭

탐구로 시작하기

○ 지구의 운동과 계절에 따른 별자리 변화의 관계 알아보기

탐구 과정 **+개념1**

❶ 전등을 책상 가운데에 놓고, 우리나라에 관측자 모형을 붙인 지구본을 전등으로부터 약 30 cm 떨어진 곳에 놓습니다.

❷ 네 사람이 계절별 별자리 카드를 들고 시계 반대 방향으로 계절 순서에 맞게 앉습니다.

❸ 자전축의 방향을 유지하면서 지구본을 (가), (나), (다), (라) 순서로 옮깁니다.

❹ (가), (나), (다), (라)의 각 위치에서 관측자 모형이 밤일 때 가장 잘 보이는 별자리를 알아봅시다.

❺ 계절에 따라 보이는 별자리가 달라지는 까닭을 지구의 운동과 관련지어 이야기해 봅시다.

+개념1 탐구와 실제의 다른 점
- 실제 태양, 지구, 별은 탐구와 달리 서로 먼 거리에 있습니다.
- 실제로 별자리의 별들은 별자리 카드처럼 같은 ❶평면에 위치하지 않습니다.

난 여름철 독수리자리야.
관측자 모형
지구본
난 봄철 목동자리야.
난 가을철 물고기자리야.
(나) (가)
전등
(다) (라)
난 겨울철 오리온자리야.

전등은 태양을, 지구본은 지구를, 관측자 모형은 지구의 관측자를 나타내요.

탐구 결과

① (가), (나), (다), (라)에서 관측자 모형이 밤일 때 가장 잘 보이는 별자리
└→ 전등의 반대 방향에 위치한 별자리가 밤일 때 잘 보입니다.

지구본이 (가) 위치일 때	지구본이 (나) 위치일 때
 관측자 모형 (가)	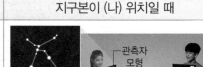 관측자 모형 (나)
목동자리가 가장 잘 보입니다.	독수리자리가 가장 잘 보입니다.
지구본이 (다) 위치일 때	**지구본이 (라) 위치일 때**
 관측자 모형 (다)	 관측자 모형 (라)
물고기자리가 가장 잘 보입니다.	오리온자리가 가장 잘 보입니다.

② **계절별 별자리가 달라지는 까닭**: 지구가 태양 주위를 서쪽에서 동쪽으로 회전하면서 밤일 때의 관측자가 별자리를 보는 방향이 달라지기 때문입니다.

용어돋보기

❶ 평면(平 평평하다, 面 얼굴) 평평한 표면

개념 이해하기

1. 일 년 동안 지구의 움직임

지구의 공전	지구가 태양을 중심으로 일 년에 한 바퀴씩 서쪽에서 동쪽으로 회전하는 것입니다. ✚개념2
지구의 공전 방향	서쪽 → 동쪽(시계 반대 방향)
지구의 공전과 자전	지구는 자전하면서 동시에 공전합니다.

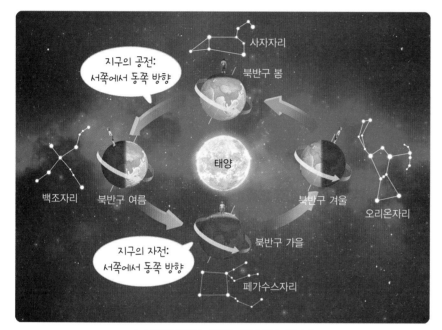

▲ 지구의 공전과 계절에 따라 보이는 별자리

2. 계절에 따라 보이는 별자리가 달라지는 까닭

① 지구가 태양 주위를 서쪽에서 동쪽으로 공전하면 봄부터 겨울까지 계절별 별자리가 순서대로 보입니다. ✚개념3
② 계절에 따라 보이는 별자리가 달라지는 까닭: 지구가 태양 주위를 공전하면서 계절에 따라 지구의 위치가 달라지기 때문입니다.

3. 지구가 공전하면서 보이는 별자리의 모습

① 계절에 따라 잘 보이는 별자리: 지구에서는 밤일 때 태양의 반대 방향에 있는 별자리를 볼 수 있습니다.
② 어느 한 계절에는 다른 계절의 별자리도 볼 수 있습니다.
   ㉣ 저녁 9시 무렵 봄철 남쪽 하늘에서 보이던 사자자리는 겨울철에는 동쪽, 여름철에는 서쪽 하늘에서 볼 수 있습니다. └→사자자리는 겨울, 봄, 여름 세 계절에 걸쳐 볼 수 있습니다.
③ 계절에 따라 볼 수 없는 별자리: 지구에서는 밤일 때 태양과 같은 방향에 있는 별자리는 태양 빛 때문에 볼 수 없습니다.

계절	봄	여름	가을	겨울
볼 수 없는 별자리	가을철 별자리 ㉣ 페가수스자리, 안드로메다자리	겨울철 별자리 ㉣ 쌍둥이자리, 오리온자리	봄철 별자리 ㉣ 목동자리, 사자자리	여름철 별자리 ㉣ 백조자리, 거문고자리

✚개념2 공전 궤도
한 천체가 다른 천체의 둘레를 ❷주기적으로 회전하는 길을 공전 궤도라고 합니다. 지구는 태양을 중심으로 일 년에 한 바퀴씩 일정한 길인 공전 궤도를 따라 공전합니다.

✚개념3 지구가 공전하지 않고 자전만 한다고 가정할 때 별자리의 모습
지구가 자전을 하면 낮과 밤이 생기고, 별자리가 동쪽에서 서쪽으로 이동하는 현상을 매일 볼 수 있습니다. 하지만 지구의 위치가 변하지 않으므로 매일 같은 별자리만 보일 것입니다.

용어 돋보기
❷ 주기(週 회전하다, 期 기약하다)
같은 현상이나 특징이 한 번 나타나고부터 다음번 나타날 때까지 되풀이되는 기간

핵심 개념 되짚어 보기

계절에 따라 보이는 별자리가 달라지는 까닭은 지구가 태양 주위를 공전하면서 계절에 따라 지구의 위치가 달라지기 때문입니다.

핵심 체크

● 지구의 ❶[ ][ ]: 지구가 태양을 중심으로 일 년에 한 바퀴씩 회전하는 것입니다.

● 지구의 공전 방향: ❷[ ]쪽 → ❸[ ]쪽(시계 반대 방향)

● 계절에 따라 보이는 별자리가 달라지는 까닭: 지구가 태양 주위를 ❹[ ][ ]하면서 계절에 따라 지구의 위치가 달라지기 때문입니다.

● 지구가 공전하면서 보이는 별자리의 모습

계절에 따라 잘 보이는 별자리	태양과 반대 방향에 있는 별자리
계절에 따라 볼 수 없는 별자리	태양과 ❺[ ][ ] 방향에 있는 별자리 ➡ 태양 빛 때문에 볼 수 없습니다.

Step 1

( ) 안에 알맞은 말을 써넣어 설명을 완성하거나 설명이 옳으면 ○, 틀리면 ×에 ○표 해 봅시다.

1 지구의 공전은 지구가 ( )을/를 중심으로 일 년에 한 바퀴씩 회전하는 것입니다.

2 지구는 동쪽에서 서쪽으로 공전합니다. (○ , ×)

3 지구가 태양 주위를 공전하기 때문에 ( )에 따라 지구의 위치가 달라집니다.

4 지구가 공전하면서 지구의 위치가 바뀌어도 각 위치에서 보이는 별자리의 모습은 달라지지 않습니다. (○ , ×)

5 우리나라가 여름철일 때 ( )철 별자리는 태양과 같은 방향에 있어 태양 빛 때문에 볼 수 없습니다.

1 다음과 같이 지구본을 움직이며 우리나라 위치에 붙인 관측자 모형에서 잘 보이는 별자리를 확인하였습니다. 지구본이 ㉠ 위치이고, 우리나라가 밤일 때, 관측자 모형에서 가장 잘 보이는 별자리는 어느 것입니까? (   )

① 목동자리   ② 독수리자리
③ 물고기자리   ④ 오리온자리
⑤ 모든 별자리를 잘 볼 수 있다.

[2~3] 다음은 지구의 움직임을 나타낸 것입니다.

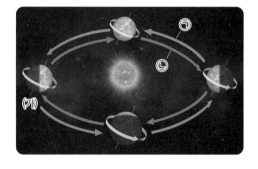

2 위 ㉠ 방향과 ㉡ 방향 중 지구의 공전 방향을 옳게 나타낸 화살표를 골라 기호를 써 봅시다.

(   )

3 위 지구가 (가) 위치에서 다시 (가) 위치로 돌아오는 데 걸리는 시간으로 옳은 것은 어느 것입니까? (   )

① 하루   ② 일주일
③ 한 달   ④ 일 년
⑤ 사 년

4 지구의 운동에 대한 설명으로 옳은 것을 보기에서 골라 기호를 써 봅시다.

> **보기**
> ㉠ 지구는 제자리에서 자전만 한다.
> ㉡ 지구가 공전할 때는 자전하지 않는다.
> ㉢ 지구는 자전하면서 동시에 태양 주위를 공전한다.

(   )

5 계절에 따라 밤일 때 볼 수 있는 별자리가 달라지는 까닭으로 옳은 것은 어느 것입니까?

(   )

① 지구가 자전하기 때문이다.
② 별자리가 자전하기 때문이다.
③ 지구가 태양을 중심으로 공전하기 때문이다.
④ 태양이 지구를 중심으로 공전하기 때문이다.
⑤ 별자리가 태양을 중심으로 공전하기 때문이다.

6 가을철의 대표적인 별자리를 볼 수 없는 계절은 언제인지 써 봅시다.

(   )

6 여러 날 동안 달의 모양과 위치 변화

탐구로 시작하기

❶ 여러 날 동안 같은 시각에 보이는 달의 모양과 위치 관찰하기

탐구 과정

❶ 달을 관찰할 기간, 시각, 장소를 정합니다. ➕개념1
❷ 관찰하려는 장소에서 나침반을 이용해 남쪽 방향을 찾고, 주변 건물이나 나무 등의 위치를 확인합니다.
❹ 정한 시각과 장소에서 2일~3일에 한 번씩 달의 모양과 위치를 관찰합니다.
❺ 처음 달을 관찰한 날부터 한 달 뒤, 같은 시각과 장소에서 달을 관찰합니다.

탐구 결과

① **여러 날 동안 저녁 7시 무렵에 보이는 달의 모양과 위치 변화:** 여러 날 동안 같은 시각에 달을 관찰하면 달의 모양과 위치가 조금씩 바뀌어 보입니다.

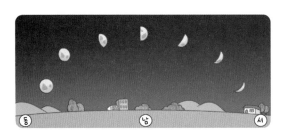

모양 변화	눈썹 모양의 달이 점점 차서 반달이 되고, 둥근 모양으로 변했습니다.
위치 변화	서쪽에서 점점 동쪽으로 이동한 위치에서 관찰되었습니다.

② **처음 달을 관찰한 날부터 한 달 뒤에 관찰한 달의 모습:** 처음 관찰한 날에 보았던 달의 모양과 위치가 같았습니다.

❷ 달 모양 변화 달력 만들기

탐구 과정 및 결과

❶ 천체 관찰 프로그램으로 탐구 ❶에서 관찰한 달의 모양과, 음력 15일 이후의 달 모양을 확인합니다.
❷ 음력 날짜에 맞게 달 모양 붙임딱지를 붙여 달 모양 변화 달력을 만듭니다.

2일	3일	4일	5일	6일	7일	8일	달 모양 변화
9일	10일	11일	12일	13일	14일	15일	약 한 달의 주기로 달의 모양이 오른쪽이 둥근 눈썹 모양에서 왼쪽이 차오르며 둥근 공 모양이 되고, 이후 점점 ❶이지러져 왼쪽이 둥근 눈썹 모양의 달로 변합니다.
16일	17일	18일	19일	20일	21일	22일	
23일	24일	25일	26일	27일	28일		

➕개념1 달을 관찰할 기간, 시각, 장소 정하기

• 관찰할 기간: 음력 2~3일 무렵부터 음력 15일까지 관찰합니다. 음력 15일 이후에는 늦은 밤이나 새벽에 달이 떠서 달을 직접 관찰하기 어렵습니다.
• 관찰할 시각: 저녁 7시 무렵에 관찰합니다.
• 관찰할 장소: 하늘이 넓게 보이고, 높은 건물이 없는 곳에서 관찰합니다.

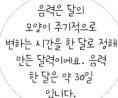

음력은 달의 모양이 주기적으로 변하는 시간을 한 달로 정해 만든 달력이에요. 음력 한 달은 약 30일입니다.

용어 돋보기

❶ **이지러지다**
한쪽 귀퉁이가 떨어져 없어지는 것입니다.

개념 이해하기

1. 달의 모양
달은 모양에 따라 부르는 이름이 다릅니다.

이름	초승달	상현달	보름달	하현달	그믐달
모습					
모양	오른쪽이 둥근 눈썹 모양	오른쪽 반달 모양	둥근 공 모양	왼쪽 반달 모양	왼쪽이 둥근 눈썹 모양

2. 여러 날 동안 달의 모양 변화

┌→ 지구에서 볼 때 약 30일을 주기로 바뀌는 달의 모양을 달의 위상이라고 합니다.

① **여러 날 동안 달의 모양 변화**: 초승달, 상현달, 보름달, 하현달, 그믐달의 순서로 모양 변화가 되풀이됩니다.

② **달의 모양 변화의 주기**: 달의 모양 변화는 약 30일을 주기로 되풀이됩니다.

예 오늘 밤에 보름달을 보았다면 약 30일 후에 다시 보름달을 볼 수 있습니다.

음력으로 같은 날짜에 보이는 달의 모양이 같습니다. ←┘

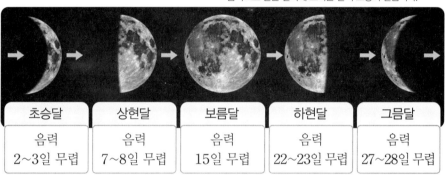

초승달	상현달	보름달	하현달	그믐달
음력 2~3일 무렵	음력 7~8일 무렵	음력 15일 무렵	음력 22~23일 무렵	음력 27~28일 무렵

3. 여러 날 동안 달의 위치 변화

① **여러 날 동안 달의 위치 변화**: 여러 날 동안 같은 시각에 달을 관찰하면 달은 서쪽에서 동쪽으로 날마다 조금씩 이동하면서 모양도 달라집니다. ➕개념1

음력 2~3일 무렵 **서쪽 하늘**에서 **초승달**이 보입니다.	→	음력 7~8일 무렵 **남쪽 하늘**에서 **상현달**이 보입니다.	→	음력 15일 무렵 **동쪽 하늘**에서 **보름달**이 보입니다.

음력 7~8일 무렵

음력 15일 무렵   음력 2~3일 무렵

동   남   서

▲ 저녁 7시 무렵에 관찰한 달의 모양과 위치 변화

② **달의 위치 변화의 주기**: 달의 위치 변화는 약 30일을 주기로 되풀이됩니다.

➕개념1 **하현달과 그믐달의 위치**

하현달과 그믐달은 저녁 7시 무렵에는 보이지 않고, 오전 6시 무렵에 볼 수 있습니다.

• 하현달: 음력 22~23일 무렵에 남쪽 하늘에서 보입니다.

동   남   서

• 그믐달: 음력 27~28일 무렵에 동쪽 하늘에서 보입니다.

동   남   서

핵심 개념 되짚어 보기

모양도 달라지고, 위치도 달라져!

여러 날 동안 달을 관찰하면 초승달 → 상현달 → 보름달 → 하현달 → 그믐달의 순서로 약 30일을 주기로 모양이 변하고, 달의 위치는 서쪽에서 동쪽으로 조금씩 이동합니다.

핵심 체크

● 여러 날 동안 달의 모양 변화

달의 이름	모양	달을 볼 수 있는 음력 날짜
초승달	오른쪽이 둥근 눈썹 모양	음력 2~3일 무렵
상현달	오른쪽 반달 모양	음력 7~8일 무렵
❶ ☐☐달	둥근 공 모양	음력 15일 무렵
하현달	왼쪽 반달 모양	음력 22~23일 무렵
❷ ☐☐달	왼쪽이 둥근 눈썹 모양	음력 27~28일 무렵

● **달의 모양 변화의 주기**: 달의 모양 변화는 약 ❸☐☐일을 주기로 되풀이됩니다.

● **여러 날 동안 달의 위치 변화**: 서쪽에서 동쪽으로 날마다 조금씩 이동합니다.

음력 날짜	달의 이름	저녁 7시 무렵에 달이 보이는 위치
음력 2~3일 무렵	초승달	서쪽 하늘
음력 7~8일 무렵	상현달	❹☐☐ 하늘
음력 15일 무렵	보름달	❺☐☐ 하늘

● **달의 위치 변화의 주기**: 달의 위치 변화는 약 ❻☐☐일을 주기로 되풀이됩니다.

Step 1

( ) 안에 알맞은 말을 써넣어 설명을 완성하거나 설명이 옳으면 ○, 틀리면 ×에 ○표 해 봅시다.

1 여러 날 동안 달의 모양과 위치 변화를 알아보려면 같은 시각에 다른 장소에서 달을 관찰해야 합니다. (○ , ×)

2 음력 2~3일 무렵에 볼 수 있는 오른쪽이 둥근 눈썹 모양의 달을 ( )이라고 합니다.

3 달의 모양은 약 30일을 주기로 되풀이됩니다. (○ , ×)

4 여러 날 동안 달은 ( )쪽에서 ( )쪽으로 날마다 조금씩 이동합니다.

1 다음 달의 이름은 무엇입니까? (   )

① 그믐달   ② 보름달
③ 상현달   ④ 초승달
⑤ 하현달

[2~3] 다음은 약 한 달 동안 관찰한 달의 모양을 순서 없이 나타낸 것입니다.

2 음력 27~28일 무렵에 볼 수 있는 달을 골라 기호를 써 봅시다.

(   )

3 위 달의 모양이 변하는 순서대로 기호를 써 봅시다.

㉠ → (   ) → (   ) → (   ) → (   )

4 (   ) 안에 공통으로 들어갈 날짜를 써 봅시다.

> 달은 약 (   )일을 주기로 모양이 변하기 때문에 오늘 밤에 보름달을 보았다면 약 (   )일 후에 다시 보름달을 볼 수 있다.

(   )

5 다음은 같은 장소에서 관찰한 달의 모양과 위치 변화에 대한 설명입니다. (   ) 안에 들어갈 말을 옳게 짝 지은 것은 어느 것입니까? (   )

> 저녁 7시 무렵에 초승달은 (㉠) 하늘에서 보이고, 상현달은 (㉡) 하늘에서 보이며, 보름달은 (㉢) 하늘에서 보인다.

	㉠	㉡	㉢
①	동쪽	서쪽	남쪽
②	동쪽	남쪽	서쪽
③	서쪽	동쪽	남쪽
④	서쪽	남쪽	동쪽
⑤	남쪽	서쪽	동쪽

6 오른쪽은 음력 2일에 관찰한 달의 모습입니다. 5일 뒤 같은 시각, 같은 장소에서 관찰한 달의 모습으로 옳은 것을 골라 기호를 써 봅시다.

(   )

④ 계절별 대표적인 별자리

1 다음은 계절별 대표적인 별자리에 대한 설명입니다. (　) 안에 들어갈 말을 옳게 짝 지은 것은 어느 것입니까? (　　)

> 저녁 9시 무렵에 (㉠)쪽 하늘에 위치한 별들은 밤하늘에서 볼 수 있는 시간 이 (㉡) 때문에 그 계절의 대표적인 별자리가 된다.

	㉠	㉡		㉠	㉡
①	서	길기	②	남	길기
③	남	짧기	④	북	길기
⑤	북	짧기			

2 하루 동안 안드로메다자리를 밤하늘에서 가장 오랜 시간 동안 볼 수 있는 계절은 언제인지 써 봅시다.

(　　　　　)

3 다음은 봄철 저녁 9시 무렵에 보이는 별자리의 모습입니다. 이에 대한 설명으로 옳은 것을 보기 에서 골라 기호를 써 봅시다.

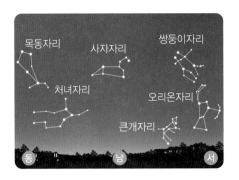

> 보기
> ㉠ 봄철 저녁 9시 무렵에 보이는 모든 별자리는 봄철의 대표적인 별자리이다.
> ㉡ 봄철의 대표적인 별자리는 남동쪽이나 남쪽 하늘에 위치한다.
> ㉢ 남쪽 하늘에서 보이는 사자자리는 여름철 저녁 9시 무렵에는 동쪽 하늘에 서 보인다.

(　　　　　)

❺ 계절에 따라
보이는 별자리가
달라지는 까닭

4 지구의 공전에 대한 설명으로 옳은 것은 어느 것입니까? ( )

① 시계 방향으로 회전한다.
② 하루에 한 바퀴씩 회전한다.
③ 동쪽에서 서쪽으로 회전한다.
④ 지구의 자전 방향과 같은 방향으로 회전한다.
⑤ 북극과 남극을 이은 가상의 축을 중심으로 회전한다.

[5~6] 다음은 계절에 따라 우리나라가 밤일 때 볼 수 있는 별자리를 나타낸 것입니다.

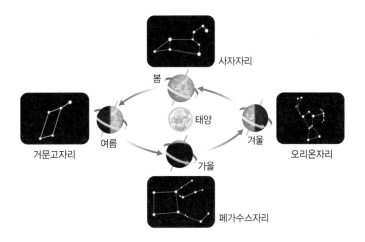

5 위 별자리 중 계절마다 가장 잘 볼 수 있는 별자리를 골라 각각 써 봅시다.

(1) 봄: ( ) (2) 여름: ( )
(3) 가을: ( ) (4) 겨울: ( )

6 위 거문고자리를 볼 수 없는 계절은 언제인지 써 봅시다.

( )

7 지구가 공전하기 때문에 나타나는 현상을 보기 에서 골라 기호를 써 봅시다.

보기
㉠ 낮과 밤이 생긴다.
㉡ 하루 동안 태양의 위치가 달라진다.
㉢ 계절에 따라 보이는 별자리가 달라진다.

( )

8 여러 날 동안 달의 모양 변화에 대해 <u>잘못</u> 설명한 친구의 이름을 써 봅시다.

> • 혜원: 초승달이 점점 차오르면 상현달이 돼.
> • 성진: 음력 22~23일 무렵에는 상현달을 볼 수 있어.
> • 동운: 보름달이 지나면서부터는 달의 오른쪽이 점점 보이지 않아.
> • 원영: 달이 15일 동안 점점 차오르다가 보름달이 되고, 이후 15일 동안은 점점 이지러져.

(   )

9 여러 날 동안 같은 시각, 같은 장소에서 관찰한 달의 모양과 위치 변화에 대한 설명으로 옳은 것은 어느 것입니까? (   )

① 달의 모양은 약 15일을 주기로 변한다.
② 달의 위치는 약 15일을 주기로 변한다.
③ 달의 위치는 동쪽에서 서쪽으로 이동한다.
④ 음력 15일 무렵부터 음력 27~28일 무렵까지는 달이 점점 차오른다.
⑤ 오늘 밤에 초승달을 보았다면 약 30일 뒤에 다시 초승달을 볼 수 있다.

10 다음은 여러 날 동안 같은 시각, 같은 장소에서 달을 관찰한 모습입니다. 이에 대한 설명으로 옳지 <u>않은</u> 것은 어느 것입니까? (   )

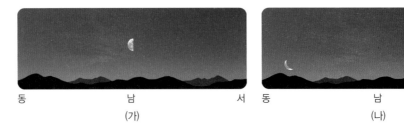

① (가)에서 보이는 달은 하현달이다.
② (나)에서 보이는 달은 그믐달이다.
③ (가)는 음력 22~23일 무렵에 볼 수 있다.
④ (나)는 음력 27~28일 무렵에 볼 수 있다.
⑤ (가)와 (나)는 모두 저녁 7시 무렵에 볼 수 있다.

서술형 길잡이

❶ 목동자리, 처녀자리, 사자자리는 봄철에 □□ 시간 동안 보이므로 봄철의 대표적인 별자리라고 부릅니다.

❷ 백조자리, 독수리자리, 거문고자리는 여름철에 □□ 시간 동안 보이므로 여름철의 대표적인 별자리라고 부릅니다.

❶ 지구가 여름철 위치에 있을 때 겨울철 별자리인 오리온자리는 태양과 □□ 방향에 있어 태양 빛 때문에 볼 수 없습니다.

❶ 여러 날 동안 저녁 7시무렵에 달을 관찰하면 달의 위치는 서쪽에서 □쪽으로 조금씩 이동합니다.

11 다음 별자리를 각 계절의 대표적인 별자리라고 부르는 까닭을 써 봅시다.

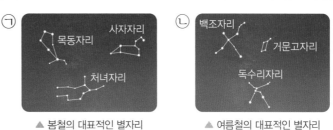

▲ 봄철의 대표적인 별자리 　　　　▲ 여름철의 대표적인 별자리

_____

_____

12 다음과 같이 전등을 중심으로 지구본을 공전시켰습니다. 지구본의 위치가 ㉠일 때 관측자 모형에서 오리온자리가 보이지 않는 까닭을 써 봅시다.

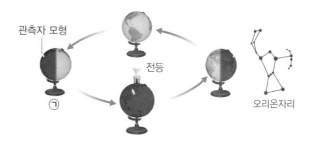

_____

_____

13 다음은 음력 2~3일 무렵부터 음력 15일 무렵까지 같은 시각, 같은 장소에서 달을 관찰한 모습입니다.

(1) ㉠~㉢ 중 가장 나중에 관찰한 달의 모습은 어느 것인지 써 봅시다.

(　　　　　　　　)

(2) (1)과 같이 생각한 까닭은 무엇인지 써 봅시다.

_____

_____

❶ 지구의 자전

- **지구의 자전**: 지구가 북극과 남극을 이은 가상의 직선 인 자전축을 중심으로 하루에 한 바퀴씩 회전하는 것
- **지구의 자전 방향**: 지구는 ❶[　　]쪽 → ❷[　　]쪽 (시계 반대 방향)으로 자전합니다.

- **지구에서 보이는 천체의 움직임**: 지구가 자전하기 때 문에 지구에 있는 관측자에서는 천체가 하루 동안 동 쪽에서 서쪽으로 움직이는 것처럼 보입니다.

❷ 지구의 자전으로 나타나는 현상

- **하루 동안 태양과 달의 위치가 달라지는 현상**: 하루 동 안 태양과 달은 ❸[　　]쪽 하늘에서 남쪽 하늘을 지 나 ❹[　　]쪽 하늘로 움직이는 것처럼 보입니다.
- **낮과 밤이 생기는 현상**: 지구가 자전하면서 태양 빛을 받는 쪽은 ❺[　　]이 되고, 태양 빛을 받지 못하는 쪽은 ❻[　　]이 됩니다.

❸ 지구의 공전과 공전으로 나타나는 현상

- **지구의 공전**: 지구가 태양을 중심으로 일 년에 한 바 퀴씩 회전하는 것
- **지구의 공전 방향**: 지구는 ❼[　　]쪽 → ❽[　　]쪽 (시계 반대 방향)으로 공전합니다.

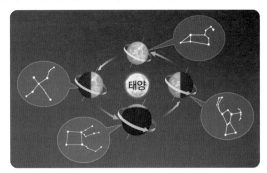

- **지구의 공전으로 나타나는 현상**: 지구가 공전하면서 계절에 따라 보이는 별자리가 달라집니다.

봄	여름	가을	겨울
예 사자자리	예 백조자리	예 페가수스 자리	예 오리온자 리

❹ 여러 날 동안 달의 모양과 위치 변화

- **달의 모양 변화**: 약 30일을 주기로 초승달 → 상현달 → 보름달 → 하현달 → 그믐달의 순서로 모양이 변 합니다.

❾	상현달	보름달	하현달	그믐달

- **달의 위치 변화**: 여러 날 동안 같은 시각에 달을 관찰 하면 달의 위치가 ❿[　　]쪽에서 동쪽으로 날마다 조금씩 이동합니다.

중요

1 하루 동안 일어나는 태양의 위치 변화를 화살표로 옳게 나타낸 것을 골라 기호를 써 봅시다.

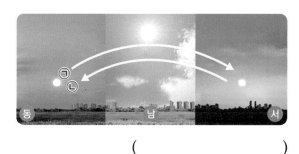

(   )

[2~3] 다음은 하루 동안 관찰한 보름달의 모습입니다.

2 위와 같이 하루 동안 달의 위치 변화를 관찰할 때 어느 쪽 하늘을 향해야 합니까? (   )

① 동쪽   ② 서쪽   ③ 남쪽
④ 북쪽   ⑤ 북동쪽

서술형

3 보름달의 위치는 하루 동안 어떻게 달라지는지 써 봅시다.

_____

_____

4 하루 동안 관찰한 태양, 달, 별의 위치 변화에 대한 설명으로 옳은 것을 보기 에서 골라 기호를 써 봅시다.

> **보기** ㉠ 태양은 움직이지 않는 것처럼 보인다.
> ㉡ 달과 별은 서로 다른 방향으로 움직이는 것처럼 보인다.
> ㉢ 태양, 달, 별은 모두 같은 방향으로 움직이는 것처럼 보인다.

(   )

[5~6] 다음은 하루 동안 지구의 움직임을 알아보기 위한 실험입니다.

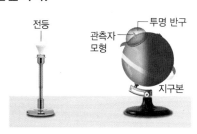

중요

5 위 실험에서 관측자 모형에게 전등이 동쪽에서 서쪽으로 움직이는 것처럼 보였다면, 지구본을 어느 방향으로 회전시킨 것인지 써 봅시다.

(   )쪽 → (   )쪽

중요

6 위 실험을 통해 알 수 있는 지구의 관측자에게 태양이 움직이는 것처럼 보이는 까닭으로 옳은 것은 어느 것입니까?   (   )

① 지구와 태양이 서로 끌어당기기 때문이다.
② 지구가 자전축을 중심으로 회전하기 때문이다.
③ 지구는 움직이지 않지만, 태양이 움직이기 때문이다.
④ 태양과 지구가 서로 같은 방향으로 회전하기 때문이다.
⑤ 태양과 지구가 서로 반대 방향으로 회전하기 때문이다.

7 지구의 자전 방향을 화살표로 옳게 나타낸 것은 어느 것입니까?   (   )

① 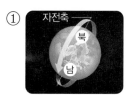   ②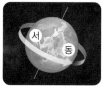

③    ④

[8~9] 다음과 같이 장치를 꾸미고 우리나라의 위치에 관측자 모형을 붙인 지구본을 회전시키면서 관측자 모형이 위치에 따라 빛을 받는 모습을 관찰하였습니다.

8 위 실험에 대한 설명으로 옳지 <u>않은</u> 것을 보기에서 골라 기호를 써 봅시다.

> 보기
> ㉠ 지구본을 동쪽에서 서쪽으로 회전시킨다.
> ㉡ 전등은 태양, 지구본은 지구를 나타낸다.
> ㉢ 낮과 밤이 생기는 까닭을 알아보는 실험이다.
> ㉣ 지구본을 회전시키면 지구본에서 빛을 받는 쪽이 달라진다.

(   )

9 위 실험에서 관측자 모형의 위치가 오른쪽과 같을 때, 우리나라는 낮과 밤 중 어느 때인지 써 봅시다.

(   )

서술형

10 다음과 같은 현상이 나타나는 까닭을 써 봅시다.

> • 낮과 밤이 생긴다.
> • 같은 날 태양이 진 직후와 한밤중에 본 달의 위치가 다르다.

_____

11 다음은 어느 계절을 대표하는 별자리인지 써 봅시다.

> 큰개자리, 쌍둥이자리, 오리온자리

(   )

12 봄, 여름, 가을, 겨울 중 사자자리를 볼 수 있는 계절을 모두 고른 것은 어느 것입니까?

(   )

① 봄   ② 여름
③ 봄, 가을   ④ 봄, 겨울
⑤ 봄, 여름, 겨울

13 ㉠과 ㉡이 나타내는 지구의 운동을 각각 써 봅시다.

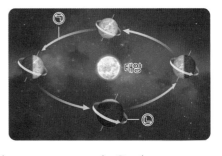

㉠: (   ) ㉡: (   )

14 지구의 운동에 대한 설명으로 옳지 <u>않은</u> 것은 어느 것입니까? (   )

① 지구는 시계 반대 방향으로 공전한다.
② 지구의 자전 방향과 공전 방향이 같다.
③ 지구는 자전하면서 동시에 태양 주위를 공전한다.
④ 지구가 태양을 중심으로 한 바퀴 회전하는 데 이 년이 걸린다.
⑤ 지구가 자전축을 중심으로 한 바퀴 회전하는 데 하루가 걸린다.

[15~16] 다음은 계절에 따라 보이는 별자리입니다.

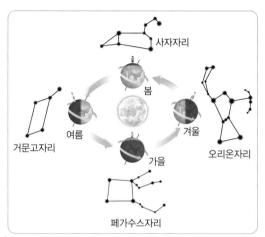

중요
15 위 별자리 중 여름철에 가장 오랜 시간 관찰할 수 있는 것은 무엇인지 써 봅시다.

( )

16 봄철에는 페가수스자리를 볼 수 없는 까닭으로 옳은 것은 어느 것입니까? ( )

① 페가수스자리는 낮에만 볼 수 있기 때문이다.
② 페가수스자리가 태양과 같은 방향에 있기 때문이다.
③ 페가수스자리는 가을철에만 볼 수 있기 때문이다.
④ 페가수스자리가 태양의 반대 방향에 있기 때문이다.
⑤ 봄철에는 봄철의 대표적인 별자리만 볼 수 있기 때문이다.

서술형
17 계절에 따라 보이는 별자리가 달라지는 까닭을 써 봅시다.

_____

_____

중요
18 다음 달에 대한 설명으로 옳은 것은 어느 것입니까? ( )

① 하현달이다.
② 음력 15일 무렵에 볼 수 있다.
③ 저녁 7시 무렵에 남쪽 하늘에서 볼 수 있다.
④ 이 달이 뜨고 일주일 뒤에는 눈썹 모양의 달을 볼 수 있다.
⑤ 이 달과 같은 모양의 달을 다시 보려면 약 15일을 기다려야 한다.

[19~20] 다음은 음력 2~3일 무렵부터 여러 날 동안 같은 시각, 같은 장소에서 관찰한 달의 모습입니다.

19 위 (가)와 (나)에 들어갈 방위를 각각 써 봅시다.

(가): ( ) (나): ( )

20 위 ㉠~㉢ 중 먼저 관찰한 달부터 순서대로 기호를 써 봅시다.

( ) → ( ) → ( )

가로 세로 용어 퀴즈

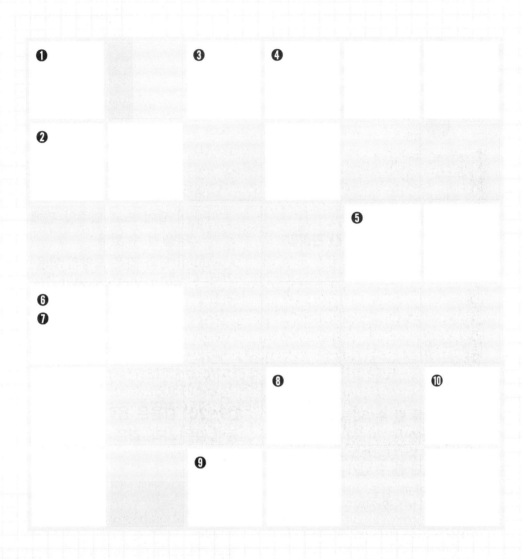

○ 정답과 해설 • 9쪽

가로 퀴즈

❷ 하루 동안 지구의 움직임을 알아보는 실험에서 ○○은 태양을 나타냅니다.

❸ 봄철 별자리에는 ○○○○, 처녀자리, 사자자리가 있습니다.

❺ 지구가 태양을 중심으로 일 년에 한 바퀴씩 회전하는 것입니다.

❻ 지구의 자전은 지구가 자전축을 중심으로 ○○에 한 바퀴씩 회전하는 것입니다.

❾ 여러 날 동안 같은 시각, 같은 장소에서 달을 관찰하면 음력 2～3일 무렵에 ○○ 하늘에서 초승달이 보입니다.

세로 퀴즈

❶ 낮과 밤은 지구가 ○○하기 때문에 생깁니다.

❹ 하루 동안 태양과 달은 ○○에서 서쪽으로 이동하는 것처럼 보입니다.

❼ 음력 22～23일 무렵에 관찰할 수 있는 왼쪽 반달 모양의 달입니다.

❽ 태양과 달의 위치를 관찰할 때 향해야 하는 방향입니다.

❿ 달의 모양이 주기적으로 변하는 시간을 한 달로 정해 만든 달력입니다.

2

여러 가지 기체

압력과 온도가 변하면 기체의
부피는 어떻게 될까요?

공기를 이루는 기체에는
어떤 성질이 있을까요?

1 산소의 성질

탐구로 시작하기

❶ 기체 발생 장치 만들기

→ 유리 기구에 고무관이나 고무마개를 끼울 때에는 물을 묻혀 살살 돌려 가며 끼웁니다.

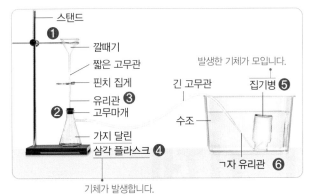

- 스탠드
- ❶ 깔때기
- 짧은 고무관
- 핀치 집게
- 유리관 ❸
- ❷ 고무마개
- 가지 달린
- 삼각 플라스크 ❹
- 기체가 발생합니다.
- ▲ 기체 발생 장치

- 발생한 기체가 모입니다.
- 긴 고무관
- 집기병 ❺
- 수조
- ㄱ자 유리관 ❻

❶ 짧은 고무관을 끼운 깔때기를 스탠드의 링에 올려놓고, 고무관에 핀치 집게를 끼웁니다. ➕개념1

❷ 유리관을 끼운 고무마개로 가지 달린 삼각 플라스크의 입구를 막습니다.

❸ 깔때기에 연결한 고무관을 고무마개에 끼운 유리관과 연결합니다.

❹ 가지 달린 삼각 플라스크의 가지에 긴 고무관을 끼우고, 반대쪽 끝은 ㄱ자 유리관과 연결합니다.

❺ 수조에 물을 $\frac{2}{3}$ 정도 담고, 물을 가득 채운 집기병을 수조에 거꾸로 세웁니다.

❻ ㄱ자 유리관을 집기병 입구에 넣습니다.
→ ㄱ자 유리관을 집기병 안으로 넣을 때 너무 깊이 넣지 않습니다.

❷ 산소를 발생시켜 그 성질 확인하기

➕개념1 **핀치 집게의 역할**
- 고무관을 통과하여 이동하는 액체의 양을 조절합니다.
- 가지 달린 삼각 플라스크에서 발생하는 기체가 거꾸로 흐르는 현상을 막아 줍니다.

실험 동영상

탐구 과정 및 결과

- 이산화 망가니즈
- 가지 달린 삼각 플라스크

❶ 가지 달린 삼각 플라스크에 물을 조금 넣고 이산화 망가니즈를 한 숟가락 넣어서 기체 발생 장치를 만듭니다.

- 깔때기
- 묽은 과산화 수소수

❷ 묽은 과산화 수소수를 깔때기에 반 정도 붓습니다.

- 짧은 고무관
- 핀치 집게

❸ 핀치 집게를 조절하여 묽은 과산화 수소수를 조금씩 흘려보내면서 가지 달린 삼각 플라스크, ㄱ자 유리관 끝부분, 집기병에서 일어나는 현상을 관찰합니다.

- 유리판

❹ 산소가 집기병에 가득 차면 물속에서 유리판으로 집기병 입구를 막고 꺼냅니다.
→ 처음에 ㄱ자 유리관 끝에서 나와 집기병에 모인 기체는 가지 달린 삼각 플라스크와 고무관 안에 있던 공기이므로 버립니다.

❺ 과정 ❷~❹를 반복하여 다른 한 개의 집기병에도 산소를 모읍니다.

가지 달린 삼각 플라스크에 넣는 물질은 이산화 망가니즈 대신 아이오딘화 칼륨을 사용해도 돼요.

산소 발생 과정에서의 변화

가지 달린 삼각 플라스크 내부	ㄱ자 유리관 끝부분	집기병 내부
거품이 발생합니다.	기포가 나옵니다.	산소가 모여 물의 높이가 낮아집니다.

⑥ 첫 번째 집기병 뒤에 흰 종이를 대고 산소의 색깔을 관찰합니다.

⑦ 첫 번째 집기병을 덮은 유리판을 열고 손으로 바람을 일으켜 산소의 냄새를 맡아 봅니다.

⑧ 두 번째 집기병에 향불을 넣어 불꽃의 변화를 관찰합니다.

산소의 성질

색깔	냄새
없습니다.	없습니다.
향불을 넣었을 때	

향불의 불꽃이 커집니다.
└• 산소는 다른 물질이 타는 것을 돕습니다.

개념 이해하기

1. 산소의 성질

① 색깔과 냄새가 없습니다.
② 스스로 타지 않지만, 다른 물질이 타는 것을 돕습니다. **➕개념2**
③ 철, 구리와 같은 금속을 **❶**녹슬게 합니다.

▲ 철 못이 녹슬기 전   ▲ 철 못이 녹슨 후

2. 산소의 이용

└•산소는 우리가 숨을 쉴 때 필요합니다.

산소 호흡 장치	로켓 연료 태우기	금속 ❷용접
병원에서 환자의 호흡을 돕는 데 이용됩니다.	산소를 이용해 연료를 태워 로켓을 발사합니다.	금속을 자르거나 붙일 때 이용됩니다.

└•병원에서 사용하는 산소통, 잠수부가 사용하는 압축 공기통에도 산소가 들어 있습니다.

➕개념2 나무에 불을 붙일 때 부채질을 하면 불이 잘 붙는 까닭
부채질을 하면 공기 중의 산소가 더 많이 공급되기 때문에 불이 잘 붙습니다.

용어 돋보기

❶ 녹(綠 푸르다)
금속과 산소가 만나 금속 표면에 생기는 물질로, 색깔은 붉거나 푸릅니다.

❷ 용접(鎔 쇠를 녹이다, 接 잇다)
두 개의 금속을 녹여서 이어 붙이는 일

핵심 개념 되짚어 보기

넌 어떻게 불꽃이 커졌어?
산소와 친하게 지내봐!
확
확

산소는 색깔과 냄새가 없고, 다른 물질이 타는 것을 도우며, 금속을 녹슬게 하는 성질이 있습니다.

기본 문제로 익히기

○ 정답과 해설 ● 9쪽

핵심 체크

● 기체 발생 장치에서 각 실험 기구의 역할

①□□□□	가지 달린 삼각 플라스크	②□□□
깔때기 속 물질이 고무관을 통과하여 이동하는 경우 그 흐름을 조절합니다.	두 물질이 만나 기체가 발생합니다.	발생한 기체가 모입니다.

● 산소를 발생시켜 그 성질 확인하기
  • 묽은 과산화 수소수와 이산화 망가니즈가 만나면 ③□□가 발생합니다.
  • 산소가 모인 집기병에 향불을 넣으면 불꽃이 ④□집니다.
● **산소의 성질**: 색깔과 냄새가 ⑤□고, 다른 물질이 타는 것을 ⑥□□며, 철이나 구리와 같은 금속을 녹슬게 합니다.
● **산소의 이용**: 산소 호흡 장치, 로켓 연료 태우기, 금속 용접 등에 이용됩니다.

Step 1 ( ) 안에 알맞은 말을 써넣어 설명을 완성하거나 설명이 옳으면 ○, 틀리면 ×에 ○표 해 봅시다.

1 기체 발생 장치를 만들 때 물을 $\frac{2}{3}$ 정도 담은 수조에 물을 절반 정도 채운 집기병을 거꾸로 세웁니다. (○ , ×)

2 과산화 수소수와 이산화 망가니즈를 반응시키면 산소를 발생시킬 수 있습니다.
(○ , ×)

3 기체 발생 장치를 이용하여 산소를 발생시킬 때 수조의 ㄱ자 유리관 끝부분에서 기포가 나옵니다. (○ , ×)

4 ( )은/는 다른 물질이 타는 것을 돕고, 철이나 구리와 같은 금속을 녹슬게 하는 기체입니다.

5 산소는 응급 환자가 사용하는 호흡 장치나 잠수부가 사용하는 압축 공기통에 이용됩니다.
(○ , ×)

[1~3] 다음은 기체 발생 실험 장치입니다.

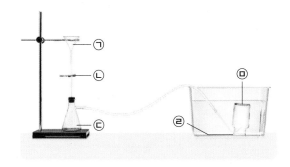

1 위 기체 발생 장치에 사용된 실험 기구 ㉠~㉢ 중 다음 설명에 해당하는 것의 기호를 써 봅시다.

- 고무관을 통과하여 이동하는 액체의 양을 조절한다.
- 가지 달린 삼각 플라스크에서 발생하는 기체가 거꾸로 흐르는 현상을 막는다.

( )

2 위 기체 발생 장치에서 산소를 발생시키기 위해 ㉠에 부은 물질과 ㉢에 물과 함께 넣은 물질을 보기 에서 각각 골라 써 봅시다.

보기
이산화 망가니즈, 탄산수소 나트륨, 진한 식초, 묽은 과산화 수소수

(1) ㉠에 부은 물질: ( )
(2) ㉢에 물과 함께 넣은 물질:
( )

3 위 기체 발생 장치로 산소를 모을 때 산소가 발생하는 것을 알 수 있는 현상으로 옳은 것을 두 가지 골라 써 봅시다. (,)

① ㉠이 차가워진다.
② ㉢ 내부에서 거품이 발생한다.
③ ㉣ 끝부분에서 기포가 나온다.
④ ㉤ 안에 들어 있는 물의 높이가 높아진다.
⑤ 수조 속의 물이 뿌옇게 변한다.

4 오른쪽과 같이 산소가 들어 있는 집기병에 향불을 넣었을 때 향불의 변화로 옳은 것을 보기 에서 골라 기호를 써 봅시다.

보기
㉠ 향불이 바로 꺼진다.
㉡ 향불의 불꽃이 커진다.
㉢ 아무런 변화가 일어나지 않는다.

( )

5 산소의 성질로 옳은 것을 두 가지 골라 써 봅시다.
(,)

① 스스로 탄다.
② 색깔이 있다.
③ 냄새가 있다.
④ 금속을 녹슬게 한다.
⑤ 다른 물질이 타는 것을 돕는다.

6 산소가 이용되는 예가 아닌 것은 어느 것입니까?
( )

①
▲ 로켓 연료 태우기

②
▲ 산소 호흡 장치

③
▲ 소화기

④
▲ 금속 용접

2 이산화 탄소의 성질

탐구로 시작하기

○ 이산화 탄소를 발생시켜 그 성질 확인하기

탐구 과정 및 결과

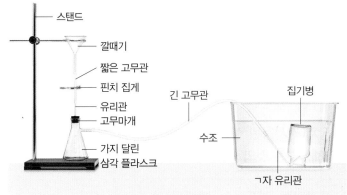

- 스탠드
- 깔때기
- 짧은 고무관
- 핀치 집게
- 유리관
- 고무마개
- 가지 달린 삼각 플라스크
- 긴 고무관
- 집기병
- 수조
- ㄱ자 유리관

❶ 그림과 같이 기체 발생 장치를 만듭니다.

깔때기에 넣는 물질은 식초 대신 시트르산 용액이나 구연산 용액을 사용해도 돼요.

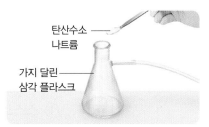

- 탄산수소 나트륨
- 가지 달린 삼각 플라스크

❷ 가지 달린 삼각 플라스크의 고무마개를 빼내어 물을 조금 넣고 탄산수소 나트륨을 네다섯 숟가락 넣은 뒤 고무마개를 다시 막습니다.

- 깔때기
- 진한 식초

❸ 진한 식초를 깔때기에 반 정도 붓습니다.

- 짧은 고무관
- 핀치 집게

❹ 핀치 집게를 조절하여 식초를 조금씩 흘려보내면서 가지 달린 삼각 플라스크, ㄱ자 유리관 끝부분, 집기병에서 일어나는 현상을 관찰합니다.

- 유리판

❺ 이산화 탄소가 집기병에 가득 차면 물속에서 유리판으로 집기병 입구를 막고 꺼냅니다. → 처음에 ㄱ자 유리관 끝에서 나와 집기병에 모인 기체는 가지 달린 삼각 플라스크와 고무관 안에 있던 공기이므로 버립니다.

❻ 과정 ❸~❺를 반복하여 다른 두 개의 집기병에도 이산화 탄소를 모읍니다.

이산화 탄소 발생 과정에서의 변화

가지 달린 삼각 플라스크 내부	ㄱ자 유리관 끝부분	집기병 내부
거품이 발생합니다.	기포가 나옵니다.	이산화 탄소가 모여 물의 높이가 낮아집니다.

❼ 첫 번째 집기병 뒤에 흰 종이를 대고 이산화 탄소의 색깔을 관찰합니다.

❽ 첫 번째 집기병을 덮은 유리판을 열고 손으로 바람을 일으켜 이산화 탄소의 냄새를 맡아 봅니다.

❾ 두 번째 집기병에 향불을 넣어 불꽃의 변화를 관찰합니다.

❿ 세 번째 집기병에 석회수를 넣고 흔들어 석회수의 변화를 관찰합니다.

이산화 탄소의 성질

색깔	냄새
없습니다.	없습니다.
향불을 넣었을 때	석회수를 넣고 흔들었을 때
향불이 꺼집니다.	석회수가 뿌옇게 됩니다.

└ 이산화 탄소는 다른 물질이 타는 것을 막습니다.

➕개념1 **우리가 내쉬는 날숨에 들어 있는 이산화 탄소 성분을 확인하는 방법**
석회수가 든 집기병에 날숨을 계속 불어 넣으면 석회수가 뿌옇게 됩니다. 이것으로 사람이 내쉬는 숨에는 이산화 탄소가 들어 있음을 확인할 수 있습니다.

➕개념2 **이산화 탄소의 이용 예**
• 액상 소화제, 탄산수에 이산화 탄소가 들어 있습니다.
• 식물의 광합성에 이용됩니다.

➕개념3 **공기 중 이산화 탄소가 증가할 때 생길 수 있는 일**
• 물체가 잘 타지 않을 것입니다.
• 지구의 온도가 높아질 것입니다.

개념 이해하기

1. 이산화 탄소의 성질

① 색깔과 냄새가 없습니다.
② 다른 물질이 타는 것을 막습니다.
③ 석회수를 뿌옇게 만듭니다. ➕개념1
└ 석회수를 이용하면 이산화 탄소가 있는지 확인할 수 있습니다.

2. 이산화 탄소의 이용 ➕개념2 ➕개념3

┌ 탄산음료를 흔들거나 컵에 따를 때 생기는 거품 속에 이산화 탄소가 들어 있습니다.

소화기	탄산음료	❶드라이아이스	자동 팽창식 구명조끼
물질이 타는 것을 막아 불을 끄는 데 이용됩니다.	톡 쏘는 맛을 내는 데 이용됩니다.	음식물을 차갑게 보관할 때 이용됩니다.	위급할 때 순식간에 부풀어 오르게 하는 데 이용됩니다.

용어 돋보기
❶ 드라이아이스
고체 상태의 이산화 탄소

핵심 개념 되짚어 보기

이산화 탄소는 색깔과 냄새가 없고, 불을 끄게 하며, 석회수를 뿌옇게 만드는 성질이 있습니다.

기본 문제로 익히기

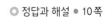

핵심 체크

● **이산화 탄소를 발생시켜 그 성질 확인하기**
  • 진한 식초와 탄산수소 나트륨이 만나면 **①**□□□□□가 발생합니다.
  • 이산화 탄소가 모인 집기병에 향불을 넣으면 불꽃이 **②**□집니다.
  • 이산화 탄소가 모인 집기병에 석회수를 넣고 흔들면 석회수가 **③**□□□ 됩니다.

● **이산화 탄소의 성질**: 색깔과 냄새가 **④**□고, 다른 물질이 타는 것을 **⑤**□으며, 석회수를 뿌옇게 만듭니다.

● **이산화 탄소의 이용**

소화기	불을 끄는 데 이용됩니다.
탄산음료	톡 쏘는 맛을 내는 데 이용됩니다.
⑥□□□□□□	고체 상태의 이산화 탄소로, 음식물을 차갑게 보관할 때 이용됩니다.
자동 팽창식 구명조끼	위급할 때 순식간에 부풀어 오르게 하는 데 이용됩니다.

Step 1

( ) 안에 알맞은 말을 써넣어 설명을 완성하거나 설명이 옳으면 ○, 틀리면 ×에 ○표 해 봅시다.

1 진한 식초와 탄산수소 나트륨을 반응시키면 이산화 탄소를 발생시킬 수 있습니다.

(○ , ×)

2 다른 물질이 타는 것을 막는 기체는 ( )입니다.

3 이산화 탄소는 ( )을/를 뿌옇게 만드는 성질이 있습니다.

4 ( )은/는 음식물을 차갑게 보관할 때 필요한 드라이아이스를 만드는 데 이용됩니다.

[1~3] 다음과 같이 기체 발생 장치를 만든 뒤 진한 식초를 조금씩 흘려보냈습니다.

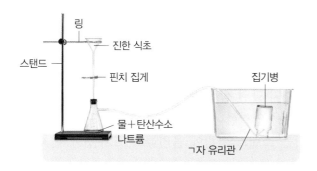

1 위 실험 장치에 대한 설명으로 옳지 <u>않은</u> 것을 보기 에서 골라 기호를 써 봅시다.

> 보기 ㉠ 이산화 탄소를 발생시키기 위한 실험 장치이다.
> ㉡ 흘려보내는 진한 식초의 양은 스탠드와 링의 높이로 조절한다.
> ㉢ 가지 달린 삼각 플라스크에서 기체가 발생한다.
> ㉣ ㄱ자 유리관을 집기병 입구 가까이에 넣고 기체를 모은다.

( )

2 위 실험에서 집기병에 모은 기체의 색깔과 냄새를 확인하는 방법으로 옳은 것을 <u>두 가지</u> 골라 써 봅시다. (,)

① 집기병 입구에 코를 대고 냄새를 맡는다.
② 집기병 뒤에 흰 종이를 대고 색깔을 관찰한다.
③ 집기병 안에 검은 종이를 잘라 넣고 색깔을 관찰한다.
④ 집기병 안에 손을 넣었다 뺀 뒤 손의 냄새를 맡는다.
⑤ 집기병 입구에서 손으로 바람을 일으켜 냄새를 맡는다.

3 앞의 실험에서 모은 기체가 들어 있는 집기병에 향불을 넣었을 때 나타나는 현상으로 옳은 것은 어느 것입니까? ( )

① 향불이 꺼진다.
② 향불의 불꽃이 커진다.
③ 집기병에 물이 가득 찬다.
④ 집기병의 벽면이 파랗게 변한다.
⑤ 향불이 꺼졌다 켜졌다를 반복한다.

4 이산화 탄소의 성질로 옳지 <u>않은</u> 것은 어느 것입니까? ( )

① 색깔이 없다.
② 냄새가 없다.
③ 철을 녹슬게 한다.
④ 석회수를 뿌옇게 만든다.
⑤ 다른 물질이 타는 것을 막는다.

5 이산화 탄소가 이용되는 예가 <u>아닌</u> 것은 어느 것입니까? ( )

① 소화기를 만들 때 이용된다.
② 탄산음료의 재료로 이용된다.
③ 로켓의 연료를 태울 때 이용된다.
④ 자동 팽창식 구명조끼를 만들 때 이용된다.
⑤ 고체로 만들어 음식물을 차갑게 보관할 때 이용된다.

① 산소의 성질

1 다음은 기체 발생 장치를 만드는 과정을 순서 없이 나타낸 것입니다. 실험 과정을 순서에 맞게 기호를 써 봅시다.

(가) 물이 든 수조에 물을 가득 채운 집기병을 거꾸로 세우고, ㄱ자 유리관을 집기병 입구에 넣는다.

(나) 가지 달린 삼각 플라스크의 가지에 긴 고무관을 끼우고, 반대쪽 끝은 ㄱ자 유리관과 연결한다.

(다) 유리관을 끼운 고무마개로 가지 달린 삼각 플라스크의 입구를 막고, 이 유리관과 깔때기에 끼운 고무관을 연결한다.

(라) 짧은 고무관을 끼운 깔때기를 스탠드의 링에 올려놓고, 고무관에 핀치 집게를 끼운다.

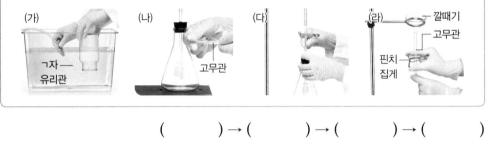

(   ) → (   ) → (   ) → (   )

2 다음 기체 발생 장치를 이용하여 산소 발생 실험을 하는 과정에 대한 설명으로 옳지 <u>않은</u> 것은 어느 것입니까? (   )

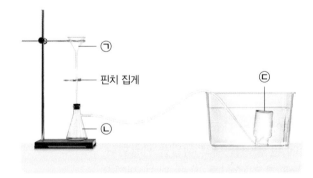

① ㉠에 묽은 과산화 수소수를 붓는다.

② ㉡에 물과 이산화 망가니즈를 넣는다.

③ 핀치 집게를 빼내어 ㉠의 물질을 한꺼번에 흘려보낸다.

④ ㉡에서 산소 기체가 발생한다.

⑤ 발생한 산소가 ㉢에 가득 차면 물속에서 유리판으로 ㉢의 입구를 막고 꺼낸다.

3 오른쪽과 같이 철 못을 녹슬게 하는 성질이 있는 기체에 대한 설명으로 옳지 <u>않은</u> 것은 어느 것입니까? (   )

① 색깔이 없다.
② 냄새가 없다.
③ 석회수를 뿌옇게 만든다.
④ 우리가 숨을 쉴 때 필요하다.
⑤ 다른 물질이 타는 것을 돕는다.

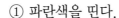

❷ 이산화 탄소의 성질

4 기체 발생 장치를 만들어 이산화 탄소를 발생시킬 때 필요한 준비물이 <u>아닌</u> 것은 어느 것입니까?   (   )

① 깔때기   ② 진한 식초   ③ 이산화 망가니즈
④ 탄산수소 나트륨   ⑤ 가지 달린 삼각 플라스크

5 오른쪽과 같이 탄산음료를 컵에 따르면 거품이 생기는 것을 볼 수 있습니다. 이 거품 속에 들어 있는 기체에 대한 설명으로 옳은 것은 어느 것입니까?   (   )

① 파란색을 띤다.
② 시큼한 냄새가 난다.
③ 스스로 잘 타는 성질이 있다.
④ 드라이아이스를 이용해서 모을 수 있다.
⑤ 탄산음료에 녹아 있던 산소가 나온 것이다.

6 산소와 이산화 탄소의 공통점으로 옳은 것은 어느 것입니까?　　　　（　　　　）

① 색깔과 냄새가 없다.
② 금속을 녹슬게 한다.
③ 드라이아이스를 만드는 데 이용된다.
④ 석회수를 뿌옇게 만드는 성질이 있다.
⑤ 다른 물질이 타는 것을 막는 성질이 있다.

7 다음은 기체가 들어 있는 여러 개의 집기병 중에서 산소와 이산화 탄소가 들어 있는 집기병을 찾아내는 방법에 대한 친구들의 대화입니다. 옳게 설명한 사람의 이름을 각각 써 봅시다.

> • 민지: 집기병 뒤에 흰 종이를 대고 색깔을 확인해야 해.
> • 혜린: 집기병에 물을 넣고 색깔이 변하는지 확인해야 해.
> • 하나: 집기병에 향불을 넣고 향불이 커지는지 확인하면 돼.
> • 혜인: 집기병에 석회수를 넣고 흔들어서 석회수가 뿌옇게 흐려지는지 확인하면 돼.

(1) 산소가 들어 있는 집기병을 찾아내는 방법: (　　　　　　　　　　)
(2) 이산화 탄소가 들어 있는 집기병을 찾아내는 방법: (　　　　　　　　　　)

8 다음은 기체가 이용되는 예를 나타낸 것입니다. 이용된 기체가 나머지와 <u>다른</u> 것을 골라 기호를 써 봅시다.

▲ 드라이아이스

▲ 압축 공기통

▲ 자동 팽창식 구명조끼

（　　　　　　　）

서술형 길잡이

❶ 묽은 과산화 수소수와 이산화 망가니즈가 반응하여 발생한 산소 기체는 □□□에 모입니다.

❷ 산소는 색깔과 냄새가 □습니다.

9 오른쪽과 같이 산소 발생 장치를 만든 뒤 묽은 과산화 수소수를 조금씩 흘려보냈습니다.

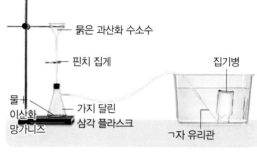

(1) 묽은 과산화 수소수와 이산화 망가니즈가 만났을 때 ㄱ자 유리관 끝부분과 집기병 내부에서 관찰할 수 있는 현상을 각각 써 봅시다.

• ㄱ자 유리관 끝부분: _____

• 집기병 내부: _____

(2) 집기병에 모은 산소의 색깔과 냄새를 확인하는 실험 방법을 각각 써 봅시다.

• 색깔: _____

• 냄새: _____

❶ 이산화 탄소는 석회수를 □□□ 만듭니다.

❷ 이산화 탄소가 들어 있는 집기병에 향불을 넣으면 향불이 □집니다.

10 다음은 이산화 탄소의 성질을 알아보기 위한 두 가지 실험입니다.

(가)

석회수
이산화 탄소
▲ 이산화 탄소가 들어 있는 집기병에 석회수를 넣고 흔든다.

(나)

향
이산화 탄소
▲ 이산화 탄소가 들어 있는 집기병에 향불을 넣는다.

(1) 실험 (가)에서 알 수 있는 이산화 탄소의 성질을 써 봅시다.

_____

_____

(2) 실험 (나)에서 알 수 있는 이산화 탄소의 성질과 이 성질을 일상생활에서 어떻게 이용할 수 있는지 각각 써 봅시다.

• 성질: _____

• 이용: _____

3 압력에 따른 기체의 부피 변화

탐구로 시작하기

❶압력에 따른 기체의 부피 변화 관찰하기

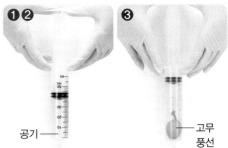

탐구 과정

❶ 주사기의 피스톤을 당겨 공기 40 mL 를 넣은 뒤 주사기 입구를 주사기 마개로 막고 피스톤을 누르면서 변화를 관찰해 봅니다.

❷ 피스톤을 약하게 눌렀을 때와 세게 눌렀을 때 주사기 안 공기의 부피 변화를 관찰해 봅니다.

❸ 공기를 넣은 작은 고무풍선을 주사기 안에 넣은 뒤 피스톤을 약하게 눌렀을 때와 세게 눌렀을 때 주사기 안 고무풍선의 부피 변화를 관찰해 봅니다.

공기 — / 고무 풍선

탐구 결과

① 주사기의 입구를 주사기 마개로 막고 피스톤을 누를 때의 변화: 피스톤이 주사기 안으로 들어가 주사기 안 공기의 부피가 작아집니다.

② 공기와 고무풍선에 압력을 가한 정도를 다르게 할 때의 부피 변화

└→ 피스톤에 가한 힘을 없애면 기체의 부피가 원래대로 되돌아갑니다.

압력을 가한 정도	피스톤을 약하게 누를 때	피스톤을 세게 누를 때
공기의 부피 변화	• 피스톤이 주사기 안으로 조금 들어갑니다. • 주사기 안 공기의 부피가 조금 작아집니다.	• 피스톤이 주사기 안으로 많이 들어갑니다. • 주사기 안 공기의 부피가 많이 작아집니다.
고무풍선의 부피 변화	• 피스톤이 주사기 안으로 조금 들어갑니다. • 고무풍선의 부피가 조금 작아집니다. → 고무풍선 안 공기의 부피가 조금 작아집니다.	• 피스톤이 주사기 안으로 많이 들어갑니다. • 고무풍선의 부피가 많이 작아집니다. → 고무풍선 안 공기의 부피가 많이 작아집니다.

실험 동영상

➕또 다른 방법!

• 감압 용기에 공기가 조금 든 고무풍선을 넣고 용기 안 공기를 빼낼 때 고무풍선의 크기 변화를 관찰할 수도 있습니다.

• 감압 용기의 공기를 빼내면 용기 안 압력이 낮아지면서 고무풍선 안 기체의 부피가 커져 고무풍선이 부풀어 오릅니다. ➡ 기체는 압력이 낮아지면 부피가 커집니다.

고무 풍선

▲ 공기 빼기 전   ▲ 공기 뺀 후

용어돋보기

❶ 압력(壓 누르다, 力 힘)

일정한 넓이에 수직으로 작용하는 힘의 크기

개념 이해하기

1. 압력에 따른 기체의 부피 변화
└ 압력이 높아지면 기체의 부피는 작아지고, 압력이 낮아지면 기체의 부피는 커집니다.

① 기체는 압력에 따라 부피가 변하며, 압력을 가한 정도에 따라 부피가 변하는 정도가 다릅니다.

압력을 약하게 가할 때 ➡ 기체의 부피가 조금 작아집니다.

압력을 세게 가할 때 ➡ 기체의 부피가 많이 작아집니다.

② 압력에 따른 기체와 액체의 부피 변화: 기체는 압력에 따라 부피가 변하지만, 액체는 압력에 따라 부피가 거의 변하지 않습니다. 개념1

2. 생활 속에서 압력에 따라 기체의 부피가 변하는 예

① 압력이 높아져서 기체의 부피가 작아지는 예

높은 산 위와 산 아래의 페트병	산 위에서 빈 페트병을 마개로 닫은 뒤 산 아래로 가지고 내려오면 페트병이 찌그러집니다. ➡ 산 위보다 산 아래의 압력이 더 높기 때문입니다.	
운동화 밑창의 공기 주머니	밑창에 공기 주머니가 있는 신발을 신고 뛰었다가 착지하면 공기 주머니의 부피가 작아집니다. ➡ 착지할 때 공기 주머니에 가해지는 압력이 높아지기 때문입니다.	
그 외	• 에어백이 충격을 받으면 찌그러집니다. • 풍선 놀이 틀에 올라가면 풍선 놀이 틀이 찌그러집니다. • 축구공을 발로 차면 순간적으로 축구공이 찌그러집니다. • 화물차에 무거운 짐을 가득 실으면 바퀴가 찌그러집니다.	

② 압력이 낮아져서 기체의 부피가 커지는 예

비행기 안의 과자 봉지 개념2	비행기 안에 놓아둔 과자 봉지는 비행기가 땅보다 하늘에 떠 있을 때 더 많이 부풀어 오릅니다. ➡ 땅에서보다 하늘에서 압력이 더 낮기 때문입니다.	
잠수부가 내뿜은 공기 방울	바닷속에서 잠수부가 내뿜은 공기 방울이 물 표면으로 올라갈수록 커집니다. ➡ 바다 아래에서 물 표면으로 올라갈수록 압력이 낮아지기 때문입니다.	
그 외	사람이 올라앉아 찌그러진 고무공에서 앉아 있던 사람이 일어서면 고무공이 원래대로 부풀어 오릅니다.	

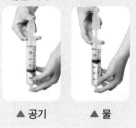

⊕개념1 **압력에 따른 기체와 액체의 부피 변화**
• 기체는 압력에 따라 부피가 변하지만, 액체는 압력에 따라 부피가 거의 변하지 않습니다.
• 주사기에 같은 부피의 공기와 물을 넣고 압력을 가했을 때 물이 든 주사기는 피스톤이 거의 움직이지 않습니다.

▲ 공기   ▲ 물

⊕개념2 **비행기가 다시 땅으로 내려올 때 과자 봉지의 변화**
주위의 압력이 높아져서 과자 봉지 안에 들어 있는 기체의 부피가 작아지기 때문에 과자 봉지가 다시 오그라듭니다.

핵심 개념 되짚어 보기

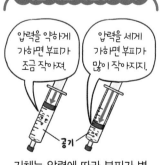

압력을 약하게 가하면 부피가 조금 작아져.

압력을 세게 가하면 부피가 많이 작아지지.

공기

기체는 압력에 따라 부피가 변합니다. 압력을 약하게 가하면 부피가 조금 작아지고, 압력을 세게 가하면 부피가 많이 작아집니다.

핵심 체크

● 압력에 따른 기체의 부피 변화: 기체는 압력에 따라 부피가 변합니다.

압력을 약하게 가할 때	기체의 부피가 ❶ ☐☐ 작아집니다.
압력을 세게 가할 때	기체의 부피가 ❷ ☐☐ 작아집니다.

● 압력에 따른 기체의 부피 변화 관찰하기

공기를 넣고 입구를 막은 주사기의 피스톤을 약하게 누를 때	공기를 넣고 입구를 막은 주사기의 피스톤을 세게 누를 때
• 피스톤이 ❸ ☐☐ 들어갑니다. • 공기의 부피가 조금 작아집니다.	• 피스톤이 ❹ ☐☐ 들어갑니다. • 공기의 부피가 많이 작아집니다.

● 생활 속에서 압력에 따라 기체의 부피가 변하는 예
  • 압력이 높아져서 기체의 부피가 작아지는 예: 높은 산 위와 산 아래의 페트병

산 위에서 빈 페트병을 마개로 닫은 뒤 산 아래로 가지고 내려오면 페트병이 찌그러집니다.	➡	산 위보다 산 아래의 압력이 더 ❺ ☐기 때문입니다.

  • 압력이 낮아져서 기체의 부피가 커지는 예: 잠수부가 내뿜은 공기 방울

바닷속에서 잠수부가 내뿜은 공기 방울이 물 표면으로 올라갈수록 ❻ ☐집니다.	➡	바다 아래에서 물 표면으로 갈수록 압력이 낮아지기 때문입니다.

Step 1 ( ) 안에 알맞은 말을 써넣어 설명을 완성하거나 설명이 옳으면 ○, 틀리면 ×에 ○표 해 봅시다.

1 공기를 넣은 주사기의 입구를 막고 피스톤을 누르면 주사기 안 공기의 ( )이/가 작아집니다.

2 주사기에 공기가 든 작은 고무풍선을 넣고 피스톤을 세게 누르면 고무풍선의 부피가 많이 커집니다. (○ , ×)

3 공기 주머니가 있는 신발을 신고 뛰었다가 착지하면 공기 주머니에 가해지는 압력이 ( )지기 때문에 공기 주머니의 부피가 작아집니다.

4 비행기가 높은 하늘을 날 때 비행기에 놓아둔 과자 봉지는 땅에서보다 더 부풀어 오릅니다.
(○ , ×)

[1~2] 오른쪽과 같이 주사기에 공기를 넣고 주사기의 입구를 주사기 마개로 막은 뒤 피스톤을 눌러 보았습니다.

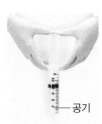
─ 공기

1 다음 ( ) 안에 알맞은 말을 써 봅시다.

위 실험에서 알아보려고 하는 것은 ( ) 에 따른 기체의 부피 변화이다.

( )

2 다음은 위 실험의 결과를 나타낸 것입니다. 피스톤을 더 세게 누른 경우를 골라 기호를 써 봅시다.

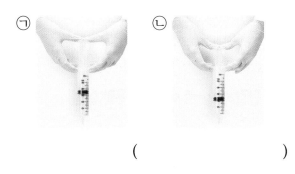

ⓒ   ⓛ

( )

3 오른쪽과 같이 주사기에 공기가 든 작은 고무풍선을 넣고 입구를 막은 뒤 피스톤을 눌러 보았습니다. 다음 ( ) 안에 알맞은 말을 각각 써 봅시다.

─ 고무
풍선

피스톤을 약하게 누르면 고무풍선의 부피가 (㉠) 작아지고, 피스톤을 세게 누르면 고무풍선의 부피가 (㉡) 작아진다.

㉠: ( ) ㉡: ( )

4 오른쪽과 같이 주사기에 공기나 물을 넣고 입구를 막은 뒤 피스톤을 눌러 보았습니다. 이 실험에 대해 옳게 설명한 사람의 이름을 써 봅시다.

• 태호: 주사기에 공기를 넣고 피스톤을 누르면 공기의 부피가 작아져.
• 소미: 주사기에 물을 넣고 피스톤을 세게 누르면 피스톤이 많이 들어가.
• 유준: 물과 공기의 부피는 압력을 세게 가할수록 많이 변해.

( )

5 산 위에서 빈 페트병을 마개로 닫은 뒤 산 아래로 가지고 내려왔습니다. 페트병의 부피를 비교하여 ○ 안에 >, =, <를 써 봅시다.

산 위에서의   ○   산 아래에서의
페트병   페트병

6 바닷속에서 잠수부가 내뿜은 공기 방울에 대한 설명으로 옳은 것을 **보기** 에서 골라 기호를 써 봅시다.

보기
㉠ 공기 방울은 물 표면으로 올라갈수록 크기가 작아진다.
㉡ 물 표면으로 올라갈수록 공기 방울에 가해지는 압력이 낮아진다.
㉢ 물 표면으로 올라갈수록 공기 방울에 들어 있는 기체의 부피가 작아진다.

( )

4 온도에 따른 기체의 부피 변화

탐구로 시작하기

❶ 온도에 따른 기체의 부피 변화 관찰하기 – 고무풍선을 이용한 실험

고무풍선

뜨거운 물   얼음물

탐구 과정

❶ 삼각 플라스크의 입구에 고무풍선을 씌웁니다.

❷ 고무풍선을 씌운 삼각 플라스크를 뜨거운 물이 든 비커에 넣고 고무풍선의 변화를 관찰합니다.

❸ ❷의 삼각 플라스크를 얼음물이 든 비커에 넣고 고무풍선의 변화를 관찰합니다.

탐구 결과

처음 상태   뜨거운 물에 넣었을 때   얼음물에 넣었을 때

• 고무풍선이 부풀어 오릅니다.
• 고무풍선 안 공기의 부피가 커집니다. → 고무풍선 안 기체의 온도가 높아지면서 기체의 부피가 커지기 때문입니다.

• 고무풍선이 오그라듭니다.
• 고무풍선 안 공기의 부피가 작아집니다. → 고무풍선 안 기체의 온도가 낮아지면서 기체의 부피가 작아지기 때문입니다.

➕ 또 다른 방법!

스포이트의 관 가운데에 식용 색소를 탄 물방울이 오도록 한 뒤, 뜨거운 물과 얼음물이 든 비커에 넣고 물방울의 위치 변화를 관찰할 수도 있습니다.

처음 위치   처음 위치

뜨거운 물   얼음물

• 뜨거운 물: 물방울이 처음보다 위로 올라옵니다.
• 얼음물: 물방울이 처음보다 아래로 내려옵니다.

❷ 온도에 따른 기체의 부피 변화 관찰하기 – 주사기를 이용한 실험

탐구 과정

❶ 주사기 두 개에 공기를 40 mL씩 넣은 뒤 주사기 입구를 주사기 미개로 막습니다.

❷ 주사기를 뜨거운 물이 든 비커에 넣고 주사기 안 공기의 부피 변화를 관찰합니다.

❸ 다른 주사기를 얼음물이 든 비커에 넣고 주사기 안 공기의 부피 변화를 관찰합니다.

뜨거운 물   얼음물

탐구 결과

뜨거운 물에 넣었을 때	얼음물에 넣었을 때
• 피스톤이 주사기 밖으로 밀려 나갑니다. • 주사기 안 공기의 부피가 커집니다.	• 피스톤이 주사기 안으로 빨려 들어옵니다. • 주사기 안 공기의 부피가 작아집니다.

주사기 대신 고무관으로 주사기와 연결한 삼각 플라스크를 물에 넣어 실험할 수도 있습니다.

개념 이해하기

1. 온도에 따른 기체의 부피 변화   기체는 온도에 따라 부피가 변합니다.

온도가 높아질 때	➡	기체의 부피가 커집니다.
온도가 낮아질 때	➡	기체의 부피가 작아집니다.

2. 생활 속에서 온도에 따라 기체의 부피가 변하는 예

① 온도가 높아져서 기체의 부피가 커지는 예 개념1

┌ • 탁구공 안 기체의 온도가 높아져서 부피가 커지기 때문입니다.

찌그러진 탁구공	열기구

찌그러진 탁구공을 뜨거운 물에 넣으면 탁구공의 찌그러진 부분이 펴집니다.	❷열기구의 풍선 속에 공기를 채우고 가열하면 풍선이 부풀어 오릅니다.
볼록해진 비닐 랩	**부풀어 오른 비치볼, 페트병, 과자 봉지**
  뜨거운 음식에 비닐 랩을 씌워 두면 비닐 랩이 볼록하게 부풀어 오릅니다.	• 여름철 뜨거운 해변에 놓아둔 비치볼이 부풀어 오릅니다. • 여름철 뜨거운 차 안에 놓아둔 페트병이 부풀어 오릅니다. • 과자 봉지를 여름철 뜨거운 햇빛에 놓아두면 팽팽하게 부풀어 오릅니다.

② 온도가 낮아져서 기체의 부피가 작아지는 예 ┌ • 겨울철에는 타이어 안 기체의 온도가 낮아져서 부피가 작아지기 때문입니다.

냉장고 안 페트병 ✚개념2	자전거 타이어 속 공기
 물이 조금 담긴 페트병을 마개로 막아 냉장고에 넣어 두면 페트병이 찌그러집니다.	겨울철에는 자전거 타이어가 찌그러지므로 타이어에 공기를 더 많이 넣습니다.
겨울철 밖에 둔 풍선	**오목해진 비닐 랩**
 추운 겨울철에 풍선을 밖에 두면 풍선이 쪼그라듭니다. • 풍선을 따뜻한 실내에 두면 풍선이 다시 부풀어 오릅니다.	 물컵에 비닐 랩을 씌워 냉장고에 넣어 두면 비닐 랩이 오목하게 들어갑니다.

✚개념1 온도가 높아져서 기체의 부피가 커지는 다른 예
• 겹쳐 있는 그릇이 잘 떨어지지 않을 때 뜨거운 물에 넣어 두면 쉽게 뗄 수 있습니다.
• 차가운 빈 병 입구에 동전을 올리고 손으로 빈 병을 감싸 따뜻하게 하면 동전이 달그락거립니다.

✚개념2 냉장고 안에 있는 찌그러진 페트병을 밖에 꺼내 놓을 때의 변화
페트병 안 기체의 온도가 높아져서 기체의 부피가 커지므로 찌그러진 페트병이 펴집니다.

용어 돋보기
❶ 온도(溫 따뜻하다, 度 정도)
따뜻함과 차가움의 정도
❷ 열기구(熱 덥다, 氣 공기, 球 공)
풍선 속의 공기를 가열하여 하늘로 떠오르게 하는 기구

핵심 개념 되짚어 보기

공기의 부피가 커졌어.   공기의 부피가 작아졌지.

온도가 높아지면 기체의 부피가 커지고, 온도가 낮아지면 기체의 부피가 작아집니다.

기본 문제로 익히기

○ 정답과 해설 ● 11쪽

핵심 체크

● 온도에 따른 기체의 부피 변화: 기체는 온도에 따라 부피가 변합니다.

온도가 높아질 때	기체의 부피가 ❶ [ ] 집니다.
온도가 낮아질 때	기체의 부피가 ❷ [ ][ ] 집니다.

● 온도에 따른 기체의 부피 변화 관찰하기

고무풍선을 씌운 삼각 플라스크를 뜨거운 물에 넣었을 때	고무풍선을 씌운 삼각 플라스크를 얼음물에 넣었을 때
• 고무풍선이 부풀어 오릅니다.	• 고무풍선이 오그라듭니다.
• 고무풍선 안 공기의 부피가 ❸ [ ] 집니다.	• 고무풍선 안 기체의 부피가 ❹ [ ][ ] 집니다.

● 생활 속에서 온도에 따라 기체의 부피가 변하는 예

• 온도가 ❺ [ ][ ] 져서 기체의 부피가 커지는 예: 찌그러진 탁구공을 뜨거운 물에 넣으면 탁구공의 찌그러진 부분이 펴집니다.

• 온도가 ❻ [ ][ ] 져서 기체의 부피가 작아지는 예: 물이 조금 담긴 페트병을 마개로 막아 냉장고에 넣어 두면 페트병이 찌그러집니다.

Step 1

( ) 안에 알맞은 말을 써넣어 설명을 완성하거나 설명이 옳으면 ○, 틀리면 ×에 ○표 해 봅시다.

1 온도가 (   )아지면 기체의 부피는 커지고, 온도가 (   )아지면 기체의 부피는 작아집니다.

2 고무풍선을 씌운 삼각 플라스크를 뜨거운 물이 든 비커에 넣으면 고무풍선이 부풀어 오릅니다.
(○ , ×)

3 공기를 넣은 주사기의 입구를 막고 얼음물에 넣으면 피스톤이 주사기 밖으로 밀려 나갑니다.
(○ , ×)

4 뜨거운 음식에 비닐 랩을 씌워 두면 비닐 랩이 볼록하게 부풀어 오르는 까닭은 비닐 랩 안 공기의 (   )이/가 높아져서 공기의 부피가 커지기 때문입니다.

5 추운 겨울철에 풍선을 밖에 두면 풍선 안 공기의 온도가 낮아져서 공기의 (   ) 이/가 작아지기 때문에 풍선이 쪼그라듭니다.

[1~2] 오른쪽과 같이 삼각 플라스크 입구에 고무풍선을 씌운 뒤 뜨거운 물과 얼음물에 차례대로 넣으면서 고무풍선의 변화를 관찰했습니다.

고무풍선

뜨거운 물   얼음물

1 위 실험은 무엇을 알아보기 위한 것입니까?

( )

① 압력에 따른 물의 온도 변화
② 압력에 따른 기체의 온도 변화
③ 온도에 따른 물의 부피 변화
④ 온도에 따른 기체의 부피 변화
⑤ 온도에 따른 기체의 종류 변화

2 위 실험 결과 고무풍선이 오그라드는 비커의 기호를 써 봅시다.

( )

[3~4] 다음은 주사기 두 개에 같은 양의 공기를 넣고 입구를 막은 뒤 각각 뜨거운 물과 얼음물에 담그는 모습입니다.

(가)   (나)

▲ 뜨거운 물   ▲ 얼음물

3 위 실험 결과 피스톤이 움직이는 방향을 화살표 (↑ 또는 ↓)로 나타내 봅시다.

(가): ( ) (나): ( )

4 앞의 실험에서 (가)에 대한 설명으로 옳은 것을 보기 에서 골라 기호를 써 봅시다.

보기
㉠ 주사기 안 공기의 부피가 커진다.
㉡ 주사기 안 공기의 온도가 낮아진다.
㉢ 주사기의 피스톤이 주사기 안으로 빨려 들어온다.

( )

5 찌그러진 탁구공을 펴는 방법에 대해 옳게 설명한 사람의 이름을 써 봅시다.

• 지민: 압력을 높이면 탁구공 안 기체의 부피가 커지는 것을 이용하면 돼.
• 다영: 탁구공을 뜨거운 물에 넣으면 찌그러진 부분이 펴질 거야.
• 유신: 탁구공을 냉장고에 넣어 두면 찌그러진 부분이 펴질 것 같아.

( )

6 다음 ( ) 안에 알맞은 말을 각각 써 봅시다.

물이 조금 담긴 페트병을 마개로 막아 냉장고에 넣어 두면 페트병 안 기체의 온도가 (㉠)져서 부피가 (㉡)지기 때문에 페트병이 찌그러진다.

㉠: ( )   ㉡: ( )

5 공기를 이루는 여러 가지 기체

탐구로 시작하기

◯ 공기를 이루는 여러 가지 기체 조사하기

스마트 기기나
책을 이용해
조사해 보아요.

탐구 과정

❶ 공기를 이루는 기체의 종류를 조사합니다.

❷ 과정 ❶에서 조사한 기체 중 조사하고 싶은 기체를 골라 기체의 성질이나 생활 속에서 이용되는 예를 조사합니다.

❸ 조사한 내용을 정리하여 자료를 만들고 발표합니다.

탐구 결과

① **공기를 이루는 기체의 종류**: 공기는 질소, 산소, 이산화 탄소, 수소, 네온, 헬륨 등으로 이루어져 있습니다.

② **공기를 이루는 기체에 대한 조사 결과**

질소

• 성질: 색깔과 냄새가 없습니다.
　　　　다른 물질과 잘 반응하지 않습니다.
• 이용: 과자를 부서지지 않게 포장하는 데 이용됩니다.
　　　　항공기 타이어를 채우는 데 이용됩니다.

산소

• 성질: 색깔과 냄새가 없습니다.
　　　　다른 물질이 타는 것을 돕습니다.
• 이용: 잠수부가 메는 압축 공기통에 이용됩니다.
　　　　환자의 산소 호흡 장치에 이용됩니다.

이산화 탄소

• 성질: 색깔과 냄새가 없습니다.
　　　　다른 물질이 타는 것을 막습니다
• 이용: 불을 끄는 소화기에 이용됩니다.
　　　　탄산음료나 빵을 만드는 데 이용됩니다.

개념 이해하기

1. 공기를 이루는 기체

① **공기**: 여러 가지 기체가 고유한 성질을 유지한 채 섞여 있는 **❶혼합물**입니다.

② **공기를 이루는 기체**: 공기는 대부분 질소와 산소로 이루어져 있으며, 이 밖에 이산화 탄소, 네온, 헬륨, 수소, 아르곤 등의 여러 가지 기체가 섞여 있습니다.

③ 공기를 이루는 기체들은 각각의 성질에 따라 우리 생활에서 다양하게 이용됩니다.

2. 생활 속에서 공기를 이루는 기체가 이용되는 예 +개념1

기체	이용 예	
질소	• 식품의 모양이나 맛이 변하지 않게 보존하고, 신선하게 보관 및 포장하는 데 이용됩니다. • 자동차 에어백을 채우는 데 이용됩니다.	질소 충전 포장
산소 +개념2	• 금속을 자르거나 용접을 할 때 이용됩니다. • 물질이 타는 연소에 이용됩니다. • 고기의 색을 유지하는 데 이용됩니다. • 압축 공기통이나 산소 호흡 장치에 이용됩니다.	용접
이산화 탄소	• 불을 끄는 이산화 탄소 소화기에 이용됩니다. • 식물을 키우는 데 이용됩니다. • 이산화 탄소를 고체로 만든 드라이아이스는 물질을 차갑게 보관하는 데 이용됩니다. • 탄산음료, 자동 팽창식 구명조끼에 이용됩니다.	드라이아이스
네온	다양한 색의 빛을 내는 조명 기구나 광고 간판에 이용됩니다.	네온 광고
헬륨	풍선이나 비행선, 광고 기구를 공중에 띄우는 데 이용됩니다. └ 헬륨은 공기보다 가볍기 때문입니다.	헬륨 풍선
수소	┌ 수소는 이산화 탄소를 배출하지 않아 환경을 오염시키지 않습니다. 청정 연료로 전기나 수소 자동차를 만드는 데 이용됩니다.	수소 자동차
아르곤	전구를 오래 사용하기 위해 전구 안에 넣습니다.	전구

+개념1 공기를 이루는 기체가 이용되는 다른 예
• 질소: 항공기 타이어
• 산소: 산소 치료, 산소 캔, 어항의 산소 발생기
• 이산화 탄소: 빵
• 헬륨: **❷라디오존데** 기구
• 아르곤: 복층 유리
• 메테인: 도시가스

+개념2 공기가 산소로만 이루어진다면 일어날 수 있는 현상
산소는 물질이 탈 때 필요하므로 화재가 더 쉽게 발생하고, 식물이 자라는 데 필요한 이산화 탄소가 없으므로 식물이 자라기 어려울 것입니다.

용어 돋보기

❶ 혼합물(混 섞다, 合 합하다, 物 물건)
여러 가지 물질이 섞인 물질

❷ 라디오존데(radiosonde)
높은 대기의 기상을 관측하는 기구

핵심 개념 되짚어 보기

우리는 모두 공기를 이루는 기체야!

공기를 이루는 여러 가지 기체는 우리 생활 속에서 다양하게 이용됩니다.

핵심 체크

● 공기: 여러 가지 기체가 고유한 성질을 유지한 채 섞여 있는 ❶ □□□ 입니다.

● 생활 속에서 공기를 이루는 기체가 이용되는 예

질소	• 식품의 모양이나 맛이 변하지 않게 보존하고 포장하는 데 이용됩니다. • 자동차 에어백에 이용됩니다.
❷ □□	• 금속을 자르거나 용접하는 데 이용됩니다. • 고기의 색이 변하지 않게 보존하는 데 이용됩니다. • 압축 공기통, ❸ □□ 호흡 장치에 이용됩니다.
이산화 탄소	• 불을 끄는 소화기에 이용됩니다. • 식물을 키우는 데 이용됩니다. • 이산화 탄소를 고체로 만든 ❹ □□□□□□ 는 물질을 차갑게 보관하는 데 이용됩니다.
❺ □□	조명 기구, 광고 간판에 이용됩니다.
헬륨	풍선이나 비행선 등을 공중에 띄우는 데 이용됩니다.
수소	청정 연료로 ❻ □□ 나 수소 자동차를 만드는 데 이용됩니다.

Step 1 ( ) 안에 알맞은 말을 써넣어 설명을 완성하거나 설명이 옳으면 ○, 틀리면 ×에 ○표 해 봅시다.

1 공기에는 여러 가지 기체가 고유한 성질을 유지한 채 섞여 있습니다. (○ , ×)

2 공기를 이루는 기체 중 식품의 모양이나 맛이 변하지 않게 보존하는 데 이용되는 것은 ( )입니다.

3 공기를 이루는 기체 중 불을 끄는 소화기에 이용되는 것은 ( )입니다.

4 수소로 전기를 만들면 환경이 많이 오염됩니다. (○ , ×)

1 공기에 대해 옳게 설명한 사람의 이름을 써 봅시다.

> • 영호: 공기는 여러 가지 기체로 이루어진 혼합물이야.
> • 민석: 공기를 이루는 기체들은 고유한 성질을 잃은 채 섞여 있어.
> • 하연: 공기는 대부분 산소와 이산화 탄소로 이루어져 있어.

(   )

2 오른쪽과 같이 과자 봉지에 질소를 채우는 까닭을 보기 에서 골라 기호를 써 봅시다.

> 보기
> ㉠ 과자를 차갑게 보관하기 위해서이다.
> ㉡ 과자의 모양과 맛을 보존하기 위해서이다.
> ㉢ 과자 봉지의 무게를 무겁게 하기 위해서이다.

(   )

3 다음에서 설명하는 기체는 어느 것입니까?

(   )

> • 환자의 호흡 장치에 이용된다.
> • 금속을 자르거나 용접을 할 때 이용된다.
> • 고기의 색이 변하지 않게 보존하는 데 이용된다.

① 질소   ② 산소
③ 수소   ④ 아르곤
⑤ 이산화 탄소

4 이산화 탄소가 이용되는 예로 옳은 것을 보기 에서 모두 골라 기호를 써 봅시다.

> 보기
> ㉠ 불을 끄는 데 이용된다.
> ㉡ 빛을 내는 광고 간판에 이용된다.
> ㉢ 고체로 만들어 물질을 차갑게 보관하는 데 이용된다.
> ㉣ 청정 연료로 환경을 오염시키지 않고 전기를 만드는 데 이용된다.

(   )

5 오른쪽과 같이 풍선을 공중에 띄우는 데 이용되는 기체는 무엇인지 써 봅시다.

(   )

6 공기를 이루는 기체가 이용되는 예로 옳은 것을 찾아 선으로 연결해 봅시다.

(1) 네온 •

 • ㉠

▲ 자동차 연료

(2) 수소 •

 • ㉡

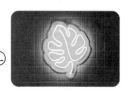

▲ 조명 기구

③ 압력에 따른
   기체의 부피 변화

1 오른쪽과 같이 주사기에 공기 40 mL를 넣고 주사기 마개로 주사기 입구를 막은 뒤 피스톤을 눌러 보았습니다. 이 실험에 대한 설명으로 옳지 <u>않은</u> 것은 어느 것입니까?   (   )

공기

① 압력에 따른 기체의 부피 변화를 알아보는 실험이다.
② 피스톤을 누르면 주사기 안 공기에 가해지는 압력이 높아진다.
③ 피스톤을 약하게 누르면 공기의 부피가 조금 작아진다.
④ 피스톤을 세게 누르면 공기의 부피가 많이 커진다.
⑤ 실험 결과 기체의 부피는 압력에 따라 변한다는 것을 알 수 있다.

2 오른쪽은 비행기가 땅에 있을 때 비행기 안에 있는 과자 봉지의 모습입니다. 비행기가 하늘을 날 때의 변화에 대한 설명으로 옳은 것을 보기 에서 골라 기호를 써 봅시다.

보기
ㄱ 과자 봉지의 부피는 땅 위에서가 하늘에서보다 크다.
ㄴ 비행기 안의 압력은 땅 위에서가 하늘에서보다 높다.
ㄷ 과자 봉지의 부피가 변하는 까닭은 과자 봉지 안 기체의 부피가 온도에 따라 변하기 때문이다.

(   )

3 다음은 밑창에 공기 주머니가 있는 운동화에 대한 설명입니다. (   ) 안에 알맞은 말을 옳게 짝 지은 것은 어느 것입니까?   (   )

밑창에 공기 주머니가 있는 운동화를 신고 뛰었다가 착지하면 공기 주머니에 가해지는 (㉠)이/가 (㉡)져서 공기 주머니 안 기체의 부피가 (㉢).

	㉠	㉡	㉢
①	압력	높아	커진다
②	압력	높아	작아진다
③	압력	낮아	작아진다
④	온도	높아	커진다
⑤	온도	낮아	작아진다

④ 온도에 따른
　기체의 부피 변화

4 다음과 같이 삼각 플라스크에 고무풍선을 씌운 뒤 뜨거운 물이 든 비커와 얼음물이 든 비커 중 하나에 넣었더니 고무풍선이 부풀어 올랐습니다. 이에 대해 <u>잘못</u> 설명한 사람의 이름을 써 봅시다.

고무
풍선

- 정민: 고무풍선이 부풀어 오른 것은 뜨거운 물이 든 비커에 넣었기 때문이야.
- 서연: 고무풍선이 부풀어 오른 것은 삼각 플라스크 안 기체의 온도가 낮아졌기 때문이야.
- 지호: 삼각 플라스크를 냉장고에 넣어 두면 고무풍선이 다시 오그라들거야.
- 민지: 이 실험으로 기체의 부피는 온도에 따라 달라진다는 것을 알 수 있어.

(　　　　　　　　)

5 오른쪽과 같이 주사기 두 개에 공기를 40 mL씩 넣고 주사기 마개로 주사기 입구를 막은 뒤 뜨거운 물과 얼음물에 각각 넣고 변화를 관찰했습니다. 실험 결과 주사기 안 공기의 부피가 작아지는 비커의 기호를 써 봅시다.

ㄱ　공기　　　ㄴ　공기
▲ 뜨거운 물　　　▲ 얼음물

(　　　　　　　　)

6 오른쪽은 물이 조금 담긴 페트병의 마개를 막은 모습입니다. 이 페트병을 찌그러지게 하는 방법으로 옳은 것은 어느 것입니까?

(　　　)

① 추운 겨울철 밖에 놓아둔다.
② 높은 산 위로 가지고 올라간다.
③ 비행기에 싣고 하늘로 날아오른다.
④ 뜨거운 물이 담긴 비커에 넣어 둔다.
⑤ 더운 여름철 뜨거워진 차 안에 넣어 둔다.

7 생활 속에서 온도에 따라 기체의 부피가 달라지는 예를 보기 에서 모두 골라 기호를 써 봅시다.

> 보기
> ㉠ 풍선 놀이 틀에 올라가면 풍선 놀이 틀이 찌그러진다.
> ㉡ 열기구의 풍선 속에 공기를 채우고 가열하면 풍선이 부풀어 오른다.
> ㉢ 잠수부가 내뿜은 공기 방울이 물 표면으로 올라갈수록 크기가 커진다.
> ㉣ 찌그러진 탁구공을 뜨거운 물에 넣으면 탁구공의 찌그러진 부분이 펴진다.

(   )

⑤ 공기를 이루는
여러 가지 기체

8 다음은 드라이아이스에 대한 설명입니다. 밑줄 친 '기체'를 이용하는 다른 예로 옳은 것은 무엇입니까? (   )

> 드라이아이스는 공기를 이루는 여러 가지 기체 중 어떤 기체를 고체로 만든 것으로, 아이스크림을 차갑게 보관할 때 이용할 수 있다.

① 금속을 자르는 데 이용된다.
② 식물을 키우는 데 이용된다.
③ 풍선을 공중에 띄우는 데 이용된다.
④ 다양한 색의 빛을 내는 조명 기구에 이용된다.
⑤ 과자 봉지에 넣어 과자가 부서지지 않게 하는 데 이용된다.

9 다음은 공기를 이루는 어떤 기체에 대한 친구들의 설명입니다. 이 기체는 무엇인지 써 봅시다.

> • 지우: 이 기체는 환경을 오염시키지 않는 청정 연료야.
> • 정훈: 맞아. 이 기체는 전기를 만드는 데 이용돼.
> • 소연: 자동차의 연료로도 쓰이고 있어.

(   )

서술형 길잡이

❶ 기체는 압력에 따라 ☐☐가 변합니다.

❷ 기체에 압력을 세게 가할수록 기체의 부피는 더 ☐☐ 작아집니다.

10 오른쪽과 같이 주사기에 공기가 든 작은 고무풍선을 넣고 주사기 마개로 주사기 입구를 막은 뒤 피스톤을 누르는 세기를 다르게 하여 눌러 보았습니다.

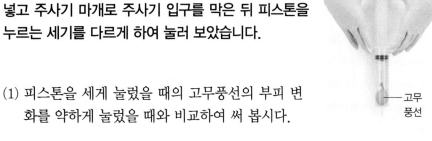
└ 고무 풍선

(1) 피스톤을 세게 눌렀을 때의 고무풍선의 부피 변화를 약하게 눌렀을 때와 비교하여 써 봅시다.

_____

_____

(2) (1)과 같이 답한 까닭을 기체에 가하는 압력의 세기와 부피 변화의 관계를 이용하여 써 봅시다.

_____

_____

❶ 기체는 온도에 따라 ☐☐가 변합니다.

❷ 온도가 높아지면 기체의 부피가 ☐지고, 온도가 낮아지면 기체의 부피가 ☐☐집니다.

11 다음은 삼각 플라스크 입구에 고무풍선을 씌운 뒤 뜨거운 물이 든 비커에 넣었다가 꺼내어 얼음물이 든 비커에 넣고 관찰한 결과를 나타낸 것입니다. 이 실험으로 알 수 있는 기체의 온도와 부피 변화의 관계를 써 봅시다.

구분	뜨거운 물에 넣었을 때	얼음물에 넣었을 때
고무풍선의 변화	부풀어 오른다.	오그라든다.

_____

_____

❶ 기체에 가해지는 압력이 ☐아질 때 기체의 부피가 커집니다.

❷ 기체의 온도가 ☐아질 때 기체의 부피가 커집니다.

12 오른쪽과 같이 오그라든 과자 봉지를 부풀어 오르게 하는 방법을 압력, 온도와 관련하여 각각 한 가지씩 써 봅시다.

(1) 압력을 이용하는 방법: _____

_____

(2) 온도를 이용하는 방법: _____

_____

① 산소의 성질

• 산소의 성질

색깔이 ❶ ▢ 다.	냄새가 없다.
다른 물질이 타는 것을 ❷ ▢ 는다.	철, 구리와 같은 금속을 ❸ ▢ 슬게 한다.

• **산소의 이용**: 산소 호흡 장치, 로켓 연료 태우기, 금속 용접 등에 이용됩니다.

② 이산화 탄소의 성질

• 이산화 탄소의 성질

색깔이 없다.	냄새가 ❹ ▢ 다.
다른 물질이 타는 것을 ❺ ▢ 는다.	석회수를 ❻ ▢ 만 든다.

• **이산화 탄소의 이용**: 소화기, 탄산음료, 드라이아이스, 자동 팽창식 구명조끼 등에 이용됩니다.

③ 압력과 온도에 따른 기체의 부피 변화

• 압력에 따른 기체의 부피 변화

압력을 약하게 가할 때	압력을 세게 가할 때
기체의 부피가 조금 작아진다.	기체의 부피가 ❼ ▢ 작아진다.

• 온도에 따른 기체의 부피 변화

온도가 높아질 때	온도가 낮아질 때
기체의 부피가 ❽ ▢ 진다.	기체의 부피가 ❾ ▢ 진다.

④ 공기를 이루는 여러 가지 기체

• **공기**: 대부분 질소와 산소로 이루어져 있으며, 그 밖에도 여러 가지 기체가 섞여 있는 혼합물입니다.

• **생활 속에서 공기를 이루는 기체가 이용되는 예**

질소	식품 보존 및 포장
산소	용접, 압축 공기통, 산소 호흡 장치, 고기의 색 보존
이산화 탄소	소화기, 드라이아이스, 식물 키우기, 탄산음료
❿ ▢	조명 기구, 광고 간판
헬륨	풍선이나 비행선을 공중에 띄움.
수소	청정 연료, 전기 발전, 수소 자동차

▲ 질소 충전 포장

▲ 헬륨 풍선

[1~3] 다음 기체 발생 장치를 이용하여 산소를 발생시키는 실험을 하였습니다.

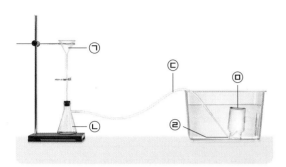

1 위 기체 발생 장치에서 발생한 산소가 모이는 실험 기구를 골라 기호를 써 봅시다.

(   )

2 위 실험 장치에서 실험 기구 ㉠에 부은 물질로 알맞은 것은 무엇입니까? (   )

① 물   ② 진한 식초
③ 탄산수소 나트륨   ④ 이산화 망가니즈
⑤ 묽은 과산화 수소수

서술형

3 위 실험 장치에서 ㉠에 들어 있는 물질을 조금씩 흘려보내면 ㉡의 내부와 ㉣의 끝부분에서 어떤 현상이 나타나는지 써 봅시다.

_____

_____

중요

4 산소에 대한 설명으로 옳지 <u>않은</u> 것은 어느 것입니까? (   )

① 스스로 타지 않는다.
② 색깔과 냄새가 없다.
③ 금속을 녹슬게 한다.
④ 생명 유지와 관련된 일에 이용된다.
⑤ 산소가 든 집기병에 향불을 넣으면 향불이 꺼진다.

[5~6] 다음은 기체 발생 장치입니다.

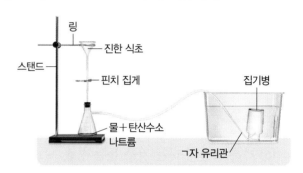

5 위 실험 장치에서 깔때기에 부은 진한 식초를 조금씩 흘려보낼 때 발생하는 기체의 이름을 써 봅시다.

(   )

중요

6 위 실험 결과 기체가 모인 집기병을 꺼내 그 안에 향불을 넣었을 때의 모습으로 옳은 것을 골라 기호를 써 봅시다.

㉠

▲ 향불이 꺼진다.

㉡

▲ 불꽃이 커진다.

(   )

7 이산화 탄소가 든 집기병에 어떤 물질을 넣고 흔들었더니 다음과 같이 뿌옇게 되었습니다. 집기병에 넣은 물질은 무엇입니까? (   )

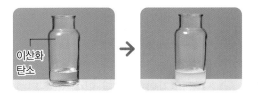

① 물
② 식초
③ 석회수
④ 진한 식초
⑤ 묽은 과산화 수소수

8 오른쪽 소화기에 이용된 이산화 탄소의 성질로 옳은 것은 어느 것입니까? (   )

① 불이 잘 붙는 성질
② 색깔과 냄새가 없는 성질
③ 금속을 녹슬게 하는 성질
④ 다른 물질이 타는 것을 막는 성질
⑤ 다른 물질이 타는 것을 돕는 성질

[9~10] 오른쪽과 같이 주사기에 공기 40 mL를 넣은 뒤 주사기의 입구를 막고 피스톤을 눌러 보았습니다.

─ 공기

9 위 실험에 대한 설명으로 옳은 것을 보기 에서 골라 기호를 써 봅시다.

> 보기
> ㉠ 피스톤을 누른 후 공기의 부피는 40 mL 이다.
> ㉡ 피스톤을 누르면 주사기 안 공기에 가해지는 압력이 높아진다.
> ㉢ 피스톤을 세게 누르면 공기의 부피가 조금 작아진다.
> ㉣ 주사기를 뜨거운 물에 넣으면 같은 실험 결과를 얻을 수 있다.

(   )

10 앞의 주사기에 공기가 든 작은 고무풍선을 넣고 피스톤을 눌렀을 때 고무풍선의 부피 변화와 그 까닭을 써 봅시다.

_____

_____

11 다음 (   ) 안에 알맞은 말을 써 봅시다.

> 바다 아래에서 물 표면으로 올라갈수록 (   )이/가 낮아지기 때문에 바닷속에서 잠수부가 내뿜은 공기 방울은 물 표면으로 올라갈수록 커진다.

(   )

12 오른쪽은 비행기가 땅에 있을 때 비행기 안에 있는 과자 봉지의 모습입니다. 비행기가 하늘 위로 올라갈 때에 대한 설명으로 옳은 것은 어느 것입니까? (   )

① 비행기 안의 압력은 점점 높아진다.
② 비행기 안의 압력은 변하지 않는다.
③ 과자 봉지의 무게가 점점 가벼워진다.
④ 과자 봉지 안 기체의 부피는 점점 커진다.
⑤ 과자 봉지는 땅에 있을 때보다 오그라든다.

중요 /

13 다음은 고무풍선을 씌운 삼각 플라스크를 뜨거운 물이 든 비커에 넣었다가 꺼내서 얼음물이 든 비커에 넣었을 때의 결과를 순서 없이 나타낸 것입니다. 뜨거운 물에 넣은 경우를 골라 기호를 써 봅시다.

㉠	㉡
고무풍선이 오그라든다.	고무풍선이 부풀어 오른다.

(   )

14 오른쪽과 같이 주사기에 공기를 넣고 입구를 막았습니다. 피스톤을 주사기 안쪽으로 이동시키는 방법으로 알맞은 것을 보기에서 모두 골라 써 봅시다.

— 공기

보기
㉠ 주사기를 냉장고에 넣는다.
㉡ 주사기를 뜨거운 물에 넣는다.
㉢ 주사기의 피스톤을 세게 누른다.
㉣ 주사기를 비행기에 싣고 하늘로 날아오른다.

( )

15 다음은 기체의 부피가 변하는 예입니다. 기체의 부피를 변하게 하는 원인이 무엇인지 써 봅시다.

뜨거운 음식에 비닐 랩을 씌워 두면 비닐 랩이 부풀어 오른다.

( )

중요
16 다음 현상과 같은 원리로 기체의 부피가 변하는 경우인 것은 어느 것입니까? ( )

밑창에 공기 주머니가 있는 신발을 신고 뛰었다가 착지하면 공기 주머니의 부피가 작아진다.

① 냉장고에 넣어 둔 과자 봉지가 오그라든다.
② 겨울철에 풍선을 밖에 두면 풍선이 쪼그라든다.
③ 겨울철에는 여름철보다 자전거 타이어가 찌그러져 있다.
④ 풍선 놀이 틀 위에 올라가면 풍선 놀이 틀이 찌그러진다.
⑤ 찌그러진 탁구공을 뜨거운 물에 넣으면 탁구공의 찌그러진 부분이 펴진다.

서술형
17 물이 조금 담긴 페트병을 마개로 막아 냉장고에 넣어 두면 페트병이 찌그러집니다. 이 페트병을 냉장고 밖에 꺼내 놓으면 어떻게 되는지 그 까닭과 함께 써 봅시다.

_____

_____

18 다음 ( ) 안에 알맞은 말을 각각 써 봅시다.

공기는 대부분 (㉠)와/과 산소로 이루어져 있으며, 그 밖에도 여러 가지 기체가 섞여 있는 (㉡)이다.

㉠: ( ) ㉡: ( )

19 오른쪽은 공기를 이루는 어떤 기체가 이용되는 예입니다. 이 기체가 이용되는 다른 예로 옳은 것을 보기에서 골라 기호를 써 봅시다.

▲ 금속 용접

보기
㉠ 소화기   ㉡ 조명 기구
㉢ 압축 공기통   ㉣ 드라이아이스

( )

20 공기를 이루는 여러 가지 기체에 대한 설명으로 옳은 것은 어느 것입니까? ( )

① 수소는 전기를 만드는 데 이용된다.
② 네온은 식물을 키우는 데 이용된다.
③ 헬륨은 전구를 오래 사용하는 데 이용된다.
④ 질소는 광고 간판의 불빛을 내는 데 이용된다.
⑤ 이산화 탄소는 비행선을 공중에 띄우는 데 이용된다.

가로 세로 용어 퀴즈

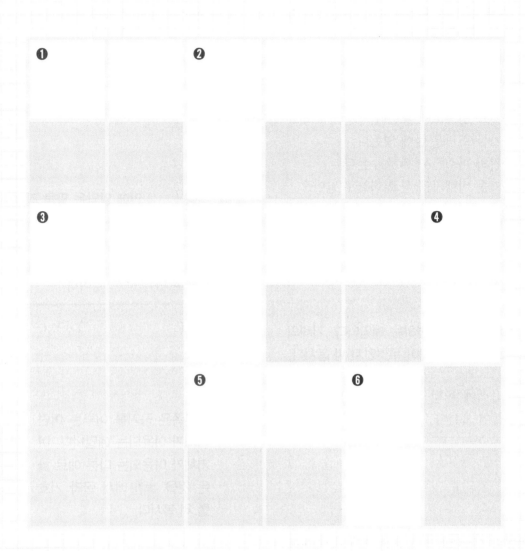

○ 정답과 해설 ● 14쪽

가로 퀴즈

❶ 이산화 탄소를 고체로 만든 것으로, 물질을 차갑게 보관하는 데 이용되는 물질

❸ 묽은 ○○○ ○○○와 이산화 망가니즈가 만나면 산소가 발생합니다.

❺ 안에 물질이 타는 것을 막는 기체가 들어 있어 불을 끌 때 사용하는 도구

세로 퀴즈

❷ 석회수를 뿌옇게 만드는 기체

❹ 청정 연료로, 환경을 오염시키지 않고 전기를 만드는 데 사용되는 기체

❻ ○○은/는 온도와 압력에 따라 부피가 변합니다.

3

식물의 구조와 기능

식물의 뿌리, 줄기, 잎은 어떤 일을 할까요?

식물의 꽃과 열매는 어떤 일을 할까요?

1 생물을 이루는 세포

탐구로 시작하기

○ 세포 관찰하기

탐구 과정

❶ 양파 ❶표피 세포를 광학 현미경으로 관찰해 봅시다. ＋개념1
　　↳ 양파 껍질 세포라고도 합니다.
❷ 입안 ❷상피 세포를 광학 현미경으로 관찰해 봅시다.
　　↳ 입 안쪽의 표면을 덮고 있는 세포로, 입 안쪽을 면봉으로 살짝 긁어내면 얻을 수 있습니다.

＋개념1 광학 현미경의 구조

회전판 — 접안 렌즈
대물렌즈
재물대
조동 나사
미동 나사
조리개
조명 조절 나사

회전판을 돌려 배율이 가장 낮은 대물렌즈가 가운데 오도록 합니다.	세포의 표본을 재물대에 고정한 뒤 조리개로 빛의 양을 조절합니다.	조동 나사로 재물대를 올려 표본과 대물렌즈가 가장 가깝게 합니다.	조동 나사로 세포를 찾고 미동 나사로 초점을 정확하게 맞춥니다.

❸ 양파 표피 세포와 입안 상피 세포의 공통점과 차이점을 이야기해 봅시다.

탐구 결과

① 양파 표피 세포와 입안 상피 세포를 관찰한 결과

＋개념2 세포를 확대한 배율
세포를 확대한 배율은 접안렌즈의 배율과 대물렌즈의 배율을 곱한 것입니다.

양파 표피 세포	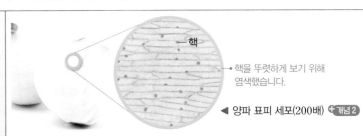　핵 　↳ 핵을 뚜렷하게 보기 위해 염색했습니다. ◀ 양파 표피 세포(200배) ＋개념2 • 세포가 각진 모양입니다. • 세포가 서로 붙어 있고, 차곡차곡 쌓여 있는 것처럼 보입니다. • 세포 안에 둥근 모양의 핵이 한 개 있습니다. • 세포의 크기와 모양이 조금씩 다릅니다. • 세포의 가장자리가 두껍습니다.
입안 상피 세포	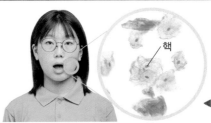　핵 ◀ 입안 상피 세포(200배) • 세포가 대체로 둥근 모양입니다. • 세포가 서로 붙어 있는 것도 있고, 떨어져 있는 것도 있습니다. • 세포 안에 둥근 모양의 핵이 한 개 있습니다. • 세포의 크기와 모양이 조금씩 다릅니다. • 세포의 가장자리가 얇습니다.

용어돋보기
❶ 표피 세포(表 겉, 皮 가죽, 細 가늘다, 胞 세포)
식물의 겉을 덮고 있는 세포

❷ 상피 세포(上 위, 皮 가죽, 細 가늘다, 胞 세포)
동물의 몸이나 기관의 겉을 덮고 있는 세포

② 양파 표피 세포와 입안 상피 세포의 공통점과 차이점

구분	양파 표피 세포	입안 상피 세포
공통점	• 세포 안에 둥근 모양의 핵이 한 개 있습니다. • 세포의 크기와 모양이 조금씩 다릅니다.	
차이점 +개념3	• 세포가 각진 모양입니다. • 세포 가장자리가 두껍습니다. • 세포가 서로 붙어 있습니다.	• 세포가 대체로 둥근 모양입니다. • 세포 가장자리가 얇습니다. • 세포가 서로 붙어 있기도 하고 떨어져 있기도 합니다.

+개념3 양파 표피 세포의 가장자리가 입안 상피 세포의 가장자리보다 더 두껍고 뚜렷하게 보이는 까닭
식물 세포는 동물 세포와 달리 세포막 밖에 세포벽이 있기 때문입니다.

3 단원

개념 이해하기

1. 세포

① **세포**: 생물을 이루는 기본 단위
② 생물은 모두 세포로 이루어져 있습니다.
③ 세포는 대부분 크기가 매우 작아 맨눈으로 관찰하기 어렵습니다. ➡ 현미경을 사용해야 관찰할 수 있습니다.
④ 세포는 종류에 따라 크기와 모양이 다양하고 하는 일도 다릅니다.
⑤ 하나의 생물은 크기와 모양이 다양한 수많은 세포로 이루어져 있습니다.

양파 표피 세포는 식물 세포이고, 입안 상피 세포는 동물 세포예요.

2. 세포의 구조

① **식물 세포와 동물 세포의 구조** +개념4

식물 세포	동물 세포
핵 세포벽 세포막	핵 세포막
세포벽과 세포막으로 둘러싸여 있고, 안에 핵이 있습니다.	세포막으로 둘러싸여 있고, 안에 핵이 있습니다.

+개념4 핵, 세포벽, 세포막의 역할
• 핵: 유전 정보가 들어 있으며, 세포의 생명 활동을 조절합니다.
• 세포벽: 세포의 모양을 일정하게 유지하고 세포를 보호합니다.
• 세포막: 세포 내부와 외부를 드나드는 물질의 출입을 조절합니다.

② **식물 세포와 동물 세포의 공통점과 차이점**

공통점	• 크기가 매우 작아 맨눈으로 관찰하기 어렵습니다. • 핵과 세포막이 있습니다. └ • 세포막으로 둘러싸여 있고, 세포 안에 둥근 모양의 핵이 한 개 있습니다.
차이점	• 식물 세포는 세포벽이 있고, 동물 세포는 세포벽이 없습니다. • 식물 세포와 동물 세포는 크기와 모양이 다릅니다.

핵심 개념 되짚어 보기

식물 세포는 핵과 세포막, 세포벽이 있고, 동물 세포는 핵과 세포막이 있습니다.

○ 정답과 해설 ● 15쪽

핵심 체크

- **①** ☐☐ : 생물을 이루는 기본 단위
- 생물은 모두 세포로 이루어져 있습니다.
- 세포는 대부분 크기가 매우 작아 현미경을 사용해야 관찰할 수 있습니다.

● 양파 표피 세포와 입안 상피 세포

구분	**②** ☐☐ 표피 세포	**③** ☐☐ 상피 세포
공통점	• 세포 안에 둥근 모양의 **④** ☐ 이 한 개 있습니다. • 세포의 크기와 모양이 조금씩 다릅니다.	
차이점	• 각진 모양입니다. • 세포 가장자리가 두껍습니다. • 세포가 서로 붙어 있습니다.	• 대체로 둥근 모양입니다. • 세포 가장자리가 얇습니다. • 세포가 서로 붙어 있기도 하고 떨어져 있기도 합니다.

● 식물 세포와 동물 세포

구분	식물 세포	동물 세포
공통점	• 크기가 매우 작아 맨눈으로 관찰하기 어렵습니다. • 핵과 세포막이 있습니다.	
차이점	**⑤** ☐☐☐ 이 있습니다.	**⑥** ☐☐☐ 이 없습니다.

Step 1

( ) 안에 알맞은 말을 써넣어 설명을 완성하거나 설명이 옳으면 ○, 틀리면 ×에 ○표 해 봅시다.

1 생물은 모두 (   )(으)로 이루어져 있습니다.

2 세포를 광학 현미경으로 관찰하면 세포 안에 둥근 모양의 (   )이/가 있습니다.

3 양파 표피 세포를 광학 현미경으로 관찰하면 각진 모양으로 보이며, 가장자리가 두껍습니다. (○ , ×)

4 식물 세포에는 세포막이 있지만, 동물 세포에는 세포막이 없습니다. (○ , ×)

1 세포에 대한 설명으로 옳지 <u>않은</u> 것을 두 가지 골라 써 봅시다. (,)

① 모든 세포는 하는 일이 같다.
② 식물은 세포로 이루어져 있다.
③ 세포는 종류에 따라 크기와 모양이 다양하다.
④ 모든 세포는 세포벽과 세포막으로 둘러싸여 있다.
⑤ 세포는 대부분 크기가 매우 작아 맨눈으로 관찰하기 어렵다.

2 광학 현미경으로 양파 표피 세포를 관찰했을 때의 결과로 옳은 것을 보기 에서 골라 기호를 써 봅시다.

> 보기
> ㉠ 세포의 모양이 모두 같다.
> ㉡ 세포가 서로 떨어져 있다.
> ㉢ 세포 안에 둥근 모양의 핵이 한 개 있다.

( )

3 광학 현미경으로 관찰한 입안 상피 세포의 모습을 골라 기호를 써 봅시다.

㉠ 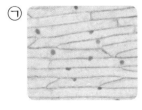 ㉡

( )

[4~5] 그림은 어떤 세포의 구조를 나타낸 것입니다.

4 각 부분의 이름을 옳게 짝 지은 것은 어느 것입니까? ( )

	㉠	㉡	㉢
①	핵	세포막	세포벽
②	핵	세포벽	세포막
③	세포막	핵	세포벽
④	세포막	세포벽	핵
⑤	세포벽	세포막	핵

5 세포의 모양을 일정하게 유지하고 세포를 보호하는 부분의 기호와 이름을 써 봅시다.

( )

6 식물 세포와 동물 세포에 대한 설명으로 옳은 것은 어느 것입니까? ( )

① 식물 세포와 동물 세포 모두 세포막이 없다.
② 식물 세포에는 핵이 있고, 동물 세포에는 핵이 없다.
③ 식물 세포와 동물 세포 모두 크기와 모양이 다양하다.
④ 식물 세포에는 세포벽이 없고, 동물 세포에는 세포벽이 있다.
⑤ 동물 세포는 크기가 매우 커서 맨눈으로 관찰할 수 있다.

2 뿌리의 생김새와 하는 일

탐구로 시작하기

○ 뿌리의 흡수 기능 알아보기

탐구 과정

❶ 새 뿌리가 자란 양파 두 개를 준비하여 한 개는 뿌리를 모두 자르고 다른 한 개는 그 대로 둡니다. ➕개념1

❷ 크기가 같은 비커 두 개에 같은 양의 물을 넣고 양파의 밑부분이 물에 닿도록 올려놓습니다.

❸ 두 비커에 물 높이를 표시하고, 빛이 잘 드는 곳에 놓아둡니다.

❹ 2일~3일 동안 비커의 물 높이가 어떻게 변하는지 관찰해 봅시다.

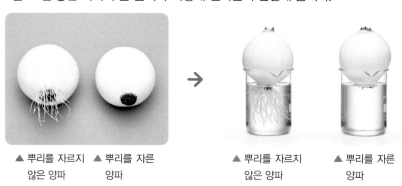

▲ 뿌리를 자르지 않은 양파　▲ 뿌리를 자른 양파　　▲ 뿌리를 자르지 않은 양파　▲ 뿌리를 자른 양파

➕또 다른 방법!

양파 대신 파를 이용하여 실험할 수도 있습니다.

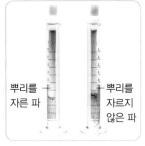

뿌리를 자른 파　　뿌리를 자르지 않은 파

교과서마다 실험에 사용한 식물이 다르니 우리 교과서를 확인하세요.
• 천재교과서, 천재교육: 양파 사용
• 아이스크림, 김영사: 고추 모종 사용
• 비상교과서, 동아, 금성: 파 사용
• 지학사: 쪽파 사용
• 미래엔: 토마토 모종 사용

➕개념1 양파 뿌리의 생김새
양파에는 흰색의 가늘고 긴 뿌리가 수염처럼 여러 개 나 있습니다.

탐구 결과

① 실험에서 다르게 할 조건과 같게 할 조건

다르게 할 조건	양파 뿌리의 유무
같게 할 조건	양파 뿌리의 유무 이외의 모든 조건 예 비커 속 물의 양, 양파의 종류와 크기, 비커를 놓아둔 장소 등

② 두 비커에 든 물의 양의 변화

뿌리를 자르지 않은 양파	뿌리를 자른 양파
2일~3일 뒤	2일~3일 뒤
비커 속 물의 양이 많이 줄어들었습니다. ➡ 양파가 물을 흡수했기 때문입니다.	비커 속 물의 양이 거의 줄어들지 않았습니다. ➡ 양파가 물을 거의 흡수하지 못했기 때문입니다.

➡ 뿌리를 자르지 않은 양파 쪽 비커의 물이 더 많이 줄어들었습니다.

③ 이 실험으로 알 수 있는 것: 뿌리는 물을 흡수합니다.

개념 이해하기

1. 식물의 기관과 뿌리의 구조

① **식물의 기관**: 식물은 대부분 뿌리, 줄기, 잎, 꽃으로 이루어져 있습니다.

② **뿌리의 구조**: 뿌리는 굵은 뿌리, 가는 뿌리, 뿌리털로 이루어져 있습니다.

③ 뿌리의 끝부분에는 솜털처럼 작고 매우 가는 뿌리털이 나 있습니다.

2. 뿌리의 생김새

① 뿌리는 대부분 땅속으로 자라며 여러 갈래로 뻗어 나갑니다.

② 뿌리는 땅 위의 줄기와 연결되어 있습니다.

③ 식물의 종류에 따라 뿌리의 생김새가 다양합니다.

④ 뿌리의 모양에 따라 곧은뿌리와 수염뿌리로 나눕니다.

굵고 곧은 뿌리에 가는 뿌리가 여러 개 난 것(곧은뿌리)	굵기가 비슷한 가는 뿌리가 수염처럼 난 것(수염뿌리)
예 감나무, 명아주, 당근, 봉선화, 고추, 토마토 등	예 파, 양파, 강아지풀, 옥수수, 벼, 마늘 등

3. 뿌리가 하는 일

① **지지 기능**: 뿌리는 땅속으로 깊이 뻗어 있어서 식물이 쓰러지지 않게 식물을 ❶지지합니다. ➡ 바람이 불어도 식물이 쉽게 쓰러지지 않습니다.

② **흡수 기능**: 뿌리는 땅속으로 뻗어 흙 속의 물을 흡수합니다. ➡ 뿌리털이 많으면 물을 많이 흡수할 수 있습니다. +개념2

③ **저장 기능**: 뿌리에 ❷양분을 저장하기도 합니다. 예 고구마, 당근, 무, 우엉 등 +개념3

▲ 고구마 뿌리

▲ 당근 뿌리

▲ 무 뿌리

+개념2 **뿌리털이 하는 일**
뿌리털은 물을 흡수합니다. 따라서 뿌리털이 많으면 물을 많이 흡수할 수 있습니다.

+개념3 **고구마나 당근의 뿌리가 크고 굵게 자라는 까닭**
고구마나 당근은 양분을 뿌리에 저장하는 기능이 발달하여 뿌리가 크고 굵게 자랍니다.

용어돋보기
❶ **지지**(支 지탱하다, 持 버티다)
무거운 물건을 받치거나 버팀
❷ **양분**(養 기르다, 分 나누다)
영양이 되는 성분

핵심 개념 되짚어 보기

식물의 뿌리는 땅속으로 뻗어 물을 흡수하고, 식물을 지지하며, 양분을 저장하기도 합니다.

핵심 체크

● 뿌리의 구조
- ①[ ][ ]는 굵은 뿌리, 가는 뿌리, 뿌리털로 이루어져 있습니다.
- 뿌리에는 솜털처럼 가는 ②[ ][ ][ ]이 나 있어 땅속의 물을 더 잘 흡수하게 합니다.

● 뿌리의 생김새
- 식물의 종류에 따라 뿌리의 생김새가 다양합니다.
- 뿌리의 모양에 따라 곧은뿌리와 수염뿌리로 나눕니다.

③[ ][ ]뿌리	굵고 곧은 뿌리에 가는 뿌리가 여러 개 난 것 예 봉선화, 고추, 토마토, 당근 등
④[ ][ ]뿌리	굵기가 비슷한 가는 뿌리가 수염처럼 난 것 예 파, 양파, 강아지풀, 옥수수 등

● 뿌리가 하는 일
- 뿌리는 식물이 쓰러지지 않게 지지합니다.
- 뿌리는 땅속으로 뻗어 흙 속의 ⑤[ ]을 흡수합니다.
- 뿌리에 ⑥[ ][ ]을 저장합니다. 예 고구마, 당근, 무, 우엉 등

Step 1

( ) 안에 알맞은 말을 써넣어 설명을 완성하거나 설명이 옳으면 ○, 틀리면 ×에 ○표 해 봅시다.

1 식물의 뿌리는 식물의 종류에 관계없이 생김새가 모두 같습니다. (○ , ×)

2 수염뿌리를 갖는 식물로는 파, 양파, 강아지풀 등이 있습니다. (○ , ×)

3 뿌리는 땅속으로 깊이 뻗어 식물을 지지하므로 바람이 불어도 식물이 쉽게 쓰러지지 않습니다. (○ , ×)

4 뿌리는 땅속의 물을 ( )하는 역할을 합니다.

[1~2] 다음은 양파를 이용한 실험입니다.

(가) 새 뿌리가 자란 양파 한 개는 뿌리를 자르고 다른 한 개는 그대로 둔다.

(나) 크기가 같은 비커 두 개에 같은 양의 물을 넣고 양파의 밑부분이 물에 닿도록 올려놓은 뒤 빛이 잘 드는 곳에 2일~3일 놓아둔다.

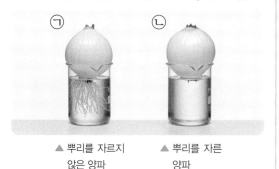

▲ 뿌리를 자르지 않은 양파   ▲ 뿌리를 자른 양파

1 위의 두 비커 중 2일~3일 뒤 물이 더 많이 줄어드는 것을 골라 기호를 써 봅시다.

(   )

2 위 실험을 통해 알 수 있는 뿌리가 하는 일로 옳은 것은 어느 것입니까? (   )

① 물을 흡수한다.
② 양분을 만든다.
③ 양분을 저장한다.
④ 식물을 지지한다.
⑤ 공기 중으로 물을 내보낸다.

3 오른쪽과 같이 식물에서 땅속의 물을 많이 흡수할 수 있게 해 주는 부분의 이름을 써 봅시다.

(   )

4 여러 가지 식물의 뿌리에 대한 설명으로 옳은 것을 보기 에서 골라 기호를 써 봅시다.

보기
㉠ 토마토는 굵고 곧은 뿌리에 가는 뿌리가 여러 개 나 있다.
㉡ 명아주는 굵기가 비슷한 가는 뿌리가 수염처럼 나 있다.
㉢ 고추의 뿌리에는 뿌리털이 없지만, 파의 뿌리에는 뿌리털이 나 있다.

(   )

5 뿌리가 하는 일에서 다음 내용과 가장 관계 깊은 것은 어느 것입니까? (   )

식물은 바람이 불어도 쉽게 쓰러지지 않는다.

① 흡수 기능　　② 지지 기능
③ 저장 기능　　④ 이동 기능
⑤ 온도 조절 기능

6 다음 식물들이 공통적으로 양분을 저장하는 곳은 어디입니까? (   )

고구마, 당근, 무

① 꽃　　② 잎　　③ 열매
④ 뿌리　　⑤ 줄기

3 줄기의 생김새와 하는 일

탐구로 시작하기

○ 줄기에서 물의 이동 알아보기

탐구 과정

❶ 백합 줄기를 유리판 위에 놓고 가로와 세로로 잘라 ❶단면을 관찰해 봅시다.

❷ 붉은 색소 물이 담긴 삼각 플라스크에 백합 줄기를 꽂아 빛이 잘 들고 바람이 잘 통하는 곳에 놓아둡니다.

❸ 약 4시간 후, 붉은 색소 물에 담가 둔 백합 줄기를 꺼내어 유리판 위에 놓고 가로와 세로로 잘라 단면을 관찰해 봅시다.

➕또 다른 방법!

❶ 백합 줄기의 밑부분을 반으로 잘라 한쪽은 붉은 색소 물에 넣고 나머지 한쪽은 푸른 색소 물에 넣습니다.

❷ 몇 시간 후 백합 줄기의 윗부분을 가로와 세로로 잘라 단면을 관찰합니다.

▲ 가로 단면　　▲ 세로 단면

➡ 줄기 단면의 한쪽은 붉은색, 나머지 한쪽은 푸른색을 나타냅니다. 꽃잎 일부는 붉은색으로, 일부는 푸른색으로 물듭니다.

▲ 가로로 자르는 모습　　▲ 세로로 자르는 모습

└ 백합 줄기는 곧고 단단하며, 표면이 매끈합니다.

탐구 결과

① 백합 줄기의 단면을 관찰한 결과 → 줄기 속은 껍질보다 부드럽고, 줄기 속에는 물기가 많습니다.

구분	색소 물에 넣기 전	색소 물에 넣은 후
가로로 자른 단면	흰 점이 여러 개 있습니다.	붉은 점이 여러 개 있습니다.
세로로 자른 단면	줄기를 따라 세로로 긴 흰 선이 여러 개 있습니다.	줄기를 따라 세로로 긴 붉은 선이 여러 개 있습니다.

② 줄기 단면에서 붉게 보이는 부분이 물이 이동한 통로입니다.
　➡ 뿌리에서 흡수한 물은 줄기에 있는 통로로 이동한다는 것을 알 수 있습니다.

③ 백합을 붉은 색소 물에 더 오래 두면 잎과 꽃도 붉게 물듭니다.
　➡ 뿌리에서 흡수한 물이 줄기를 거쳐 잎과 꽃으로 이동한다는 것을 알 수 있습니다.

용어돋보기

❶ 단면(斷 끊다, 面 낯)
물체를 잘라낸 면

개념 이해하기

1. 줄기의 생김새 개념1

① 줄기는 대부분 땅 위로 길게 자라며, 줄기에 잎과 꽃이 연결되어 있습니다.

② 줄기는 아래로 뿌리가 이어져 있고 위로 잎이 나 있습니다. ➡ 줄기는 뿌리와 잎을 연결합니다.

③ 식물의 종류에 따라 줄기의 생김새가 다양합니다.

곧은 줄기	줄기가 굵고 곧게 자랍니다.	 ▲ 소나무	 ▲ 토마토
감는 줄기	줄기가 주변의 다른 물체를 감아 올라가며 자랍니다.	 ▲ 나팔꽃	 ▲ 등나무
기는 줄기	줄기가 땅 위를 기는 듯이 뻗어 나가며 자랍니다.	 ▲ 고구마	 ▲ 딸기
양분을 저장하는 줄기	줄기가 양분을 저장하여 굵게 자랍니다.	 ▲ 감자	 ▲ 토란

2. 줄기가 하는 일

① 줄기는 뿌리에서 흡수한 물이 이동하는 통로 역할을 합니다.
➡ 뿌리에서 흡수한 물은 줄기 속에 있는 물이 이동하는 통로로 줄기를 거쳐 식물 전체로 이동합니다. 개념2

② 줄기는 잎이나 꽃 등을 받쳐 식물을 지지합니다.

③ 줄기에 양분을 저장하기도 합니다. 예 감자, 토란 등 개념3

3
단원

➕개념1 **줄기의 껍질**
• 줄기의 표면은 꺼칠꺼칠하거나 매끈한 껍질로 싸여 있습니다.
• 줄기의 껍질은 추위와 더위로부터 식물을 보호하고, 해충이나 세균으로부터 식물을 보호해 줍니다.

➕개념2 **물이 이동하는 통로의 배열**
물이 이동하는 통로의 배열은 식물마다 조금씩 다릅니다.

▲ 백합 줄기 의 단면 ▲ 봉선화 줄기 의 단면

➕개념3 **감자나 토란의 줄기가 굵게 자라는 까닭**
줄기에 양분을 저장하기 때문입니다.

핵심 개념 되짚어 보기

줄기의 생김새는 식물의 종류에 따라 다양합니다. 줄기는 뿌리에서 흡수한 물이 이동하는 통로 역할을 하고, 식물을 지지하며, 양분을 저장하기도 합니다.

핵심 체크

● 줄기의 생김새
• 줄기는 대부분 땅 위로 길게 자랍니다.
• 줄기는 **❶**[　][　]와 잎을 연결합니다.
• 식물의 종류에 따라 줄기의 생김새가 다양합니다.

곧은줄기	줄기가 굵고 곧게 자랍니다. ⑩ 소나무, 토마토 등
❷[　][　] 줄기	줄기가 주변의 다른 물체를 감아 올라가며 자랍니다. ⑩ 나팔꽃, 등나무 등
❸[　][　] 줄기	줄기가 땅 위를 기는 듯이 뻗어 나가며 자랍니다. ⑩ 고구마, 딸기
양분을 저장하는 줄기	줄기가 양분을 저장하여 굵게 자랍니다. ⑩ 감자, 토란 등

● 줄기가 하는 일
• 줄기는 뿌리에서 흡수한 물이 **❹**[　][　]하는 통로 역할을 합니다.
• 줄기는 잎이나 꽃 등을 받쳐 식물을 지지합니다.
• 줄기에 **❺**[　][　]을 저장합니다. ⑩ 감자, 토란 등

Step 1

( ) 안에 알맞은 말을 써넣어 설명을 완성하거나 설명이 옳으면 ○, 틀리면 ×에 ○표 해 봅시다.

1 모든 식물의 줄기는 곧고 굵습니다. (○ , ×)

2 나팔꽃의 줄기는 땅 위를 기는 듯이 뻗습니다. (○ , ×)

3 뿌리에서 흡수한 물은 ( )을/를 거쳐 식물 전체로 이동합니다.

4 감자와 토란은 줄기에 양분을 저장합니다. (○ , ×)

[1~2] 오른쪽과 같이 붉은 색소 물에 4시간 동안 담가 둔 백합 줄기를 잘라 단면을 관찰하였습니다.

붉은 색소 물 ―

1 위 백합 줄기를 세로로 자른 단면을 골라 기호를 써 봅시다.

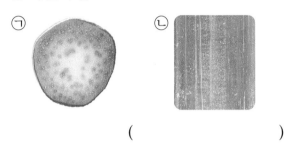

ㄱ   ㄴ

(   )

2 다음 (   ) 안에 공통으로 들어갈 말을 써 봅시다.

> 실험 결과, 백합 줄기의 단면에서 붉게 보이는 부분은 뿌리에서 흡수한 (   )이/가 이동하는 통로로, (   )이/가 줄기에 있는 이 통로를 통해 식물 전체로 이동한다는 것을 알 수 있다.

(   )

3 줄기에 대한 설명으로 옳지 <u>않은</u> 것은 어느 것입니까? (   )

① 줄기를 거쳐 물이 이동한다.
② 줄기에 잎과 꽃이 달려 있다.
③ 줄기는 대부분 땅 위로 자란다.
④ 줄기에는 양분을 저장하지 않는다.
⑤ 줄기는 땅속의 뿌리와 이어져 있다.

[4~5] 다음은 여러 가지 식물 줄기의 생김새를 나타낸 것입니다.

ㄱ   ㄴ

▲ 딸기   ▲ 나팔꽃

ㄷ   ㄹ

▲ 감자   ▲ 소나무

4 위 ㄱ~ㄹ 중 줄기가 땅 위를 기는 듯이 뻗어 나가며 자라는 식물을 골라 기호를 써 봅시다.

(   )

5 위 ㄱ~ㄹ 중 오른쪽 등나무 줄기와 줄기의 생김새가 비슷한 식물을 골라 기호를 써 봅시다.

(   )

6 줄기가 하는 일로 옳은 것을 보기 에서 모두 골라 기호를 써 봅시다.

> 보기
> ㉠ 식물을 지지한다.
> ㉡ 땅속의 물을 흡수한다.
> ㉢ 물이 이동하는 통로 역할을 한다.

(   )

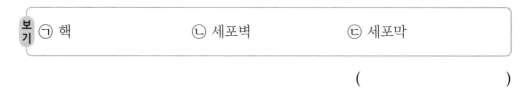

● 생물을 이루는 세포

1 식물 세포와 동물 세포에 공통적으로 있는 세포의 구조를 보기 에서 모두 골라 기호를 써 봅시다.

> 보기 ㉠ 핵   ㉡ 세포벽   ㉢ 세포막

(   )

2 오른쪽은 양파 표피 세포를 광학 현미경으로 관찰한 것입니다. 유전 정보가 들어 있으며 세포의 생명 활동을 조절하는 구조 ㉠의 이름을 써 봅시다.

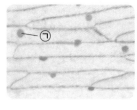

(   )

[3~4] 오른쪽은 파를 이용하여 뿌리가 하는 일을 알아보는 실험입니다. 그림과 같이 크기가 같은 두 눈금실린더에 같은 양의 물을 담아 뿌리를 자른 파와 뿌리를 자르지 않은 파를 각각 올려놓은 뒤, 빛이 잘 드는 곳에 2일~3일 동안 두었습니다.

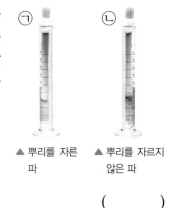

▲ 뿌리를 자른 파   ▲ 뿌리를 자르지 않은 파

② 뿌리의 생김새와 하는 일

3 위의 실험에서 다르게 한 조건은 어느 것입니까? (   )

① 파의 크기
② 파 뿌리의 유무
③ 눈금실린더의 크기
④ 눈금실린더에 넣은 물의 양
⑤ 눈금실린더에 넣은 물의 온도

4 위 실험에서 2일~3일 뒤 두 눈금실린더에 들어 있는 물의 양을 비교하여 ◯ 안에 >, =, < 중 하나를 써넣어 봅시다.

| ㉠쪽 눈금실린더의 물의 양 | | ㉡쪽 눈금실린더의 물의 양 |

5 오른쪽 식물의 뿌리에 대한 설명으로 옳지 <u>않은</u> 것은 어느 것입니까?　　　　　　　　(　　　)

① ㉠은 뿌리털이다.
② ㉠은 물을 흡수하는 역할을 한다.
③ 뿌리가 줄기와 연결되어 있다.
④ 뿌리가 땅속으로 뻗어 자랐다.
⑤ 굵기가 비슷한 뿌리가 여러 가닥으로 수염처럼 나 있다.

6 오른쪽과 같이 당근의 뿌리가 굵게 자란 까닭으로 옳은 것은 어느 것입니까?　　　　　　　(　　　)

① 뿌리에서 양분을 만들기 때문이다.
② 뿌리에 양분을 저장하기 때문이다.
③ 뿌리에 물이 많이 들어 있기 때문이다.
④ 뿌리에서 물을 많이 흡수하기 때문이다.
⑤ 뿌리를 통해 양분이 밖으로 빠져나가기 때문이다.

❸ 줄기의 생김새와 하는일

7 오른쪽과 같이 백합 줄기 일부를 세로로 잘라 각각 붉은 색소 물과 푸른 색소 물에 4시간 동안 넣어둔 후, 자르지 않은 줄기 윗부분을 세로로 잘라 단면을 관찰하였습니다. 이 실험 결과에 대한 설명으로 옳은 것을 보기 에서 모두 골라 기호를 써 봅시다.

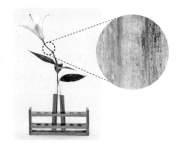

보기
㉠ 시간이 지나면 백합꽃 전체가 붉은색으로 물들 것이다.
㉡ 붉은 색소 물과 푸른 색소 물은 줄기를 통해 잎과 꽃으로 이동한다.
㉢ 줄기의 세로 단면에서 색소 색깔에 따라 물든 부분은 물이 이동하는 통로이다.

(　　　　　　　)

8 다음은 식물의 줄기에 대한 설명입니다. ㉠~㉢에 들어갈 알맞은 말을 옳게 짝 지은 것은 어느 것입니까? ( )

> 줄기는 식물을 지지하고 물과 양분이 이동하는 통로 역할을 하며, 줄기 (㉠)은/는 추위와 더위로부터 식물을 보호하고 해충이나 세균의 침입을 막는다. 줄기는 식물의 종류에 따라 다양한 생김새를 갖는데, 소나무는 (㉡)줄기를 가지고, 고구마는 (㉢)줄기를 가진다.

	㉠	㉡	㉢
①	꽃	곧은	감는
②	뿌리	감는	곧은
③	뿌리	감는	기는
④	껍질	곧은	기는
⑤	껍질	곧은	양분을 저장하는

9 식물의 뿌리와 줄기의 공통점을 <u>두 가지</u> 골라 써 봅시다. (,)

① 식물을 지지한다.
② 대부분 땅 위로 자란다.
③ 잎과 꽃이 연결되어 있다.
④ 양분을 저장하는 장소가 된다.
⑤ 식물의 종류에 관계없이 생김새가 같다.

10 감자와 양분을 저장하는 장소가 같은 식물은 어느 것입니까? ( )

①
▲ 무

②
▲ 토마토

③
▲ 고구마

④
▲ 토란

⑤
▲ 고추

3
단원

서술형 길잡이

❶ 식물 세포는 동물 세포와 달리 ☐☐☐이 있습니다.

11 오른쪽은 동물 세포와 식물 세포 중 어느 것인지 쓰고, 그렇게 생각한 까닭을 써 봅시다.

_____

_____

❶ 뿌리가 없는 식물은 ☐을 거의 흡수할 수 없습니다.

12 다음 실험에서 2일~3일 뒤 두 비커에 든 물의 양이 다른 까닭을 써 봅시다.

실험 과정	(가) 새 뿌리가 자란 양파 한 개는 뿌리를 자르고, 다른 한 개는 그대로 둔다. (나) 크기가 같은 비커 두 개에 같은 양의 물을 넣고 양파의 밑부분이 물에 닿도록 각각 올려놓은 뒤, 빛이 잘 드는 곳에 2일~3일 동안 놓아둔다.
실험 결과	뿌리를 자르지 않은 양파 뿌리를 자른 양파 2일~3일 뒤 → 뿌리를 자르지 않은 양파 쪽 비커의 물이 더 많이 줄어들었다.

_____

_____

❶ ☐은 줄기를 통해 잎과 ☐으로 이동합니다.

13 오른쪽과 같이 백합 줄기를 붉은 색소 물에 오래 넣어 두었더니 백합꽃의 색깔이 붉게 변했습니다. 백합꽃의 색깔이 붉게 변한 까닭을 써 봅시다.

_____

_____

4 잎의 생김새와 하는 일

탐구로 시작하기

○ 잎에서 만드는 양분 확인하기

탐구 과정 └ 봉선화, 고추, 토끼풀 같이 잎이 얇고 넓은 식물이 실험에 적절합니다.

❶ 봉선화잎 중에서 한 개를 알루미늄 포일로 씌우고 빛이 잘 드는 곳에 놓아둡니다. ➡ 잎을 알루미늄 포일로 씌우는 까닭: 빛을 받지 못하게 하기 위해서입니다.

┌ 오전이나 흐린 날 딴 잎에는 양분이 없을 수 있으므로
└ 맑은 날 오후에 딴 잎을 사용합니다.

❷ 다음 날 오후에 알루미늄 포일로 씌운 잎과 씌우지 않은 잎을 땁니다. ➡ 빛을 받지 못한 잎과 빛을 받은 잎을 비교하기 위해서입니다.

❸ 잎에서 만들어지는 양분을 확인하는 실험을 합니다.

실험 동영상

＋개념1 아이오딘－아이오딘화 칼륨 용액의 성질

▲ 아이오딘－아이오딘화 칼륨 용액을 떨어뜨린 모습

아이오딘－아이오딘화 칼륨 용액은 녹말과 반응하면 청람색으로 변합니다. 밥, 감자, 식빵 등 녹말이 많이 들어 있는 음식에 용액을 떨어뜨리면 색깔 변화를 볼 수 있습니다.

1

뜨거운 물 · 에탄올

큰 비커에는 뜨거운 물을 담고, 에탄올이 든 작은 비커에는 두 잎을 넣습니다.
└ 천재교과서에서는 잎을 뜨거운 물이 든 비커에 1분간 담 갔다가 에탄올이 든 작은 비커에 옮겨 넣습니다.

2

유리판
뜨거운 물

잎을 넣은 작은 비커를 큰 비커 안에 넣고 유리판으로 덮습니다.
└ 에탄올을 직접 가열하면 불이 붙을 수 있으므로 뜨거운 물에 넣어 중탕합니다.

3

아이오딘－아이오딘화 칼륨 용액

두 잎의 색깔이 많이 연해지면 핀셋으로 잎을 꺼내 따뜻한 물에 헹군 뒤 페트리 접시에 놓고 각각의 잎에 아이오딘－아이오딘화 칼륨 용액을 떨어뜨려 색깔 변화를 관찰합니다. **＋개념1**

➕또 다른 방법!

잎의 일부분을 알루미늄 포일로 덮어 실험할 수도 있습니다. ➡ 알루미늄 포일로 덮은 부분은 색깔이 변하지 않고, 덮지 않은 부분은 청람색으로 변합니다.

알루미늄 포일 〈결과〉

탐구 결과

① **잎을 에탄올에 넣는 까닭:** 잎에 있는 ❶엽록소(초록색 색소)를 제거하여 잎에서 만든 녹말이 아이오딘－아이오딘화 칼륨 용액과 반응하여 나타나는 색깔 변화를 뚜렷하게 관찰하기 위해서입니다.

② **아이오딘－아이오딘화 칼륨 용액을 떨어뜨렸을 때 두 잎의 색깔 변화**

알루미늄 포일로 씌운 잎 (＝빛을 받지 못한 잎)	알루미늄 포일로 씌우지 않은 잎 (＝빛을 받은 잎)

색깔 변화가 없습니다. ➡ 빛을 받지 못한 잎에는 녹말이 없습니다.	청람색으로 변했습니다. ➡ 빛을 받은 잎에는 녹말이 있습니다.

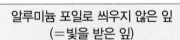

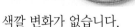

③ **이 실험에서 알 수 있는 것:** 빛을 받은 잎에서만 녹말과 같은 양분이 만들어집니다.

＋용어돋보기

❶ 엽록소(葉 잎, 綠 초록빛, 素 바탕)
초록색 식물에 있는 초록색 색소

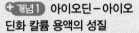

개념 이해하기

1. 잎의 생김새

① 식물의 잎은 대부분 초록색입니다.
② 잎은 일반적으로 잎몸과 잎자루로 이루어져 있습니다.
③ 납작한 잎몸에 잎맥이 복잡하게 퍼져 있습니다.
④ 잎몸은 잎자루에 연결되어 줄기에 붙어 있습니다.

▲ 잎의 생김새

2. 광합성

식물이 빛과 이산화 탄소, 뿌리에서 흡수한 물을 이용하여 스스로 양분을 만드는 작용 ➕개념2 ➕개념3

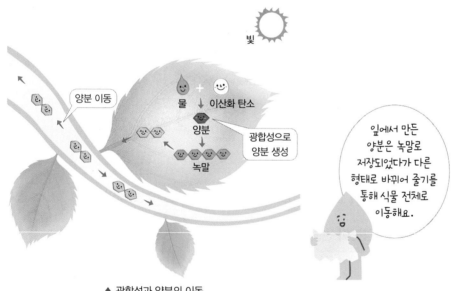

잎에서 만든 양분은 녹말로 저장되었다가 다른 형태로 바뀌어 줄기를 통해 식물 전체로 이동해요.

▲ 광합성과 양분의 이동

광합성이 일어나는 장소	주로 잎에서 일어납니다. ➕개념4
잎에서 만들어진 양분의 이동 및 사용	광합성을 통해 잎에서 만들어진 양분은 줄기를 통해 뿌리, 꽃, 열매 등 여러 부분으로 이동하여 사용되고, 남은 양분은 저장됩니다. → 식물은 양분을 자라는 데 사용하거나 저장합니다.

3. 잎이 하는 일

① 동물은 다른 생물을 먹어서 양분을 얻지만, 식물은 빛을 이용해 잎에서 스스로 양분을 만듭니다.
② 잎은 광합성을 통해 양분인 녹말을 만듭니다.

➕개념2 **잎의 모양이 넓으면 좋은 점**
양분을 만들 때 필요한 빛을 더 많이 받을 수 있습니다.

➕개념3 **빛이 잘 드는 창가에서 식물이 잘 자라는 까닭**
잎에서 양분을 만들 때 필요한 빛을 더 많이 받을 수 있기 때문입니다.

➕개념4 **광합성이 일어나는 장소**
광합성은 주로 잎에서 일어나지만, 초록색으로 보이는 줄기나 뿌리에서도 일어납니다.

▲ 선인장은 잎이 가시로 변해 광합성이 대부분 줄기에서 일어납니다.

핵심 개념 되짚어 보기

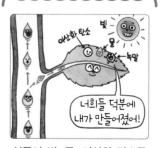

너희들 덕분에 내가 만들어졌어!

식물이 빛, 물, 이산화 탄소를 이용하여 양분을 만드는 것을 광합성이라고 합니다.

핵심 체크

● 잎에서 만드는 양분 확인

빛을 받지 못한 잎에 아이오딘-아이오딘화 칼륨 용액을 떨어뜨렸을 때	빛을 받은 잎에 아이오딘-아이오딘화 칼륨 용액을 떨어뜨렸을 때
색깔 변화가 없습니다.	❶ [ ][ ] 색으로 변했습니다.

➡ 빛을 받은 잎에서만 녹말이 만들어집니다.

● 잎의 생김새
- 잎은 ❷ [ ][ ]과 잎자루로 이루어져 있습니다.
- 잎몸에는 ❸ [ ][ ]이 퍼져 있습니다.
- 잎몸은 잎자루에 연결되어 줄기에 붙어 있습니다.

- ❹ [ ][ ][ ]: 식물이 빛과 이산화 탄소, 뿌리에서 흡수한 물을 이용하여 스스로 양분을 만드는 작용입니다.
  - 광합성은 주로 ❺ [ ]에서 일어납니다.
  - 광합성을 통해 잎에서 만들어진 양분은 줄기를 통해 뿌리, 꽃, 열매 등으로 이동하여 사용되고, 남은 양분은 저장됩니다.

● 잎이 하는 일
- 잎은 광합성을 통해 양분인 ❻ [ ][ ]을 만듭니다.

Step 1

( ) 안에 알맞은 말을 써넣어 설명을 완성하거나 설명이 옳으면 ○, 틀리면 ×에 ○표 해 봅시다.

1 빛을 받은 잎에서는 양분이 만들어지지 않습니다. (○ , ×)

2 광합성은 식물이 빛과 이산화 탄소, ( )을/를 이용하여 스스로 양분을 만드는 작용입니다.

3 광합성은 주로 식물의 줄기에서 일어납니다. (○ , ×)

4 잎에서 만든 양분은 뿌리, 꽃, 열매 등으로 이동하여 사용되고 남은 양분은 저장됩니다.
(○ , ×)

[1~3] 다음은 잎을 이용한 실험입니다.

(가) 봉선화의 잎 중에서 한 개를 알루미늄 포일로 씌우고 빛이 잘 드는 곳에 놓아둔 후, 다음 날 오후에 알루미늄 포일로 씌운 잎과 씌우지 않은 잎을 딴다.

(나) 큰 비커에는 뜨거운 물을, 작은 비커에는 에탄올을 담고, 작은 비커에 잎을 넣는다.

(다) 작은 비커를 큰 비커 안에 넣고 유리판으로 덮는다.

(라) 잎의 색깔이 연해지면 핀셋으로 잎을 꺼내어 따뜻한 물에 헹군 뒤, 페트리 접시에 놓고 아이오딘–아이오딘화 칼륨 용액을 떨어뜨려 색깔 변화를 관찰한다.

아이오딘–
아이오딘화 칼륨 용액

▲ 알루미늄 포일로   ▲ 알루미늄 포일로
  씌운 잎   씌우지 않은 잎

1 과정 (가)에서 잎 한 개를 알루미늄 포일로 씌운 까닭으로 옳은 것은 어느 것입니까? (   )

① 잎에 공기를 차단하기 위해서이다.
② 잎에 빛을 충분히 받게 하기 위해서이다.
③ 잎에서 물이 증발하는 것을 막기 위해서이다.
④ 잎에 다른 물질이 묻지 않게 하기 위해서이다.
⑤ 빛을 받지 못한 잎과 빛을 받은 잎을 비교하기 위해서이다.

2 과정 (라)에서 알루미늄 포일로 씌우지 않은 잎의 색깔 변화를 골라 기호를 써 봅시다.

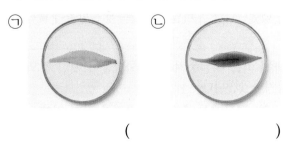

ㄱ   ㄴ

(   )

3 앞의 2번 답으로 보아, 빛을 받은 잎에서 만들어진 물질은 어느 것입니까? (   )

① 물   ② 녹말   ③ 수증기
④ 에탄올   ⑤ 이산화 탄소

[4~5] 다음은 식물에서 일어나는 작용을 나타낸 것입니다.

4 위와 같이 식물이 빛, 물, 이산화 탄소를 이용하여 스스로 양분을 만드는 작용을 무엇이라고 하는지 써 봅시다.

(   )

5 위 작용에 대한 설명으로 옳은 것을 두 가지 골라 써 봅시다. (,   )

① 잎에서만 일어난다.
② 빛이 있을 때 일어난다.
③ 산소가 있어야 일어난다.
④ 이 작용으로 만들어진 양분은 잎과 줄기에만 저장된다.
⑤ 이 작용으로 만들어진 양분은 줄기를 통해 필요한 부분으로 운반된다.

5 잎에 도달한 물의 이동

탐구로 시작하기

❶ 비닐봉지를 이용해 잎에 도달한 물의 이동 알아보기

실험 동영상

탐구 과정

❶ 봉선화 모종 두 개를 준비하여 한 개는 잎을 그대로 두고, 다른 한 개는 잎을 모두 땁니다.

❷ 삼각 플라스크 두 개에 같은 양의 물을 담은 후, 과정 ❶의 봉선화를 각각 넣어 ●탈지면으로 고정합니다.

❸ 두 봉선화에 각각 비닐봉지를 씌우고 공기가 통하지 않도록 빵 끈으로 잘 묶은 후, 빛이 잘 드는 곳에 3시간~4시간 동안 놓아둡니다. →천재교과서에서는 봉선화에 비닐봉지를 씌운 다음 물이 든 삼각 플라스크에 넣습니다.

❹ 비닐봉지 안쪽에 나타나는 변화를 관찰해 봅시다.

▲ 잎을 그대로 둔 봉선화

▲ 잎을 딴 봉선화

(비닐봉지, 빵 끈, 탈지면, 물)

탐구 결과

① 실험에서 다르게 할 조건과 같게 할 조건

다르게 할 조건	모종에 있는 잎의 유무
같게 할 조건	모종에 있는 잎의 유무 이외의 모든 조건 예 식물의 크기와 종류, 물의 양, 삼각 플라스크의 크기, 비닐봉지의 크기, 실험 시간, 실험 장소 등

② 비닐봉지 안쪽에 나타나는 변화

잎을 그대로 둔 봉선화 (＝잎이 있는 모종)	잎을 딴 봉선화 (＝잎이 없는 모종)
비닐봉지 안쪽에 물방울이 맺혔습니다. →비닐봉지 안이 뿌옇게 흐려집니다.	비닐봉지 안쪽에 물방울이 맺히지 않았습니다.

➡ 잎을 그대로 둔 봉선화에 씌운 비닐봉지 안에 물방울이 맺힌 것으로 보아, 잎에서 물이 밖으로 빠져나왔습니다.

③ **이 실험으로 알 수 있는 것**: 뿌리에서 흡수하여 줄기를 거쳐 잎에 도달한 물은 잎을 통해 식물 밖으로 빠져나갑니다. +개념1

+개념1 잎에 도달한 물이 식물 밖으로 빠져나가는 까닭
잎에 도달한 물이 식물 안에 머무르면 뿌리는 더 이상 물을 흡수할 수 없고, 물과 함께 양분도 얻지 못하게 되기 때문입니다.

용어 돋보기
❶ 탈지면(脫 벗다, 脂 기름, 綿 솜)
불순물이나 지방 등을 제거하고 소독한 솜

❷ 염화 코발트 종이를 이용해 잎에 도달한 물의 이동 알아보기

탐구 과정

❶ 셀로판테이프를 4 cm 정도로 자른 뒤, 양쪽 끝부분에 작게 자른 염화 코발트 종이 두 조각을 각각 붙입니다. **➕개념2**

❷ 셀로판테이프에 붙인 염화 코발트 종이 한 조각을 고춧잎의 앞면에 붙이고, 셀로판테이프를 접어 염화 코발트 종이의 다른 조각을 고춧잎의 뒷면에 붙입니다.

❸ 고추 모종을 햇빛이 잘 드는 곳에 10분 정도 놓아둡니다.

 →

탐구 결과

① **염화 코발트 종이의 색깔 변화**: 푸른색인 염화 코발트 종이가 붉은색으로 변했습니다. ➡ 잎에서 물이 밖으로 빠져나왔습니다.

② **이 실험으로 알 수 있는 것**: 뿌리에서 흡수하여 줄기를 거쳐 잎에 도달한 물은 잎을 통해 식물 밖으로 빠져나갑니다.

개념 이해하기

1. 기공

① **기공**: 잎의 표면에 있는 작은 구멍

② 기공은 물과 공기가 드나들 수 있는 작은 구멍으로, 크기가 매우 작아 현미경으로 관찰해야 볼 수 있습니다.

③ 기공은 대부분 잎의 뒷면에 있습니다.

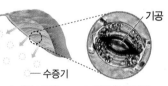

▲ 증산 작용　　▲ 기공 (1000배)

└➤ 증산 작용은 잎의 뒷면에서 활발하게 일어납니다.

2. 잎에 도달한 물의 이동

뿌리에서 흡수하여 줄기를 거쳐 잎에 도달한 물의 일부는 광합성에 이용되고, 나머지는 잎의 기공을 통해 식물 밖으로 빠져나갑니다.

3. 증산 작용 **➕개념3**

증산 작용	잎에 도달한 물의 일부가 수증기가 되어 기공을 통해 식물 밖으로 빠져나가는 것
역할	• 뿌리에서 흡수한 물을 식물의 꼭대기까지 끌어 올릴 수 있도록 돕습니다. • 식물의 온도를 조절하는 역할을 합니다. └ 더울 때 식물의 온도가 계속 올라가는 것을 막아 식물의 온도를 적당하게 유지합니다.

➕개념2 염화 코발트 종이의 성질
푸른색 염화 코발트 종이는 물이 닿으면 색깔이 붉게 변합니다.

➕개념3 증산 작용이 잘 일어나는 조건
• 햇빛이 강할 때
• 온도가 높을 때
• 습도가 낮을 때
• 바람이 잘 불 때
• 식물 안에 물이 많을 때

핵심 개념 되짚어 보기

뿌리에서 흡수하여 잎에 도달한 물은 증산 작용으로 잎의 기공을 통해 식물 밖으로 빠져나갑니다.

기본 문제로 익히기

○ 정답과 해설 ● 18쪽

핵심 체크

● **잎에 도달한 물의 이동**

  • 비닐봉지를 이용하여 확인

잎이 ❶☐☐ 봉선화에 비닐봉지를 씌웠을 때	잎이 ❷☐☐ 봉선화에 비닐봉지를 씌웠을 때
비닐봉지 안쪽에 물방울이 생겼습니다.	비닐봉지 안쪽에 물방울이 생기지 않았습니다.

  • 염화 코발트 종이를 이용하여 확인

염화 코발트 종이의 색깔 변화	푸른색 염화 코발트 종이가 ❸☐☐☐으로 변했습니다.

  ➡ 잎에 도달한 물은 잎을 통해 식물 밖으로 빠져나갑니다.

● **기공**: 잎의 표면에 있는 매우 작은 구멍으로, 대부분 잎의 뒷면에 있습니다.

● **증산 작용**: 잎에 도달한 물의 일부가 수증기가 되어 ❹☐☐을 통해 식물 밖으로 빠져나가는 작용입니다.

● **증산 작용의 역할**

  • 뿌리에서 흡수한 물을 식물의 꼭대기까지 끌어 올릴 수 있도록 도와줍니다.

  • 식물의 ❺☐☐를 조절하는 역할을 합니다.

● **증산 작용이 잘 일어나는 조건**

• 햇빛이 ❻☐할 때	• 온도가 높을 때	• 습도가 낮을 때
• 바람이 잘 불 때	• 식물 안에 물이 많을 때	

Step 1 ( ) 안에 알맞은 말을 써넣어 설명을 완성하거나 설명이 옳으면 ○, 틀리면 ×에 ○표 해 봅시다.

1 잎이 달린 나뭇가지에 비닐봉지를 씌워 두면 비닐봉지 안에 물방울이 생깁니다.

(○ , ×)

2 ( )은/는 잎의 표면에 있는 매우 작은 구멍입니다.

3 ( )은/는 잎에 도달한 물이 수증기가 되어 잎 표면에 있는 작은 구멍을 통해 식물 밖으로 빠져나가는 작용입니다.

[1~3] 봉선화 모종 두 개를 다음과 같이 장치하여 햇빛이 잘 드는 곳에 3시간~4시간 동안 놓아두었습니다.

(가) 잎을 그대로 둔 봉선화 — 탈지면, 물
(나) 비닐봉지, 잎을 딴 봉선화

1 위 실험에서 다르게 한 조건을 보기 에서 골라 기호를 써 봅시다.

> 보기
> ㉠ 잎의 유무
> ㉡ 식물의 종류
> ㉢ 비닐봉지의 크기
> ㉣ 삼각 플라스크에 담긴 물의 양

( )

2 위 실험 결과 비닐봉지 안에 물방울이 맺힌 것은 (가)와 (나) 중 어느 것인지 골라 기호를 써 봅시다.

( )

3 위 실험을 통해 알 수 있는 사실로 옳은 것은 어느 것입니까? ( )

① 잎에 물을 저장한다.
② 줄기를 통해 물을 흡수한다.
③ 잎을 통해 식물 밖으로 물이 빠져나간다.
④ 뿌리를 통해 식물 밖으로 물이 빠져나간다.
⑤ 잎에서 양분을 만드는 데에는 물이 필요하다.

4 오른쪽과 같이 잎의 앞면과 뒷면에 푸른색 염화 코발트 종이를 붙여 햇빛이 잘 드는 곳에 놓아두면, 염화 코발트 종이는 어떤 색으로 변합니까? ( )

① 노란색
② 붉은색
③ 초록색
④ 보라색
⑤ 투명해집니다.

5 증산 작용에 대한 설명으로 옳은 것을 보기 에서 골라 기호를 써 봅시다.

> 보기
> ㉠ 잎에서 빛과 이산화 탄소, 물을 이용하여 녹말을 만드는 것이다.
> ㉡ 잎의 표면에 있는 기공을 통해 식물 안으로 물이 흡수되는 것이다.
> ㉢ 뿌리에서 흡수한 물을 식물의 꼭대기까지 끌어 올릴 수 있도록 돕는다.

( )

6 잎에서 증산 작용이 잘 일어나는 조건이 <u>아닌</u> 것은 어느 것입니까? ( )

① 햇빛이 강할 때
② 온도가 높을 때
③ 습도가 높을 때
④ 바람이 잘 불 때
⑤ 식물 안에 물이 많을 때

[1~2] 다음은 잎에서 만들어지는 물질을 확인하는 실험입니다.

(가) 제라늄 잎 하나를 일부분만 알루미늄 포일로 덮고, 빛이 잘 드는 곳에 둔다.

(나) 다음 날 오후에 이 잎을 따서 에탄올이 든 작은 비커에 넣고, 이 비커를 뜨거운 물이 담긴 큰 비커에 넣은 뒤 유리판으로 덮는다.

(다) 잎의 색깔이 많이 연해지면 핀셋으로 잎을 꺼내어 따뜻한 물에 헹군다.

(라) (다)의 잎을 페트리 접시에 놓고 (㉠)을/를 떨어뜨려 색깔 변화를 관찰한다.

알루미늄 포일로 덮은 부분

알루미늄 포일로 덮지 않은 부분

④ 잎의 생김새와 하는 일

1 위 과정 (라)의 ㉠에 해당하는 것은 어느 것입니까? ( )

① 얼음물   ② 소금물   ③ 에탄올

④ 식용 색소   ⑤ 아이오딘 – 아이오딘화 칼륨 용액

2 위 과정 (라)의 결과로 옳은 것은 어느 것입니까? ( )

① 빛을 받은 부분은 색깔 변화가 없다.

② 빛을 받은 부분은 청람색으로 변한다.

③ 빛을 받은 부분은 붉은색으로 변한다.

④ 빛을 받지 못한 부분은 청람색으로 변한다.

⑤ 빛을 받지 못한 부분은 붉은색으로 변한다.

3 밥에 아이오딘–아이오딘화 칼륨 용액을 떨어뜨렸을 때 오른쪽과 같이 청람색으로 변하는 까닭은 밥에 무엇이 들어 있기 때문인지 써 봅시다.

( )

4 잎에 대한 설명으로 옳지 <u>않은</u> 것은 어느 것입니까? ( )

① 잎에서 광합성이 일어난다.
② 잎몸에는 잎맥이 퍼져 있다.
③ 잎에서 증산 작용이 일어난다.
④ 잎은 일반적으로 잎몸과 잎자루로 이루어져 있다.
⑤ 잎에서 만들어진 양분은 다른 곳으로 이동하지 않는다.

5 식물의 잎 모양이 넓으면 좋은 점으로 옳은 것은 어느 것입니까? ( )

① 빛을 많이 받을 수 있다.
② 빛을 적게 받을 수 있다.
③ 물을 많이 흡수할 수 있다.
④ 공기를 많이 내보낼 수 있다.
⑤ 공기가 통하지 않게 할 수 있다.

⑤ 잎에 도달한
물의 이동

6 오른쪽과 같이 푸른색 염화 코발트 종이를 잎의 앞면과 뒷면에 붙여 햇빛이 잘 드는 곳에 두었더니 염화 코발트 종이가 붉은색으로 변했습니다. 이 실험 결과를 통해 알 수 있는 사실로 옳은 것을 보기 에서 골라 기호를 써 봅시다.

보기
㉠ 잎에서 물이 식물 밖으로 빠져나간다.
㉡ 뿌리에서 흡수한 물은 모두 잎에 저장된다.
㉢ 잎에서는 빛을 이용하여 녹말과 같은 양분을 만든다.

( )

7 오른쪽과 같이 식물 잎의 표면에 있으며 식물 밖으로 물이 빠져나가는 작은 구멍의 이름을 써 봅시다.

(   )

8 증산 작용의 역할에 대해 <u>잘못</u> 설명한 친구의 이름을 써 봅시다.

> • 태민: 바람이 많이 불어도 식물이 쓰러지지 않도록 도와줘.
> • 채연: 뿌리에서 흡수한 물을 식물의 꼭대기까지 끌어 올릴 수 있도록 도와줘.
> • 수영: 더울 때 식물의 온도가 계속 올라가는 것을 막아 식물의 온도를 적당하게 유지해 줘.

(   )

9 잎에서 일어나는 작용 (가)와 (나)에 대한 설명으로 옳은 것은 어느 것입니까?

(   )

> 물은 뿌리에서 흡수되어 줄기를 통해 잎으로 이동한다. 잎에 도달한 물의 일부는 양분을 만들기 위해 (가)에 이용되고, 나머지는 대부분 (나)에 의해 식물 밖으로 빠져나간다.

① (가)는 증산 작용이다.
② (가)와 (나)는 잎에서만 일어난다.
③ (가)가 일어나기 위해서는 빛, 이산화 탄소, 물이 필요하다.
④ (나)를 통해 식물은 필요한 양분을 스스로 만든다.
⑤ (나)는 햇빛이 강할 때나 바람이 불지 않을 때 잘 일어난다.

[10~11] 봉선화잎 중에서 한 개를 알루미늄 포일로 씌우고 빛이 잘 드는 곳에 놓아둔 후, 다음날 오후에 알루미늄 포일로 씌운 잎과 씌우지 않은 잎을 따서 다음과 같이 실험하였습니다.

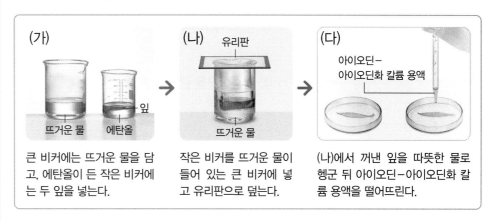

(가) 큰 비커에는 뜨거운 물을 담고, 에탄올이 든 작은 비커에는 두 잎을 넣는다.

(나) 작은 비커를 뜨거운 물이 들어 있는 큰 비커에 넣고 유리판으로 덮는다.

(다) (나)에서 꺼낸 잎을 따뜻한 물로 헹군 뒤 아이오딘-아이오딘화 칼륨 용액을 떨어뜨린다.

서술형 **길잡이**

❶ 잎을 에탄올에 넣으면 잎에 있는 ☐☐☐ 가 제거되어 색깔이 연해집니다.

10 아이오딘-아이오딘화 칼륨 용액에 의한 색깔 변화를 뚜렷하게 관찰하기 위해 과정 (가)에서 잎을 에탄올에 넣는 까닭을 써 봅시다.

_____

_____

❶ 아이오딘-아이오딘화 칼륨 용액은 ☐☐과 반응하면 청람색으로 변합니다.

11 위 실험 결과 알루미늄 포일로 씌운 잎과 씌우지 않은 잎 중 아이오딘-아이오딘화 칼륨 용액을 떨어뜨렸을 때 색깔이 변하는 것을 쓰고, 이러한 결과가 나타나는 까닭을 써 봅시다.

_____

_____

❶ 뿌리에서 흡수한 ☐ 은 줄기를 거쳐 잎까지 이동합니다.

❷ 잎에 도달한 물은 잎에 있는 ☐☐을 통해 식물 밖으로 빠져나갑니다.

12 오른쪽과 같이 잎이 있는 봉선화에 비닐봉지를 씌우고 공기가 통하지 않도록 묶은 후, 햇빛이 잘 드는 곳에 놓아두면 비닐봉지 안에 물방울이 생깁니다. 이러한 현상이 나타나는 까닭을 써 봅시다.

탈지면
잎이 있는 봉선화
물

_____

_____

6 꽃의 생김새와 하는 일

탐구로 시작하기

○ 꽃의 생김새 관찰하기

탐구 과정

❶ 복숭아꽃의 생김새를 관찰하고, 꽃잎, 꽃받침, 수술, 암술을 구분해 봅시다.

❷ 복숭아꽃과 구조가 다른 꽃을 조사해 봅시다.

탐구 결과

① 복숭아꽃을 관찰한 결과

복숭아꽃은 암술, 수술, 꽃잎, 꽃받침으로 이루어져 있습니다.

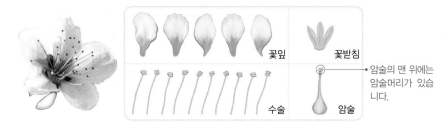

암술의 맨 위에는 암술머리가 있습니다.

> **개념1 암술, 수술, 꽃잎, 꽃받침 중 일부가 없는 꽃**
> ・호박꽃, 수세미오이꽃: 암 꽃에는 수술이 없고, 수꽃 에는 암술이 없습니다.
> ・튤립: 꽃받침이 없습니다.
> ・분꽃: 꽃잎이 없습니다.
> ・강아지풀: 꽃받침, 꽃잎이 없습니다.

② 호박꽃을 관찰한 결과 ➕개념1

호박꽃은 암술, 수술, 꽃잎, 꽃받침 중 암술이나 수술이 없습니다. ➡ 호박 꽃의 암꽃에는 수술이 없고, 수꽃에는 암술이 없습니다.

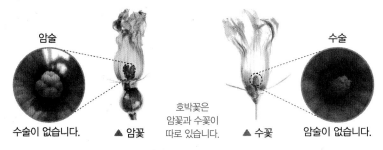

수술이 없습니다. ▲ 암꽃   호박꽃은 암꽃과 수꽃이 따로 있습니다. ▲ 수꽃   암술이 없습니다.

③ 복숭아꽃과 호박꽃의 차이점: 복숭아꽃은 꽃잎, 꽃받침, 암술, 수술이 한 꽃 에 있고, 호박꽃은 암술과 수술이 각각 다른 꽃에 있습니다.

개념 이해하기

1. 꽃의 생김새

① 꽃은 대부분 암술, 수술, 꽃잎, 꽃받침으로 이루어져 있습니다.

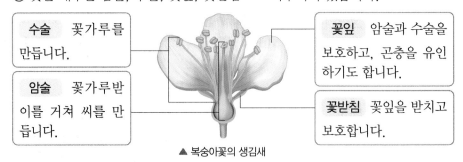

수술 꽃가루를 만듭니다.

암술 꽃가루받 이를 거쳐 씨를 만 듭니다.

꽃잎 암술과 수술을 보호하고, 곤충을 유인 하기도 합니다.

꽃받침 꽃잎을 받치고 보호합니다.

▲ 복숭아꽃의 생김새

② 암술, 수술, 꽃잎, 꽃받침 중 일부가 없는 꽃도 있습니다. ⑳ 호박꽃, 튤립, 수세미오이꽃

2. 꽃이 하는 일 → 식물의 종류에 따라 꽃의 크기, 모양, 색깔 등 생김새는 다양하지만 하는 일은 비슷합니다.

꽃은 꽃가루받이를 거쳐 씨를 만드는 일을 합니다.

3. 꽃가루받이

① **꽃가루받이(수분)**: 씨를 만들기 위해 수술에서 만든 꽃가루가 암술로 옮겨 붙는 것

② 꽃가루받이가 이루어지면 암술 속에서 씨가 만들어집니다. → 암술의 아랫부분에서 씨가 만들어집니다.

③ **여러 가지 꽃가루받이 방법**: 식물은 스스로 꽃가루받이를 하지 못하기 때문에 곤충, 새, 바람, 물 등의 도움을 받아 꽃가루받이가 이루어집니다.

꽃가루
암술   수술
▲ 꽃가루받이

➕개념2 곤충에 의해 꽃가루받이가 이루어지는 꽃의 특징

• 꽃이 화려합니다.
• 향기가 있습니다.
• 꿀샘이 발달해 있습니다.

➔ 곤충을 유인하기 위해서입니다.

곤충에 의한 꽃가루받이(충매화)	새에 의한 꽃가루받이(조매화)
꽃가루가 벌, 나비와 같은 곤충에 의해 암술로 옮겨집니다. **➕개념2 ➕개념3** **예** 사과나무, 무궁화, 매실나무, 장미, 코스모스, 호박 등	꽃가루가 동박새와 같은 새에 의해 암술로 옮겨집니다. **예** 동백나무, 바나나, 선인장 등 └→ 꽃이 비교적 크고 꿀샘이 발달해 있습니다.

◀ 사과나무
무궁화 ▶

동백나무 ▶
◀ 바나나

➕개념3 꽃가루받이를 돕는 곤충이 없어진다면 생길 수 있는 일
곤충이 꽃가루받이를 해 주는 꽃의 경우 꽃가루받이를 하지 못하여 씨와 열매를 맺지 못하게 됩니다.

용어돋보기
❶ 유인(誘 꾀다, 引 끌다)
주의나 흥미를 일으켜 꾀어내는 것

바람에 의한 꽃가루받이(풍매화)	물에 의한 꽃가루받이(수매화)
꽃가루가 바람에 날려 암술로 옮겨집니다. **예** 소나무, 벼, 옥수수, 밤나무 등 └→ 꽃잎이 작거나 없고 눈에 잘 띄지 않으며, 꽃가루가 작고 가벼워 멀리까지 날아갈 수 있습니다.	꽃가루가 물속이나 물 위를 이동하다가 암술로 옮겨집니다. **예** 검정말, 물수세미, 붕어마름, 나사말 등 →물속에 잠겨서 사는 식물은 대부분 수매화입니다.

벼 ▶
◀ 옥수수

◀ 검정말
물수세미 ▶

핵심 개념 되짚어 보기

우리는 꽃가루를 옮겨줘!
휘
잉
얘들아, 고마워!

꽃은 대부분 암술, 수술, 꽃잎, 꽃받침으로 이루어져 있으며, 곤충, 새, 바람, 물 등의 도움으로 꽃가루받이가 이루어져 씨를 만듭니다.

④ **꽃에 있는 꿀의 역할**: 꽃가루받이를 돕는 동물을 ❶유인합니다.
└→ 곤충이 꽃 안쪽에 있는 꿀을 찾아 들어가면서 자신의 몸에 묻은 꽃가루를 암술로 옮깁니다.

기본 문제로 익히기

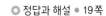

정답과 해설 • 19쪽

핵심 체크

● **꽃의 생김새**
  • 꽃은 대부분 암술, 수술, ^❶☐☐, 꽃받침으로 이루어져 있습니다.
  • 암술, 수술, 꽃잎, 꽃받침 중 일부가 없는 꽃도 있습니다. **예** 호박꽃, 튤립, 수세미오이꽃 등

● **꽃이 하는 일:** ^❷☐를 만드는 일을 합니다.

● **꽃가루받이(수분):** 씨를 만들기 위해 수술에서 만든 ^❸☐☐☐가 암술로 옮겨 붙는 것입니다.

● **여러 가지 꽃가루받이 방법:** 식물은 곤충, 새, 바람, 물 등의 도움을 받아 꽃가루받이가 이루어집니다.

곤충에 의한 꽃가루받이 (충매화)	꽃가루가 곤충에 의해 암술로 옮겨집니다. **예** 사과나무, 무궁화, 코스모스 등
^❹☐에 의한 꽃가루받이 (조매화)	꽃가루가 새에 의해 암술로 옮겨집니다. **예** 동백나무, 바나나 등
바람에 의한 꽃가루받이 (풍매화)	꽃가루가 바람에 의해 암술로 옮겨집니다. **예** 벼, 옥수수 등
^❺☐에 의한 꽃가루받이 (수매화)	꽃가루가 물에 의해 암술로 옮겨집니다. **예** 검정말, 물수세미 등

  • 꽃에 있는 ^❻☐은 꽃가루받이를 돕는 동물을 유인하는 역할을 합니다.

Step 1 ( ) 안에 알맞은 말을 써넣어 설명을 완성하거나 설명이 옳으면 ○, 틀리면 ×에 ○표 해 봅시다.

1 모든 꽃은 암술, 수술, 꽃잎, 꽃받침으로 이루어져 있습니다. (○ , ×)

2 꽃의 구조 중 ( )은/는 암술과 수술을 보호하고, 곤충을 유인하는 역할을 합니다.

3 꽃은 꽃가루받이를 거쳐 씨를 만드는 일을 합니다. (○ , ×)

4 벼는 꽃가루가 ( )에 의해 암술로 옮겨집니다.

[1~2] 다음은 복숭아꽃의 구조입니다.

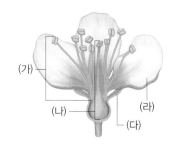

1 각 부분의 이름을 찾아 선으로 연결해 봅시다.

(1) (가) ・　　　・㉠ 암술

(2) (나) ・　　　・㉡ 수술

(3) (다) ・　　　・㉢ 꽃잎

(4) (라) ・　　　・㉣ 꽃받침

2 위 복숭아꽃의 구조에서 (나) 부분이 하는 일로 옳은 것은 어느 것입니까?　　　(　　　)

① 씨를 만든다.
② 곤충을 유인한다.
③ 꽃가루를 만든다.
④ 꽃잎을 받치고 보호한다.
⑤ 암술과 수술을 보호한다.

3 오른쪽 호박꽃의 수꽃에 <u>없는</u> 것은 무엇입니까? (　　　)

① 꽃잎　　② 암술
③ 수술　　④ 꽃받침
⑤ 꽃가루

4 다음 ㉠과 ㉡에 들어갈 알맞은 말을 옳게 짝 지은 것은 어느 것입니까?　　　(　　　)

> 꽃에서 (　㉠　)이/가 만들어지기 위해서는 꽃가루가 암술로 옮겨져야 하는데, 이것을 (　㉡　) 또는 수분이라고 한다.

　　㉠　　　　　　㉡
① 물　　　　　암술받이
② 물　　　　　꽃가루받이
③ 씨　　　　　암술받이
④ 씨　　　　　꽃가루받이
⑤ 양분　　　　꽃가루받이

5 식물의 꽃에서 꽃가루받이가 이루어지는 방법이 <u>아닌</u> 것은 어느 것입니까?　　　(　　　)

① 물에 의해서　　　② 흙에 의해서
③ 벌에 의해서　　　④ 나비에 의해서
⑤ 바람에 의해서

6 새에 의해 꽃가루받이가 이루어지는 식물은 어느 것입니까?　　　(　　　)

①  　②

▲ 동백나무　　　　　▲ 벼

③ 　④

▲ 무궁화　　　　　▲ 검정말

7 씨가 퍼지는 방법

탐구로 시작하기

○ 씨가 퍼지는 방법 알아보기

탐구 과정

❶ 여러 가지 식물의 열매나 씨의 생김새를 관찰해 봅시다.

❷ 여러 가지 식물의 씨가 퍼지는 방법을 조사해 봅시다.

탐구 결과

여러 가지 식물의 씨가 퍼지는 방법

식물	▲ 우엉	▲ 민들레	▲ 단풍나무	▲ 사과나무
열매나 씨의 생김새	❶갈고리처럼 생긴 가시가 있습니다.	솜털같이 생긴 부분이 있습니다.	날개같이 생긴 부분이 있습니다.	열매가 크고 맛있습니다.
씨가 퍼지는 방법	씨가 동물의 털이나 사람의 옷에 붙어서 퍼집니다.	씨가 바람에 날려 퍼집니다.	씨가 빙글빙글 돌아가며 바람에 날려 퍼집니다.	씨가 동물에게 먹힌 뒤 똥과 함께 나와 퍼집니다.

➡ 씨가 퍼지는 방법은 열매의 종류에 따라 다양합니다.

> 식물은 씨를 퍼뜨릴 때에도 꽃가루받이를 할 때처럼 동물, 바람, 물 등의 도움이 필요해요.

개념 이해하기

1. 열매가 자라는 과정과 열매의 생김새

① **열매가 자라는 과정**: 꽃가루받이가 이루어지면 암술 속에서 씨가 만들어지고, 씨를 둘러싸고 있는 부분이 씨와 함께 자라서 열매가 됩니다.

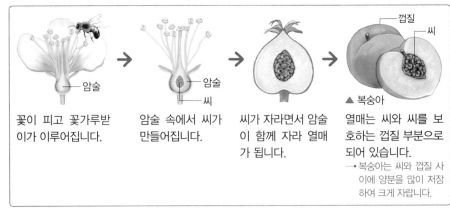

꽃이 피고 꽃가루받이가 이루어집니다.	암술 속에서 씨가 만들어집니다.	씨가 자라면서 암술이 함께 자라 열매가 됩니다.	열매는 씨와 씨를 보호하는 껍질 부분으로 되어 있습니다.

▲ 복숭아
→복숭아는 씨와 껍질 사이에 양분을 많이 저장하여 크게 자랍니다.

② **열매의 생김새**: 사과, 배, 참외, 수박 등 식물의 종류에 따라 생김새가 다양합니다. ➕개념1

➕개념1 사과의 생김새

껍질
씨

용어 돋보기

❶ 갈고리
끝이 뾰족하고 한쪽으로 굽은 물건

2. 열매가 하는 일 → 식물의 종류에 따라 열매의 크기, 모양, 색깔 등 생김새는 다양하지만 하는 일은 비슷합니다.

① 어린 씨를 보호합니다.
② 씨가 익으면 씨를 퍼뜨리는 역할을 합니다. → 식물이 한 장소에서만 계속 싹을 틔우면 물과 양분, 공간 등이 부족하게 되므로, 식물이 잘 생장하려면 씨를 멀리 퍼뜨려 싹을 틔우는 것이 유리합니다.

3. 씨가 퍼지는 여러 가지 방법

열매는 동물, 바람, 물 등의 도움을 받아 이동하거나 스스로 터져서 씨가 멀리 퍼지게 합니다. ➕개념2

동물의 털이나 사람의 옷에 붙어서	동물에게 먹혀서
갈고리 모양의 가시가 있어 동물의 털이나 사람의 옷에 붙어서 퍼집니다. 예 도꼬마리, 도깨비바늘, 우엉 등	동물에게 먹힌 뒤 씨가 똥으로 나와 퍼집니다. 예 벚나무, 산수유나무, 머루, 사과나무, 수박, 딸기 등

 ▲ 도꼬마리　 ▲ 도깨비바늘　 ▲ 벚나무　 ▲ 산수유나무

바람에 날려서	
솜털 같은 부분이 있어 바람에 날려서 퍼집니다. 예 민들레, 박주가리, 버드나무 등	날개 같은 부분이 있어 빙글빙글 돌아가며 바람에 날려서 퍼집니다. 예 단풍나무, 가죽나무 등

 ▲ 민들레　 ▲ 박주가리　 ▲ 단풍나무　 ▲ 가죽나무

물에 떠서	열매껍질이 터져서
물에 떠서 이동하여 퍼집니다. 예 연꽃, 수련, 코코야자, 마름 등 └ 속이 비어 가볍습니다.	꼬투리가 터지면서 씨가 튀어 나가 퍼집니다. 예 봉선화, 콩, 물봉선, 제비꽃 등

 ▲ 연꽃　 ▲ 코코야자　 ▲ 봉선화　 ▲ 콩

➕개념2 작은 동물이 옮겨서 씨가 퍼지는 방법
다람쥐와 같은 작은 동물이 열매를 다른 곳으로 옮기면서 씨가 멀리 퍼집니다.
예 졸참나무

3 단원

➕개념3 식물의 각 기관의 관련성

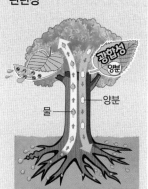

광합성　양분

물　양분

• 물의 흡수와 이동: 뿌리에서 흡수한 물은 줄기를 통해 식물 전체로 이동하고, 잎에 도달한 물은 기공을 통해 잎 밖으로 나갑니다.
• 양분의 생성과 이동: 잎에서 광합성으로 만들어진 양분은 줄기를 통해 식물 전체로 이동합니다.

핵심 개념 되짚어 보기

민들레

도깨비바늘

열매는 씨를 멀리 퍼뜨리는 역할을 하며, 열매의 종류에 따라 씨가 퍼지는 방법은 다양합니다.

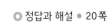

핵심 체크

● **열매가 자라는 과정**: 꽃가루받이가 이루어지면 암술 속에서 ❶☐가 만들어지고, 씨를 둘러싸고 있는 부분이 씨와 함께 자라서 열매가 됩니다.

● **열매의 생김새**: 식물의 종류에 따라 다양합니다.

● **열매가 하는 일**
  • 어린 씨를 보호합니다.
  • 씨가 익으면 씨를 퍼뜨리는 역할을 합니다.

● **씨가 퍼지는 방법**

씨가 퍼지는 방법	식물 예
동물의 ❷☐이나 사람의 옷에 붙어서	도꼬마리, 도깨비바늘, 우엉 등
❸☐☐에게 먹혀서	벚나무, 산수유나무, 머루, 사과나무, 수박, 딸기 등
❹☐☐에 날려서	민들레, 박주가리, 버드나무, 단풍나무, 가죽나무 등
❺☐에 떠서	연꽃, 수련, 코코야자, 마름 등
❻☐☐☐☐이 터져서	봉선화, 콩, 물봉선, 제비꽃 등

Step 1 ( ) 안에 알맞은 말을 써넣어 설명을 완성하거나 설명이 옳으면 ○, 틀리면 ×에 ○표 해 봅시다.

1 씨를 둘러싸고 있는 부분이 씨와 함께 자라서 ( )이/가 됩니다.

2 식물의 종류에 따라 열매의 생김새가 다르고, 하는 일도 다릅니다. (○ , ×)

3 단풍나무는 열매에 날개 같은 부분이 있어 바람에 날려서 퍼집니다. (○ , ×)

4 연꽃의 씨는 ( )에 떠서 이동하여 퍼집니다.

1 다음은 열매가 자라는 과정을 순서 없이 나타낸 것입니다. 순서대로 기호를 써 봅시다.

> (가) 암술 속에서 씨가 만들어진다.
> (나) 꽃이 피고 꽃가루받이가 이루어진다.
> (다) 씨가 자라면서 씨를 둘러싸고 있는 부분이 함께 자라 열매가 된다.

(   ) → (   ) → (   )

2 다음 (   ) 안에 공통으로 들어갈 알맞은 말을 써 봅시다.

> • (   )은/는 씨와 씨를 보호하는 껍질 부분으로 되어 있다.
> • (   )은/는 어린 씨를 보호하고, 씨가 익으면 멀리 퍼뜨리는 역할을 한다.

(   )

3 식물에서 씨가 퍼지는 방법이 <u>아닌</u> 것은 어느 것입니까? (   )

① 바람에 날려서
② 물에 가라앉아서
③ 동물에게 먹혀서
④ 열매껍질이 터져서
⑤ 동물의 털이나 사람의 옷에 붙어서

[4~5] 오른쪽은 벚나무 열매를 나타낸 것입니다.

4 위 벚나무 열매에 대한 설명으로 옳지 <u>않은</u> 것을 보기 에서 모두 골라 기호를 써 봅시다.

> 보기
> ㉠ 씨를 만든다.
> ㉡ 갈고리 모양의 가시가 있다.
> ㉢ 씨가 익으면 멀리 퍼뜨리는 역할을 한다.

(   )

5 위 벚나무의 씨가 퍼지는 방법으로 옳은 것은 어느 것입니까? (   )

① 물에 떠서 이동하여 퍼진다.
② 날개가 있어 빙글빙글 돌며 날아가 퍼진다.
③ 열매껍질이 터지며 씨가 튀어 나가 퍼진다.
④ 가벼운 솜털이 있어 바람에 날려서 퍼진다.
⑤ 동물에게 먹힌 뒤 씨가 똥으로 나와 퍼진다.

6 동물의 털이나 사람의 옷에 붙어서 씨가 퍼지는 식물은 어느 것입니까? (   )

① ▲ 연꽃

② ▲ 봉선화

③ ▲ 민들레

④ ▲ 도깨비바늘

⑥ 꽃의 생김새와
   하는 일

1 꽃을 이루는 부분이 <u>아닌</u> 것은 어느 것입니까? ( )

① 암술   ② 수술   ③ 열매
④ 꽃잎   ⑤ 꽃받침

2 복숭아꽃과 호박꽃의 공통점을 보기 에서 골라 기호를 써 봅시다.

> 보기
> ㉠ 암꽃과 수꽃이 따로 있다.
> ㉡ 한 꽃 안에 암술과 수술이 모두 있다.
> ㉢ 한 꽃 안에 꽃잎과 꽃받침이 모두 있다.

( )

3 꽃의 각 부분이 하는 일을 찾아 선으로 연결해 봅시다.

(1) 암술   •   • ㉠ 씨를 만든다.

(2) 수술   •   • ㉡ 꽃잎을 받치고 보호한다.

(3) 꽃잎   •   • ㉢ 꽃가루를 만든다.

(4) 꽃받침   •   • ㉣ 암술과 수술을 보호한다.

4 오른쪽 복숭아꽃의 구조에서 꽃가루받이와 직접적으로 관계있는 부분끼리 옳게 짝 지은 것은 어느 것입니까?

( )

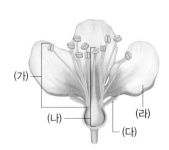

① (가), (나)   ② (가), (라)   ③ (나), (다)
④ (나), (라)   ⑤ (다), (라)

5 오른쪽 사과나무의 꽃이 화려한 까닭으로 옳은 것은 어느 것입니까? ( )

① 꽃잎을 보호하기 위해서이다.
② 곤충을 유인하기 위해서이다.
③ 꽃가루를 만들기 위해서이다.
④ 암술과 수술을 보호하기 위해서이다.
⑤ 새가 접근하지 못하게 하기 위해서이다.

[6~7] 다음은 복숭아 열매가 자라는 과정을 순서 없이 나타낸 것입니다.

(가) 　(나) 　(다) 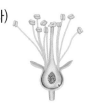　(라)

⑦ 씨가 퍼지는 방법

6 복숭아 열매가 자라는 과정을 순서대로 써 봅시다.

(　　) → (　　) → (　　) → (라)

7 위 과정에 대한 설명으로 옳지 <u>않은</u> 것을 보기 에서 골라 기호를 써 봅시다.

> 보기
> ㉠ (가) 과정에서 씨가 자라면서 암술이 함께 자란다.
> ㉡ (나) 과정에서 꽃가루받이가 이루어진다.
> ㉢ (다) 과정에서 꽃이 만들어진다.
> ㉣ (라)는 씨가 익었을 때 씨를 퍼뜨리는 역할을 한다.

(　　)

8 식물의 씨가 퍼지는 방법을 옳게 짝 지은 것은 어느 것입니까?　　　（　　　）

① 민들레 – 날개가 있어 바람에 날려서 퍼진다.
② 가죽나무 – 솜털이 있어 바람에 날려서 퍼진다.
③ 우엉 – 동물의 털이나 사람의 옷에 붙어서 퍼진다.
④ 콩 – 동물에게 먹힌 뒤 씨가 똥으로 나와서 퍼진다.
⑤ 머루 – 열매껍질이 터지면서 씨가 튀어 나가 퍼진다.

9 오른쪽 코코야자와 씨가 퍼지는 방법이 같은 식물로 옳은 것은 어느 것입니까?　　　（　　　）

▲ 도꼬마리

▲ 산수유나무

▲ 콩

▲ 연꽃

▲ 박주가리

10 다음은 네 명의 친구가 각각 식물의 뿌리, 줄기, 잎, 꽃을 맡은 후 자신이 하는 일에 대해 역할놀이를 하는 대사의 일부를 나타낸 것입니다. 뿌리를 맡은 친구의 이름을 써 봅시다.

> • 태우: 오늘은 날씨가 맑으니 양분을 많이 만들어야지.
> • 지현: 어제 비가 왔더니 땅이 촉촉해서 물을 많이 구할 수 있겠어.
> • 아영: 밑에서 올려준 물을 열심히 전달해 줄게.
> • 세호: 아직 씨를 만들지 못했어. 벌이 올 때까지 기다려야 할 것 같아.

（　　　　　　　）

서술형 길잡이

❶ 꽃은 암술, 수술, 꽃잎, 꽃받침으로 이루어지며, 암술은 □를 만들고, 수술은 □□□를 만듭니다.

11 오른쪽은 복숭아꽃의 구조를 나타낸 것입니다.

(1) (가)~(라) 중 꽃가루를 만드는 부분을 골라 기호를 써 봅시다.

(   )

(2) 이와 같은 꽃이 하는 일은 무엇인지 써 봅시다.

_____

_____

❶ 식물은 스스로 □□ □□□를 하지 못하기 때문에 곤충, 새, 바람, 물 등의 도움을 받습니다.

12 오른쪽 무궁화는 나비의 도움으로 꽃가루받이가 이루어집니다. 이와 같이 식물의 꽃가루받이를 돕는 벌, 나비 등과 같은 곤충이 모두 없어지면 식물에게 일어날 수 있는 일을 꽃이 하는 일과 관련지어 써 봅시다.

_____

_____

❶ 사과나무와 벚나무의 열매는 □□에게 먹혀서 씨가 똥으로 나와 퍼집니다.

❷ 단풍나무는 □□에 날려서 씨가 퍼집니다.

13 씨가 퍼지는 방법이 나머지와 다른 하나를 골라 기호를 쓰고, 그렇게 생각한 까닭을 써 봅시다.

㉠    ㉡    ㉢

▲ 사과나무   ▲ 벚나무   ▲ 단풍나무

_____

_____

1 생물을 이루는 세포

• **①**[　　　]: 생물을 이루는 기본 단위
• **양파 표피 세포**: 각진 모양이며, 세포 가장자리가 두 껍습니다.
• **입안 상피 세포**: 대체로 둥근 모양이며, 세포 가장자 리가 얇습니다.
• **식물 세포와 동물 세포의 공통점과 차이점**

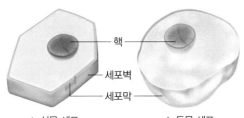

▲ 식물 세포   ▲ 동물 세포

공통점	• 핵과 **②**[　　　]이 있습니다. • 크기가 매우 작아 맨눈으로 관찰하기 어렵습니다.
차이점	식물 세포는 세포벽이 있고, 동물 세포는 세포벽이 없습니다.

2 뿌리와 줄기의 생김새와 하는 일

• **뿌리의 생김새와 하는 일**

생김새	• 뿌리의 끝부분에 솜털처럼 작고 매우 가 는 **③**[　　　]이 나 있습니다. • 식물의 종류에 따라 생김새가 다양합니다. • 곧은뿌리와 수염뿌리로 나눕니다.
하는 일	• 식물을 지지합니다. • 땅속의 물을 흡수합니다. • 양분을 저장하기도 합니다. **예** 당근

• **줄기의 생김새와 하는 일**

생김새	• 줄기는 뿌리와 잎을 연결합니다. • 식물의 종류에 따라 생김새가 다양합니다. **예** 곧은줄기, 감는줄기, 기는줄기, 양분을 저장하는 줄기
하는 일	• 뿌리에서 흡수한 **④**[　　　]이 이동하는 통로 역할을 합니다. • 식물을 지지합니다. • 양분을 저장하기도 합니다. **예** 감자

3 잎이 하는 일과 잎에 도달한 물의 이동

• **잎에서 만든 양분 확인**: 빛을 받지 못한 잎과 빛을 받 은 잎에 아이오딘-아이오딘화 칼륨 용액을 떨어뜨 려 색깔 변화를 관찰합니다.

빛을 받지 못한 잎	빛을 받은 잎
색깔 변화가 없습니다.	청람색으로 변합니다.

➡ 빛을 받은 잎에서만 **⑤**[　　　]이 만들어집니다.
• **⑥**[　　　]: 식물이 빛, 이산화 탄소, 물을 이용하여 스스로 양분을 만드는 것
• **잎에 도달한 물의 이동**: 잎이 있는 모종과 잎이 없는 모종에 비닐봉지를 씌우고 놓아두면 잎이 있는 모종 에 씌운 비닐봉지 안에서만 물방울이 맺힙니다.
➡ 잎에서 물이 밖으로 빠져나왔습니다.
• **⑦**[　　　]: 잎에 도달한 물의 일부가 수증기가 되 어 기공을 통해 식물 밖으로 빠져나가는 것 ➡ 뿌리 에서 흡수한 물을 식물 꼭대기까지 끌어 올릴 수 있 도록 돕고, 식물의 온도를 조절합니다.

4 꽃이 하는 일과 씨가 퍼지는 방법

• **꽃의 생김새와 하는 일**:
꽃은 대부분 암술, 수 술, 꽃잎, 꽃받침으로 이루어져 있고, 씨를 만 듭니다.

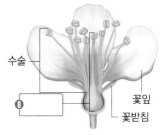

수술
⑧[　　　]
꽃잎
꽃받침

• **⑨**[　　　]: 씨를 만들기 위해 수술에서 만든 꽃 가루가 암술로 옮겨 붙는 것
• **⑩**[　　　]: 어린 씨를 보호하고, 씨를 퍼뜨립니다.

자라는 과정	꽃가루받이가 이루어짐 → 암술 속에서 씨가 만들어짐 → 씨가 자라면서 암술이 함께 자라 열매가 됨

• **씨가 퍼지는 방법**: 동물의 털이나 사람의 옷에 붙어서, 동물에게 먹혀서, 바람에 날려서, 물에 떠서, 열매껍질 이 터져서 씨가 퍼집니다.

중요

1 오른쪽 세포에 대한 설명으로 옳은 것은 어느 것입니까? (　　)

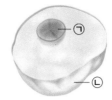

① 식물 세포이다.
② ㉠은 핵이고, ㉡은 세포벽이다.
③ ㉡에는 유전 정보가 들어 있다.
④ ㉠과 ㉡은 동물 세포와 식물 세포 모두에 있다.
⑤ ㉠은 세포를 보호하고 세포의 모양을 일정하게 유지하는 역할을 한다.

2 다음 생물을 이루는 세포에 대한 설명으로 옳은 것을 [보기]에서 골라 기호를 써 봅시다.

　(가)　　　　　(나)

[보기]
㉠ (가)와 (나)의 세포에는 모두 핵이 없다.
㉡ (가)와 (나)의 세포에는 모두 세포막이 있다.
㉢ (가)의 세포에는 세포벽이 없고, (나)의 세포에는 세포벽이 있다.

(　　　　　　)

중요 **서술형**

3 오른쪽과 같이 장치한 뒤 빛이 잘 드는 곳에 2일~3일 동안 놓아 두었습니다. 이 실험을 통해 알 수 있는 사실을 뿌리가 하는 일과 관련지어 써 봅시다.

▲ 뿌리를 자르　▲ 뿌리를 자
지 않은 양파　른 양파

_____

_____

4 굵기가 비슷한 가는 뿌리가 수염처럼 난 식물끼리 옳게 짝 지은 것은 어느 것입니까? (　　)

① 파, 고추　　　② 명아주, 양파
③ 파, 당근　　　④ 양파, 강아지풀
⑤ 토마토, 옥수수

5 뿌리가 식물을 지지하는 기능과 가장 관련 있는 내용을 말한 친구의 이름을 써 봅시다.

• 민호: 뿌리를 자르면 식물이 시들어.
• 윤아: 바람이 불어도 쉽게 쓰러지지 않아.
• 지연: 양분을 뿌리에 저장하는 식물도 있어.

(　　　　　　)

6 줄기에 대한 설명으로 옳은 것을 [보기]에서 골라 기호를 써 봅시다.

[보기]
㉠ 나팔꽃의 줄기는 굵고 곧게 자란다.
㉡ 딸기의 줄기는 다른 물체를 감아 자란다.
㉢ 줄기는 잎과 꽃을 받쳐 식물을 지지한다.

(　　　　　　)

7 오른쪽과 같이 붉은 색소 물에 4시간 동안 넣어 둔 백합 줄기를 가로로 잘랐을 때에 대한 설명으로 옳은 것은 어느 것입니까? (　　)

붉은
색소
물

① 단면 전체가 하얀색이다.
② 단면의 절반만 붉게 보인다.
③ 단면에 붉게 보이는 선이 두 군데 있다.
④ 단면을 관찰하여 양분이 이동하는 통로를 알 수 있다.
⑤ 실험 결과 줄기는 물이 이동하는 통로 역할을 한다는 것을 알 수 있다.

8 줄기에 양분을 저장하는 식물을 보기 에서 골라 기호를 써 봅시다.

> 보기 ㉠ 무   ㉡ 감자   ㉢ 고구마

(   )

[9~10] 다음은 잎에서 만들어지는 양분을 확인하는 실험입니다.

> (가) 봉선화잎 중에서 한 개를 알루미늄 포일을 씌우고 빛이 잘 드는 곳에 놓아둔다.
> (나) 알루미늄 포일로 씌운 잎과 씌우지 않은 잎을 따서 에탄올이 든 작은 비커에 넣고, 작은 비커를 뜨거운 물이 들어 있는 큰 비커에 넣은 뒤 유리판으로 덮는다.
> (다) (나)에서 꺼낸 잎을 따뜻한 물로 헹구고 아이오딘-아이오딘화 칼륨 용액을 떨어뜨린다.

아이오딘-아이오딘화 칼륨 용액
빛을 받지 못한 잎   빛을 받은 잎

서술형

9 과정 (가)에서 잎 한 개를 알루미늄 포일을 씌우는 까닭을 써 봅시다.

_____

_____

중요

10 위 실험에 대한 설명으로 옳은 것을 보기 에서 모두 골라 기호를 써 봅시다.

> 보기 ㉠ (나)에서 잎을 에탄올이 든 비커에 넣는 까닭은 잎에 있는 엽록소를 제거하기 위해서이다.
> ㉡ 알루미늄 포일로 씌운 잎은 (다)에서 청람색으로 변한다.
> ㉢ 실험 결과 빛을 받은 잎에서만 녹말이 만들어진다는 것을 알 수 있다.

(   )

11 광합성에 대한 설명으로 옳은 것을 보기 에서 골라 기호를 써 봅시다.

> 보기 ㉠ 산소와 물을 이용한다.
> ㉡ 주로 식물의 잎에서 일어난다.
> ㉢ 식물과 동물에서 모두 일어난다.

(   )

중요

12 다음과 같이 모종 두 개를 물이 담긴 삼각 플라스크에 각각 넣고 모종에 비닐봉지를 씌운 뒤, 빛이 잘 드는 곳에 4시간 동안 놓아두었습니다. 이 실험에 대한 설명으로 옳지 <u>않은</u> 것은 어느 것입니까? (   )

㉠ 탈지면, 물   ㉡ 비닐봉지
▲ 잎이 있는 모종   ▲ 잎이 없는 모종

① 증산 작용을 확인하는 실험이다.
② 잎의 유무 이외의 다른 조건은 같게 한다.
③ 물방울이 맺히는 까닭은 뿌리에서 흡수한 물이 잎을 통해 밖으로 빠져나가기 때문이다.
④ ㉠에서만 비닐봉지 안에 물방울이 맺힌다.
⑤ ㉠을 햇빛이 약하거나 온도가 낮은 곳으로 옮기면 물방울이 더 많이 맺힐 것이다.

13 다음 ( ) 안에 들어갈 알맞은 말을 써 봅시다.

> 물은 뿌리에서 흡수되어 (㉠)을/를 거쳐 식물 전체로 이동하며, 잎에 도달한 물은 잎의 표면에 있는 (㉡)을/를 통해 식물 밖으로 빠져나간다.

㉠: (   ) ㉡: (   )

14 증산 작용이 하는 역할을 <u>두 가지</u> 써 봅시다.

_____

_____

중요

15 식물 (가)와 (나)에 대한 설명으로 옳은 것은 어느 것입니까? ( )

(가) 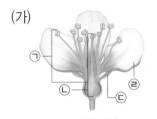　　(나)

▲ 복숭아꽃　　　　▲ 호박꽃 암꽃

① ㉠은 수술로, 씨를 만든다.
② ㉡은 암술로, 곤충을 유인한다.
③ ㉢은 꽃받침으로, 꽃가루를 만든다.
④ (가)와 (나)는 모두 씨를 만들 수 있다.
⑤ (가)와 (나)는 모두 암술, 수술, 꽃잎, 꽃받침으로 이루어져 있다.

16 오른쪽 식물의 꽃가루받이를 돕는 것은 어느 것입니까? ( )

▲ 바나나

① 새　　　② 벌
③ 물　　　④ 바람
⑤ 나비

17 다음 식물들의 공통적인 꽃가루받이 방법으로 옳은 것은 어느 것입니까? ( )

> 사과나무, 장미, 코스모스

① 스스로 꽃가루받이를 한다.
② 꽃가루가 새에 의해 암술로 옮겨진다.
③ 꽃가루가 물에 의해 암술로 옮겨진다.
④ 꽃가루가 바람에 의해 암술로 옮겨진다.
⑤ 꽃가루가 곤충에 의해 암술로 옮겨진다.

18 씨와 열매에 대한 설명으로 옳지 <u>않은</u> 것은 어느 것입니까? ( )

① 열매는 어린 씨를 보호한다.
② 암술 속에서 씨가 만들어져 열매가 자란다.
③ 열매는 씨가 익으면 퍼뜨리는 역할을 한다.
④ 모든 식물은 스스로 씨를 퍼뜨리지 못한다.
⑤ 열매는 씨와 씨를 보호하고 있는 껍질로 되어 있다.

중요

19 씨를 퍼뜨리는 방법에 맞게 보기 에서 식물을 골라 기호를 써 봅시다.

> 보기
> ㉠ 우엉　　㉡ 연꽃　　㉢ 민들레
> ㉣ 벚나무　　㉤ 봉선화

물에 떠서 퍼짐	동물의 털이나 사람의 옷에 붙어서 퍼짐
(1)	(2)

20 다음 식물의 각 부분이 주로 하는 일을 찾아 선으로 연결해 봅시다.

(1)  · 　 · ㉠ 씨를 만든다.

(2)  · 　 · ㉡ 씨를 멀리 퍼뜨린다.

(3)  · 　 · ㉢ 물을 흡수한다.

○ 정답과 해설 ● 23쪽

가로 퀴즈

❶ 생물을 이루는 기본 단위

❸ 뿌리는 땅속의 물을 ○○하는 기능이 있습니다.

❼ 잎의 표면에 있는 물과 공기가 드나들 수 있는 작은 구멍

❽ 식물이 빛, 이산화 탄소, 물을 이용하여 스스로 양분을 만드는 것

세로 퀴즈

❷ ○○○은 세포의 모양을 일정하게 유지하고 세포를 보호합니다.

❹ 꽃의 구조에서 꽃가루를 만드는 부분

❺ 빛을 받은 잎에는 ○○이 있어 아이오딘-아이오딘화 칼륨 용액을 떨어뜨리면 청람색으로 변합니다.

❻ 감자와 같이 ○○에 양분을 저장하는 식물도 있습니다.

4

빛과 렌즈

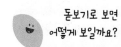

1 햇빛이 프리즘을 통과한 모습

탐구로 시작하기

◯ 프리즘으로 만든 무지개 관찰하기

탐구 과정 → 햇빛을 맨눈으로 직접 보지 않도록 주의합니다.

❶ 프리즘 받침대에 프리즘을 고정하여 햇빛이 잘 비치는 곳에 놓습니다.

❷ 햇빛이 검은색 종이의 긴 구멍을 거쳐 프리즘을 통과하도록 검은색 종이의 위치를 조절합니다.

❸ 프리즘을 통과한 햇빛이 닿는 곳에 흰 종이를 세워 놓습니다.

❹ 프리즘을 통과한 햇빛이 흰 종이에 어떤 모습으로 나타나는지 관찰하여 그림과 글로 나타내 봅시다. **➕개념1**

❺ ❹로 알 수 있는 햇빛의 특징을 이야기해 봅시다.

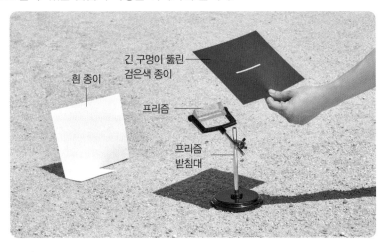

➕또 다른 방법!

검은색 종이 대신 프리즘의 한 쪽 면에 좁은 틈을 남겨두고 검은색 테이프를 붙여서 실험할 수도 있어요.

검은색 테이프

➕개념1 프리즘을 통과한 햇빛을 선명하게 관찰하는 방법

흰 종이에 그늘을 만들면 선명한 결과를 관찰할 수 있습니다.

▲ 그늘을 만들지 않았을 때

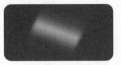
▲ 그늘을 만들었을 때

탐구 결과

① 프리즘을 통과한 햇빛이 흰 종이에 나타난 모습

실제 모습

→ 흰 종이에 나타난 빛은 햇빛이 프리즘을 통과하면서 여러 가지 색깔로 나뉘어 보이는 것입니다.

그림으로 나타낸 모습

글로 나타낸 모습

• 흰 종이에 여러 가지 색의 빛이 나타납니다.
• 여러 가지 색의 빛이 연속해서 나타납니다.

② 햇빛이 프리즘을 통과했을 때 나타난 결과로 알 수 있는 햇빛의 특징: 햇빛은 여러 가지 색의 빛으로 이루어져 있습니다.

개념 이해하기

1. 프리즘

① **프리즘**: 유리나 플라스틱 등으로 만든 투명한 ❶삼각
기둥 모양의 도구입니다.

② 프리즘에 햇빛을 통과시키면 햇빛의 특징을 관찰할
수 있습니다.

▲ 프리즘

햇빛을 이루고 있는
빛의 색을 빨간색, 주황색,
노란색, 초록색, 파란색, 남색,
보라색의 일곱 가지 색으로
생각할 수 있지만, 더 다양한
색으로 이루어져
있어요.

2. 프리즘을 통과한 햇빛의 모습과 햇빛의 특징

프리즘을 통과한 햇빛의 모습

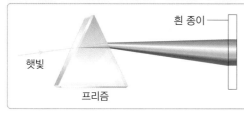

프리즘을 통과한 햇빛은 여러 가지
색의 빛으로 나타납니다.

↓

햇빛의 특징

• 햇빛은 여러 가지 색의 빛으로 이루어져 있습니다.
• 햇빛이 프리즘을 통과할 때 빛의 색에 따라 꺾이는 정도가 다릅니다.

**➕개념2 무지개가 나타나는
까닭**
햇빛이 여러 가지 색의 빛으
로 이루어져 있고, 공기 중에
있는 물방울이 프리즘 역할을
하므로 무지개가 나타납니다.

3. 햇빛이 여러 가지 색의 빛으로 이루어져 있기 때문에 나타나는 현상의 예

비가 그친 뒤 하늘	분수 주변	유리 장식품
비가 그친 뒤 하늘에 무지개가 나타납니다. ➕개념2	분수 주변에 무지개가 나타납니다.	유리 장식품 주변에 무지갯빛이 나타납니다.
투명한 보석	건물 천장의 프리즘	비스듬하게 잘린 유리
	프리즘	
투명한 보석에 햇빛이 통과할 때 무지갯빛이 나타납니다.	건물 천장의 프리즘에 햇빛이 통과할 때 무지갯빛이 나타납니다.	유리의 비스듬하게 잘린 부분에 햇빛이 통과할 때 무지갯빛이 나타납니다.

용어돋보기
❶ **삼각**(三 셋, 角 뿔)**기둥**
밑면이 삼각형인 각기둥

핵심 개념 되짚어 보기

햇빛은 여러 가지 색의 빛으로
이루어져 있습니다.

핵심 체크

● 프리즘: 유리나 플라스틱 등으로 만든 ❶[ ][ ]한 삼각기둥 모양의 도구입니다.

● 프리즘을 통과한 햇빛의 특징

  • 햇빛은 ❷[ ][ ] 가지 색의 빛으로 이루어져 있습니다.

  • 햇빛이 프리즘을 통과할 때 빛의 ❸[ ]에 따라 꺾이는 정도가 다릅니다.

● 햇빛이 여러 가지 색의 빛으로 이루어져 있기 때문에 나타나는 현상의 예

  • 비가 그친 뒤 하늘에 ❹[ ][ ][ ]가 나타납니다.

  • 분수 주변에 무지개가 나타납니다.

  • 유리 장식품 주변에 ❺[ ][ ][ ]빛이 나타납니다.

Step 1   ( ) 안에 알맞은 말을 써넣어 설명을 완성하거나 설명이 옳으면 ○, 틀리면 ×에 ○표 해 봅시다.

1 프리즘은 불투명한 유리나 플라스틱 등으로 만듭니다. (○ , ×)

2 프리즘을 통과한 햇빛은 흰 종이에 여러 가지 색의 빛으로 나타납니다. (○ , ×)

3 햇빛이 프리즘을 통과할 때 빛의 색에 따라 꺾이는 정도가 달라 ( ) 가지 색의 빛으로 나타납니다.

4 비가 그친 뒤 하늘에 무지개가 나타나는 까닭은 햇빛이 한 가지 색의 빛으로 이루어져 있기 때문입니다. (○ , ×)

1 다음은 어떤 도구에 대한 설명입니다. 이 도구는 무엇인지 써 봅시다.

> • 유리나 플라스틱 등으로 만든 투명한 삼각기둥 모양의 도구이다.
> • 이 도구에 햇빛을 통과시키면 햇빛의 특징을 관찰할 수 있다.

(   )

[2~3] 다음은 햇빛을 프리즘에 통과시키는 실험입니다.

2 위 실험에서 햇빛이 프리즘을 통과했을 때 흰 종이에 나타난 모습을 그림으로 옳게 나타낸 것을 골라 기호를 써 봅시다.

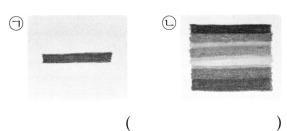

(   )

3 위 실험에서 햇빛이 프리즘을 통과했을 때 흰 종이에 나타난 모습을 보고 알 수 있는 사실로 옳은 것은 어느 것입니까? (   )

① 햇빛은 프리즘에 흡수된다.
② 햇빛은 점 모양으로 나타난다.
③ 햇빛은 한 가지 색의 빛으로 이루어져 있다.
④ 햇빛은 아무런 색으로도 이루어져 있지 않다.
⑤ 햇빛은 여러 가지 색의 빛으로 이루어져 있다.

4 다음은 프리즘을 통과한 햇빛의 특징에 대한 설명입니다. ( ) 안에 공통으로 들어갈 말을 써 봅시다.

> • 햇빛은 ( ) 가지 색의 빛으로 이루어져 있다.
> • 햇빛이 프리즘을 통과할 때 빛의 색에 따라 꺾이는 정도가 달라 ( ) 가지 색의 빛으로 나타난다.

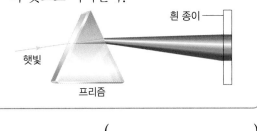

(   )

5 햇빛이 여러 가지 색의 빛으로 이루어져 있기 때문에 나타나는 현상으로 옳은 것을 보기 에서 골라 기호를 써 봅시다.

> 보기
> ㉠ 거울에 반사된 햇빛
> ㉡ 비가 그친 뒤 하늘에 나타난 무지개
> ㉢ 햇빛이 비칠 때 물체 주변에 생기는 그림자

(   )

6 ( ) 안에 들어갈 말을 써 봅시다.

> 오른쪽과 같이 햇빛이 유리 장식품을 통과하면 햇빛이 ( ) 가지 색의 빛으로 이루어져 있기 때문에 유리 장식품 주변에 무지갯빛이 나타난다.

(   )

2 빛이 물과 유리를 통과하여 나아가는 모습

탐구로 시작하기

❶ 빛이 물을 통과하여 나아가는 모습 관찰하기

실험 동영상

탐구 과정 → 레이저 빛이 눈에 직접 닿지 않도록 주의합니다.

투명한 아크릴판 / 공기 / 물

레이저 포인터

❶ 투명한 사각 수조에 물을 넣고 우유를 세네 방울 떨어뜨린 다음, 수조에 향 연기를 채웁니다.
└→ 우유를 넣고 향을 피우면 빛이 나아가는 모습을 잘 볼 수 있습니다.

❷ 수조 위쪽에서 레이저 포인터의 빛을 물에 여러 각도에서 비추고, 빛이 나아가는 모습을 관찰합니다.

❸ 수조 아래쪽에서 레이저 포인터의 빛을 물에 여러 각도에서 비추고, 빛이 나아가는 모습을 관찰합니다.

물에 너무 많은 양의 우유를 넣으면 빛의 경로가 가려져서 잘 보이지 않아요.

탐구 결과

빛을 비스듬히 비췄을 때	빛을 수직으로 비췄을 때
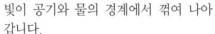레이저 포인터	
빛이 공기와 물의 경계에서 꺾여 나아갑니다.	빛이 공기와 물의 경계에서 꺾이지 않고 그대로 나아갑니다.

❷ 빛이 유리를 통과하여 나아가는 모습 관찰하기

실험 동영상

탐구 과정 → 레이저 빛이 눈에 직접 닿지 않도록 주의합니다.

향 점화기 / 고무 찰흙 / 반투명한 유리판

연기가 채워진 수조 / 레이저 포인터

❶ 투명한 사각 수조 안에 반투명한 유리판을 세워 놓고, 향을 피운 후 아크릴 판으로 덮어 수조에 향 연기를 채웁니다.
└→ 향 연기를 채우면 빛이 나아가는 모습을 잘 볼 수 있습니다.

❷ 수조 위쪽에서 레이저 포인터의 빛을 반투명한 유리판에 여러 각도에서 비추고, 빛이 나아가는 모습을 관찰합니다.

탐구 결과

수조에 향 연기를 너무 많이 채우면 빛의 경로가 가려져서 잘 보이지 않아요.

빛을 비스듬히 비췄을 때	빛을 수직으로 비췄을 때
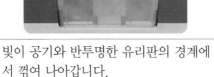	
빛이 공기와 반투명한 유리판의 경계에서 꺾여 나아갑니다.	빛이 공기와 반투명한 유리판의 경계에서 꺾이지 않고 그대로 나아갑니다.

개념 이해하기

1. 빛의 ❶굴절 ➕개념1

┌ 공기와 물, 공기와 유리는 서로 다른 물질입니다.

빛이 비스듬히 나아갈 때 <u>서로 다른 물질의 경계에서</u> 꺾여 나아가는 현상입니다.

공기와 물	공기와 유리
공기 / 물	공기 / 유리
빛이 공기 중에서 물로 비스듬히 들어갈 때에도 공기와 물의 경계에서 꺾여 나아갑니다.	빛이 공기 중에서 유리로 비스듬히 들어갈 때에는 공기와 유리의 경계에서 꺾여 나아갑니다.

2. 빛이 물과 유리를 통과하여 나아가는 모습

① 빛을 비스듬하게 비추면 서로 다른 물질의 경계에서 꺾여 나아갑니다.
② 빛을 수직으로 비추면 서로 다른 물질의 경계에서 꺾이지 않고 그대로 나아갑니다.

빛이 물을 통과하여 나아가는 모습

• 빛을 위쪽에서 비출 때

▲ 빛을 비스듬히 비췄을 때 　　▲ 빛을 수직으로 비췄을 때

• 빛을 아래쪽에서 비출 때

▲ 빛을 비스듬히 비췄을 때 　　▲ 빛을 수직으로 비췄을 때

빛이 유리를 통과하여 나아가는 모습

┌ 빛이 꺾여 나아갑니다. ┐　　┌ 빛이 꺾이지 않고 그대로 나아갑니다.

▲ 빛을 비스듬히 비췄을 때 　　▲ 빛을 수직으로 비췄을 때

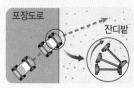

핵심 체크

● 빛의 ❶☐☐ : 빛이 비스듬히 나아갈 때 서로 다른 물질의 경계에서 꺾여 나아가는 현상입니다.

● 빛이 물을 통과하여 나아가는 모습

빛이 공기 중에서 물로 비스듬히 들어갈 때	빛이 공기 중에서 물로 수직으로 들어갈 때
공기와 물의 ❷☐☐에서 꺾여 나아갑니다.	공기와 물의 ❸☐☐에서 꺾이지 않고 그대로 나아갑니다.

● 빛이 유리를 통과하여 나아가는 모습

빛이 공기 중에서 유리로 ❹☐☐☐☐ 들어갈 때	빛이 공기 중에서 유리로 ❺☐☐으로 들어갈 때
공기와 유리의 경계에서 꺾여 나아갑니다.	공기와 유리의 경계에서 꺾이지 않고 그대로 나아갑니다.

Step 1 ( ) 안에 알맞은 말을 써넣어 설명을 완성하거나 설명이 옳으면 ○, 틀리면 ×에 ○표 해 봅시다.

1 공기 중에서 비스듬하게 나아가던 빛이 서로 다른 물질의 경계에서 꺾여 나아가는 현상을 빛의 ( )(이)라고 합니다.

2 빛이 공기 중에서 유리로 비스듬히 들어갈 때 공기와 유리의 ( )에서 꺾여 나아갑니다.

3 빛이 공기 중에서 물로 수직으로 들어갈 때 공기와 물의 경계에서 꺾이지 않고 그대로 나아갑니다. (○ , ×)

4 빛이 공기 중에서 비스듬히 나아가면 서로 다른 물질의 경계에서 그대로 나아가고, 수직으로 나아가면 꺾여 나아갑니다. (○ , ×)

[1~3] 다음은 공기와 물의 경계에서 빛이 나아가는 모습을 관찰하기 위한 실험입니다.

레이저 포인터

1 위 실험에서 빛이 나아가는 모습을 잘 보기 위해 수조 속에 넣는 <u>두 가지</u>를 골라 써 봅시다.

(,)

① 우유　　　　　② 향 연기
③ 차가운 물　　　④ 뜨거운 물
⑤ 미지근한 물

2 위 실험에서 빛이 나아가는 모습으로 옳은 것은 어느 것입니까?　　　　( )

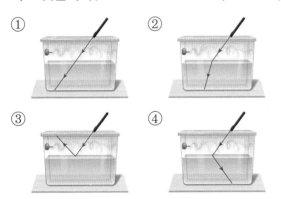

3 다음은 위 실험 결과에 대한 설명입니다. ( ) 안에 알맞은 말을 써 봅시다.

> 빛을 수면에 비스듬하게 비추면 빛은 공기와 물의 (　　)에서 꺾여 나아간다.

( )

4 빛이 비스듬히 나아갈 때 서로 다른 물질의 경계에서 꺾여 나아가는 현상은 어느 것입니까?

( )

① 빛의 반사　　　② 빛의 직진
③ 빛의 굴절　　　④ 빛의 흡수
⑤ 빛의 변화

5 빛의 굴절이 일어나는 경우를 보기 에서 골라 기호를 써 봅시다.

> 보기
> ㉠ 빛이 공기 중에서만 계속 나아갈 때
> ㉡ 빛이 공기 중에서 물로 수직으로 들어갈 때
> ㉢ 빛이 물에서 공기 중으로 비스듬하게 들어갈 때

( )

6 다음과 같이 레이저 포인터의 빛을 반투명한 유리판을 넣은 수조의 위쪽에서 비스듬히 비추었을 때 빛이 나아가는 모습을 관찰하였습니다. 레이저 포인터의 빛이 꺾이는 부분을 골라 기호를 써 봅시다.

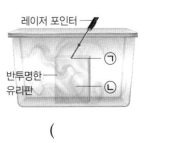

레이저 포인터
반투명한 유리판
㉠
㉡

( )

3 물속에 있는 물체의 모습

탐구로 시작하기

○ 물속에 있는 물체의 모습 관찰하기 ── 컵이 깨지지 않도록 주의합니다.

⊕또 다른 방법!

동전과 젓가락 대신에 장구 자석을 넣어 관찰해 볼 수도 있습니다.

· 물을 붓지 않았을 때

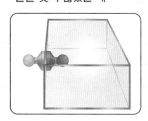

장구자석이 마주 보도록 붙어 있습니다.

· 물을 부었을 때

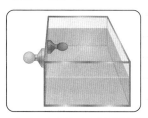

물속에 있는 장구 자석이 밖에 있는 장구 자석보다 떠 있는 것처럼 보입니다.

탐구 과정

❶ 높이가 낮고 불투명한 컵의 바닥에 동전을 넣고 물을 붓지 않았을 때와 부었을 때 컵 속의 동전 모습을 관찰합니다.

── 동전

❷ 높이가 높고 불투명한 컵에 젓가락을 넣고 컵에 물을 붓지 않았을 때와 부었을 때 컵 속의 젓가락 모습을 관찰합니다. 물에 뜨지 않는 젓가락을─┘ 사용합니다.

── 젓가락

탐구 결과

① **물속에 있는 동전 모습**: 컵에 물을 붓지 않았을 때는 동전이 보이지 않았는데 물을 부었을 때는 동전이 보입니다.

물을 붓지 않았을 때 　　　　　　　 물을 부었을 때

 →

② **물속에 있는 젓가락 모습**: 컵에 물을 붓기 전에는 젓가락이 반듯했지만 물을 부었을 때는 젓가락이 꺾여 보입니다.

물을 붓지 않았을 때 　　　　　　　 물을 부었을 때

 →

③ **물속에 있는 물체의 모습을 관찰하여 알 수 있는 사실**: 물속에 있는 물체의 모습은 실제와 다른 위치에 있는 것처럼 보입니다. ➡ 빛이 공기와 물의 경계에서 굴절하기 때문입니다.

개념 이해하기

1. 물속에 있는 다리의 모습

② 물 밖에 있는 사람은 빛의 **❶연장선**에 다리가 있다고 생각합니다. (-----)

① 물속에 있는 다리에 닿아 반사된 빛이 공기 중으로 나올 때 물과 공기의 경계에서 굴절해 물 밖에 있는 사람의 눈으로 들어옵니다. (——)

물 밖에 있는 사람이 물속에 있는 사람의 다리를 보면 실제보다 짧아 보입니다.

2. 물속에 있는 물체의 모습이 실제 모습과 다르게 보이는 까닭

공기와 물의 경계에서 빛이 굴절하기 때문입니다.

3. 물속에 있는 물체의 모습이 실제 모습과 다르게 보이는 예

물속에 있는 다슬기	물속에 있는 물고기

눈에 보이는 물속의 다슬기를 한 번에 잡을 수 없습니다. └ 실제 다슬기의 위치는 보이는 것보다 더 아래쪽에 있습니다.	물속에 있는 물고기가 실제 위치보다 떠올라 있는 것처럼 보입니다. └ 실제 물고기의 위치는 보이는 것보다 더 아래쪽에 있습니다.
깊은 개울물	물속에 있는 나무 막대

깊은 개울물이 얕아 보입니다. └ 실제 개울물은 보이는 것보다 더 깊습니다.	물속에 있는 나무 막대가 꺾여 보입니다. ➕개념1

개울물 바깥에서 보이는 물의 깊이는 실제 깊이보다 얕아 보이기 때문에 함부로 뛰어들면 위험해요.

➕개념1 **물에 잠긴 나무 막대가 꺾여 보이는 까닭**
물속에 잠긴 나무 막대의 표면에서 나오는 빛이 굴절되어 사람의 눈에 도달하기 때문입니다.

용어돋보기
❶ 연장선
어떤 일이나 현상, 행위 등이 계속하여 이어지는 것입니다.

핵심 개념 되짚어 보기

물을 붓기 전   물을 부은 후

물속에 있는 물체를 보면 공기와 물의 경계에서 빛이 굴절하여 실제와 다른 위치에 있는 물체의 모습을 보게 됩니다.

핵심 체크

● 물속에 있는 물체의 모습 관찰
 • 컵 속에 동전을 넣고 ❶ [ ]을 부으면 보이지 않던 동전이 보입니다.
 • 컵 속에 젓가락을 넣고 ❶ [ ]을 부으면 반듯했던 젓가락이 꺾여 보입니다.
● 물속에 있는 물체의 모습이 실제 모습과 다르게 보이는 **까닭**: 빛이 공기와 물의 경계에서
 ❷ [ ][ ]하기 때문입니다.
● 물속에 있는 물체의 모습이 실제 모습과 다르게 보이는 **예**
 • 물속에 있는 다리가 ❸ [ ][ ] 보입니다.
 • 눈에 보이는 물속의 다슬기를 한 번에 잡을 수 ❹ [ ]습니다.
 • 물속에 있는 물고기가 실제 위치보다 ❺ [ ][ ][ ] 있는 것처럼 보입니다.
 • 깊은 개울물이 ❻ [ ][ ] 보입니다.
 • 물속에 있는 나무 막대가 꺾여 보입니다.

Step 1 ( ) 안에 알맞은 말을 써넣어 설명을 완성하거나 설명이 옳으면 ○, 틀리면 ×에 ○표 해 봅시다.

1 컵 속에 동전을 넣고 물을 부었을 때 보이지 않던 동전이 보이게 되는 것은 빛의 굴절 때문입니다. (○ , ×)

2 컵 속에 젓가락을 넣고 물을 부었을 때에는 젓가락이 반듯하게 보입니다. (○ , ×)

3 빛이 공기와 물의 경계에서 굴절하기 때문에 물속에 있는 모습이 실제 모습과 ( ) 보입니다.

4 물속에 있는 다리가 짧아 보이는 까닭은 공기와 물의 경계에서 빛이 ( )하기 때문입니다.

1 다음과 같이 컵 속에 동전을 넣고, 동전이 보이지 않는 위치에서 컵을 바라보면서 천천히 물을 부었습니다. 컵 속의 모습으로 옳은 것은 어느 것입니까? ( )

① 아무런 변화가 없다.
② 컵 속의 동전이 보인다.
③ 컵 속의 동전이 사라진다.
④ 컵이 실제보다 작게 보인다.
⑤ 컵 속의 동전이 물 위로 떠오른다.

[2~3] 다음과 같이 컵에 젓가락을 넣고 물을 부었습니다.

2 위 실험 결과 젓가락의 모습으로 옳은 것을 골라 기호를 써 봅시다.

( )

3 위 실험의 결과와 같은 현상과 관계있는 빛의 성질을 써 봅시다.

빛의 ( )

4 ( ) 안에 알맞은 말을 써 봅시다.

물속에 있는 다리에 닿아 반사된 빛이 물속에서 공기 중으로 나올 때 물과 공기의 경계에서 빛이 ( )해 사람의 눈으로 들어온다. 따라서 물 밖에 있는 사람이 물속에 있는 다리를 보면 실제보다 다리가 짧아 보인다.

( )

5 다음 상황을 보고 ( ) 안에 알맞은 말을 써 봅시다.

( )

6 다음은 지훈이가 물 밖에서 물속의 물고기를 관찰하는 모습입니다. 지훈이가 생각하는 물고기의 위치로 옳은 것을 골라 기호를 써 봅시다.

( )

[1~2] 다음은 햇빛을 프리즘에 통과시키는 실험입니다.

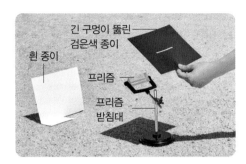

1 위 실험 결과에 대한 설명으로 옳은 것을 보기 에서 골라 기호를 써 봅시다.

> 보기
> ㉠ 흰 종이에는 한 가지 색의 빛이 나타난다.
> ㉡ 흰 종이에는 일곱 가지 색의 빛이 나타난다.
> ㉢ 흰 종이에는 여러 가지 색의 빛이 나타난다.

(   )

2 위 실험에 대한 설명으로 옳은 것은 어느 것입니까? (   )

① 햇빛은 프리즘을 통과하지 못한다.
② 햇빛이 프리즘을 통과하면 빛의 색이 변한다.
③ 흰 종이에 그늘을 만들면 결과를 관찰할 수 없다.
④ 햇빛이 프리즘을 통과하면 여러 가지 색의 빛이 나타난다.
⑤ 위 실험은 검은색 종이에 비친 햇빛의 색을 알아보는 실험이다.

3 오른쪽과 같이 비가 그친 뒤에 무지개를 볼 수 있는 까닭으로 옳은 것은 어느 것입니까? (   )

① 햇빛은 넓게 퍼지는 성질이 있기 때문이다.
② 햇빛이 물체에 닿으면 모두 흡수되기 때문이다.
③ 햇빛은 한 가지의 색의 빛으로 이루어져 있기 때문이다.
④ 햇빛은 여러 가지 색의 빛으로 이루어져 있기 때문이다.
⑤ 햇빛은 비가 내린 뒤에 더 선명하고 다양해지기 때문이다.

❷ 빛이 물과 유리를
통과하여
나아가는 모습

4 다음은 물을 채운 수조에 향 연기를 피우고, 레이저 포인터의 빛을 위쪽에서 아래쪽으로 비추는 실험입니다. 이 실험을 통해 알아보려고 한 것은 무엇입니까? (   )

① 빛이 물에 흡수되는 모습
② 물에서 빛이 나아가는 빠르기
③ 아크릴판이 빛을 모으는 모습
④ 빛이 공기와 물의 경계에서 나아가는 모습
⑤ 향 연기가 빛이 나아가는 방향에 미치는 영향

5 다음과 같이 레이저 포인터로 빛을 비출 때, 공기와 물의 경계에서 빛이 나아가는 모습으로 옳지 <u>않은</u> 것을 골라 기호를 써 봅시다.

(   )

6 다음과 같이 레이저 포인터의 빛을 공기 중에서 반투명한 유리판으로 비추었을 때 빛이 나아가는 모습으로 옳은 것을 보기 에서 골라 기호를 써 봅시다.

보기
ㄱ 빛은 반투명한 유리판에 흡수된다.
ㄴ 빛은 공기와 반투명한 유리판의 경계에서 굴절한다.
ㄷ 빛은 반투명한 유리판을 그대로 통과해서 나아간다.

(   )

7 다음은 물속에 있는 물체의 모습을 관찰하는 실험입니다. ( ) 안에 알맞은 말을 각각 써 봅시다.

▲ 물을 붓지 않았을 때   ▲ 물을 부었을 때

> 물을 붓지 않았을 때 젓가락이 반듯하게 보였지만 물을 부으면 젓가락이 꺾여 보인다. 위와 같이 젓가락이 꺾여 보이는 까닭은 공기와 물의 (㉠)에서 빛이 (㉡)하기 때문이다.

㉠: (   )   ㉡: (   )

8 다음은 물 밖에 있는 사람이 물속에 있는 다리를 볼 때 다리의 모습에 대한 설명입니다. ( ) 안에 알맞은 말을 각각 써 봅시다.

> 물속에 있는 다리에 닿아 반사된 (㉠)은/는 물속에서 공기 중으로 나올 때 물과 공기의 경계에서 (㉡)해 사람의 눈으로 들어온다. 따라서 물 밖에 있는 사람이 물속에 있는 다리를 보면 실제보다 짧아 보인다.

㉠: (   )   ㉡: (   )

9 다음 현상 중 나타나는 까닭이 나머지와 다른 하나는 어느 것입니까? (   )

① 깊은 개울물이 얕아 보인다.
② 물에 잠긴 다리가 짧아 보인다.
③ 물에 잠긴 나무 막대가 꺾여 보인다.
④ 문틈으로 들어오는 햇빛이 곧게 나아간다.
⑤ 눈에 보이는 물속의 다슬기를 한 번에 잡을 수 없다.

서술형 길잡이

❶ 햇빛이 프리즘을 통과
할 때 빛의 색에 따라
꺾이는 정도가 달라
☐☐ 가지 색의 빛
으로 나타나게 됩니다.

10 다음과 같이 햇빛을 통과시키기 위해 설치한 ⊙의 이름을 쓰고, 이 실험을 통해 알 수 있는 햇빛의 특징을 써 봅시다.

_____

_____

❶ 빛이 공기 중에서 비스
듬히 나아갈 때 서로 다
른 물질의 ☐☐에서
꺾여 나아갑니다.

❷ 빛이 공기 중에서 ☐
☐으로 나아갈 때 서로
다른 물질의 경계에서
꺾이지 않고 그대로 나
아갑니다.

11 다음은 물을 채운 투명한 사각 수조 위쪽에서 레이저 포인터의 빛을 비스듬히 비출 때와, 수직으로 비출 때의 모습입니다. 물속에서 빛이 나아가는 모습을 각각 화살표로 그리고, 글로 써 봅시다.

▲ 빛을 비스듬하게 비출 때　　　　▲ 빛을 수직으로 비출 때

_____

_____

❶ 물속에 있는 물체의
모습이 실제 모습과 다
르게 보이는 까닭은 빛
이 공기와 물의 경계에
서 ☐☐하기 때문입
니다.

12 다음과 같이 불투명한 컵 속에 동전을 넣고 물을 붓지 않았을 때는 동전이 보이지 않았지만 물을 부었을 때는 동전이 보입니다. 그 까닭을 써 봅시다.

　　　　　　동전

▲ 물을 붓지 않았을 때　　　　▲ 물을 부었을 때

_____

_____

4 볼록 렌즈의 특징과 볼록 렌즈로 본 물체의 모습

탐구로 시작하기

❶ 볼록 렌즈의 특징 관찰하기

+개념1 렌즈

렌즈는 유리나 플라스틱과 같이 투명한 물질을 오목하거나 볼록하게 만들어 빛을 퍼지게 하거나 모이게 하는 도구입니다.

탐구 과정 및 결과

볼록 렌즈를 관찰하고, 모양을 그림과 글로 나타내 봅시다.

▲ 볼록 렌즈의 단면

- 투명합니다.
- 렌즈의 가운데 부분이 가장자리보다 두껍습니다. **+개념1**

❷ 볼록 렌즈를 통과하는 빛 관찰하기

탐구 과정 → 레이저 빛이 눈에 직접 닿지 않도록 주의합니다.

❶ 투명한 사각 수조 안에 볼록 렌즈를 세우고 향을 피운 후, 아크릴판으로 덮습니다.

아크릴판
향
볼록 렌즈
사각 수조

❷ 수조 옆쪽에서 레이저 포인터로 볼록 렌즈에 빛을 비추며 빛이 나아가는 모습을 관찰합니다.

레이저 포인터

탐구 결과

빛을 볼록 렌즈의 가장자리에 비출 때	빛을 볼록 렌즈의 가운데에 비출 때

빛이 볼록 렌즈의 가운데 쪽으로 꺾여 나아갑니다.	빛이 꺾이지 않고 그대로 나아갑니다.

➡ 볼록 렌즈는 빛을 굴절시키는 성질이 있습니다.

❸ 볼록 렌즈로 가까이 있는 물체와 멀리 있는 물체 관찰하기

탐구과정 및 결과

볼록 렌즈로 가까이 있는 물체와 멀리 있는 물체를 관찰해 봅시다.

가까이 있는 물체를 관찰할 때		멀리 있는 물체를 관찰할 때	
	물체의 모습이 실제보다 크고 똑바로 보일 때도 있습니다.		물체의 모습이 실제보다 작고 상하좌우가 바뀌어 보일 때도 있습니다.

개념 이해하기

1. 볼록 렌즈의 특징

① **볼록 렌즈**: 가운데 부분이 가장자리보다 두꺼운 렌즈 입니다. ^{개념2}

② 유리와 같이 투명합니다.

┌ 양면 볼록 렌즈라고도 합니다.

▲ 볼록 렌즈

개념 2 다양한 볼록 렌즈

▲ 평면 볼록 렌즈

▲ 오목 볼록 렌즈

2. 볼록 렌즈를 통과한 빛이 나아가는 모습

① 빛이 볼록 렌즈의 가장자리를 통과하면 빛은 볼록 렌즈의 두꺼운 가운데 부분으로 꺾여 나아갑니다.

② 빛이 볼록 렌즈의 가운데 부분을 통과하면 빛은 꺾이지 않고 그대로 나아갑니다.

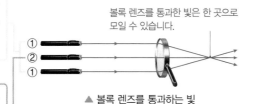

볼록 렌즈를 통과한 빛은 한 곳으로 모일 수 있습니다.

▲ 볼록 렌즈를 통과하는 빛

3. 볼록 렌즈로 물체를 보았을 때 보이는 모습

볼록 렌즈로 물체를 보면 실제 모습과 다르게 보입니다.

➡ 빛이 볼록 렌즈를 통과할 때 굴절하기 때문입니다.

가까이 있는 물체를 관찰할 때 실제 물체보다 크게 보일 때도 있습니다.

멀리 있는 물체를 관찰할 때 실제 물체와 달리 작고 상하좌우가 바뀌어 보일 때도 있습니다.

▲ 가까이 있는 물체　　　　▲ 멀리 있는 물체

4. 우리 생활에서 볼록 렌즈의 역할을 하는 물체

유리구슬	물이 담긴 둥근 어항	유리 막대	물방울
멀리 있는 풍경의 상하좌우가 바뀌어 보입니다.	가까이 있는 물체가 크고 똑바로 보입니다.	가까이 있는 글자가 크고 똑바로 보입니다.	가까이 있는 글자가 크고 똑바로 보입니다.

볼록 렌즈의 역할을 하는 물체의 공통점	• 투명합니다. → 빛을 통과시켜야 하기 때문입니다. • 빛을 통과시킬 수 있습니다. • 가운데 부분이 가장자리보다 두껍습니다.

핵심 개념 되짚어 보기

빛이 볼록 렌즈를 통과할 때 굴절하므로 볼록 렌즈로 물체를 보면 실제 모습과 다르게 보입니다.

기본 문제로 익히기

핵심 체크

- ❶ ☐☐☐ 렌즈: 가운데 부분이 가장자리보다 두꺼운 렌즈입니다.
  - 유리와 같이 ❷ ☐☐ 합니다.
- 볼록 렌즈를 통과한 빛이 나아가는 모습

빛을 볼록 렌즈의 가장자리에 비출 때	빛을 볼록 렌즈의 ❹ ☐☐☐ 에 비출 때
빛이 두꺼운 쪽으로 ❸ ☐☐ 나아갑니다.	빛이 꺾이지 않고 그대로 나아갑니다.

- 볼록 렌즈로 본 물체의 모습이 실제와 다르게 보이는 까닭: 빛이 볼록 렌즈를 통과할 때 ❺ ☐☐ 하기 때문입니다.
- 우리 생활에서 볼록 렌즈의 역할을 하는 물체의 공통점
  - 볼록 렌즈의 역할을 하는 물체는 빛을 통과시킬 수 있습니다.
  - 볼록 렌즈의 역할을 하는 물체는 ❻ ☐☐☐ 부분이 가장자리보다 두껍습니다.

Step 1

( ) 안에 알맞은 말을 써넣어 설명을 완성하거나 설명이 옳으면 ○, 틀리면 ×에 ○표 해 봅시다.

1 볼록 렌즈의 ( ) 부분이 가장자리보다 두껍습니다.

2 볼록 렌즈는 금속과 같이 불투명합니다. (○ , ×)

3 빛을 볼록 렌즈의 가운데에 비출 때에는 빛이 꺾이지 않고 그대로 나아갑니다.
(○ , ×)

4 볼록 렌즈로 우리 주변에 있는 물체를 관찰했을 때 물체의 모습이 실제보다 작고 상하좌우가 바뀌어 보일 때도 있습니다. (○ , ×)

5 볼록 렌즈의 역할을 하는 물체는 가장자리가 가운데 부분보다 두껍습니다. (○ , ×)

1 다음은 볼록 렌즈의 특징을 설명한 것입니다. ( ) 안에 알맞은 말을 각각 써 봅시다.

> • 볼록 렌즈는 가운데 부분이 가장자리보다 (㉠) 렌즈이다.
> • 볼록 렌즈는 유리와 같이 (㉡)하다.

㉠: ( ) ㉡: ( )

[2~3] 다음은 볼록 렌즈에 레이저 포인터의 빛을 비추는 실험입니다.

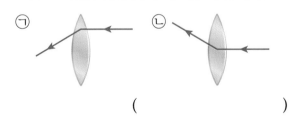

2 위 실험에서 볼록 렌즈를 통과한 빛이 나아가는 모습으로 옳은 것을 골라 기호를 써 봅시다.

( )

3 위 실험에 대한 설명으로 옳은 것을 보기 에서 골라 기호를 써 봅시다.

> 보기
> ㉠ 빛은 볼록 렌즈를 통과하지 못한다.
> ㉡ 빛이 볼록 렌즈의 가장자리를 통과하면 꺾이지 않고 그대로 나아간다.
> ㉢ 빛이 볼록 렌즈의 가운데 부분을 통과하면 꺾이지 않고 그대로 나아간다.

( )

4 다음은 어떤 렌즈로 가까이 있는 물체를 관찰한 모습입니다. 물체를 관찰한 렌즈의 종류를 써 봅시다.

( )

5 다음 중 볼록 렌즈 역할을 하는 물체가 <u>아닌</u> 것은 어느 것입니까? ( )

① ▲ 유리구슬   ② ▲ 종이컵
③ ▲ 유리 막대   ④ ▲ 물방울

6 우리 생활에서 볼록 렌즈의 역할을 하는 물체의 공통점으로 옳은 것을 보기 에서 골라 기호를 써 봅시다.

> 보기
> ㉠ 빛을 통과시킬 수 있다.
> ㉡ 불투명한 금속으로 되어 있다.
> ㉢ 가운데 부분이 가장자리보다 얇다.

( )

5 볼록 렌즈를 통과한 햇빛의 모습

탐구로 시작하기

○ 볼록 렌즈를 통과한 햇빛 관찰하기

탐구 과정 ⊕개념1

❶ 태양, 볼록 렌즈, 흰 종이가 일직선이 되게 합니다.

❷ 볼록 렌즈와 흰 종이 사이의 거리를 5 cm, 25 cm, 50 cm로 점점 멀리하면서 흰 종이에 생긴 햇빛이 만든 원의 크기와 밝기를 관찰합니다.

❸ 볼록 렌즈와 흰 종이 사이의 거리를 약 25 cm로 했을 때 10초 뒤 원 안과 원 밖의 온도를 측정합니다.┌적외선 온도계로 측정할 수 있습니다.

❹ 볼록 렌즈 대신 평면 유리를 사용하여 ❶~❸의 활동을 합니다.

적외선 온도계
볼록 렌즈 또는 평면 유리
흰 종이

⊕개념1 **볼록 렌즈와 평면 유리를 통과한 햇빛을 관찰하는 실험에서 주의할 점**
• 햇빛이 있는 맑은 날에 실험 결과를 잘 관찰할 수 있습니다.
• 볼록 렌즈로 태양을 직접 보지 않도록 합니다.
• 햇빛과 볼록 렌즈가 만든 원이 피부에 닿지 않도록 합니다.

탐구 결과

① **볼록 렌즈와 평면 유리를 통과한 햇빛이 만든 원의 크기 변화**

구분	볼록 렌즈	평면 유리
원의 크기	▲ 5 cm　▲ 25 cm　▲ 50 cm	▲ 5 cm　▲ 25 cm　▲ 50 cm
	원의 크기가 작아졌다가 다시 커집니다.	원의 크기가 변하지 않습니다.

② **볼록 렌즈와 평면 유리를 통과한 햇빛이 만든 원 안의 밝기**

구분	볼록 렌즈	평면 유리
원 안의 밝기	원의 크기가 가장 작을 때 원 안의 밝기가 가장 밝습니다.	원 안의 밝기가 변하지 않습니다.

➡ 평면 유리는 원 안의 밝기가 변하지 않지만, 볼록 렌즈로 햇빛을 한곳으로 모은 곳은 주변보다 밝기가 밝습니다.

평면 유리는 햇빛을 모을 수 없기 때문에 볼록 렌즈와 같은 결과를 얻을 수 없어요.

③ **볼록 렌즈와 평면 유리를 통과한 햇빛이 만든 원 안과 밖의 온도**

구분		볼록 렌즈	평면 유리
온도	원 안	50.0℃	24.5℃
	원 밖	25.0℃	25.0℃

➡ 평면 유리를 통과한 햇빛이 만든 원 안과 밖의 온도는 같지만, 볼록 렌즈로 햇빛을 한곳으로 모은 곳은 주변보다 온도가 높습니다.

④ **볼록 렌즈와 평면 유리의 차이점**: 볼록 렌즈는 햇빛을 굴절시켜 한곳으로 모을 수 있지만 평면 유리는 햇빛을 모을 수 없습니다.

개념 이해하기

1. 볼록 렌즈와 평면 유리의 비교

볼록 렌즈

햇빛을 굴절시켜 한곳으로 모을 수 있습니다.

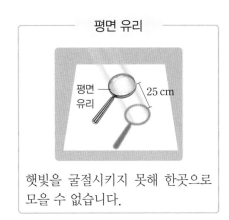

평면 유리

햇빛을 굴절시키지 못해 한곳으로 모을 수 없습니다.

2. 볼록 렌즈와 평면 유리를 통과한 햇빛

① 볼록 렌즈와 평면 유리를 통과한 햇빛이 흰 종이에 만든 원의 크기 변화와 특징

구분	볼록 렌즈	평면 유리
원의 크기	▲ 5 cm　　▲ 25 cm　　▲ 50 cm	▲ 5 cm　　▲ 25 cm　　▲ 50 cm
	원의 크기가 작아졌다가 다시 커집니다.	원의 크기가 변하지 않습니다.
원 안의 밝기와 온도	원의 크기가 가장 작을 때 원 안의 밝기가 가장 밝고, 온도가 가장 높습니다.	원 안의 밝기와 온도가 변하지 않습니다.

② **볼록 렌즈와 평면 유리의 차이점**: 볼록 렌즈는 햇빛을 한곳으로 모을 수 있지만 평면 유리는 햇빛을 한곳으로 모을 수 없습니다. ➡ 햇빛을 한곳으로 모은 곳은 주변보다 밝기가 밝고 온도가 높습니다.

> **➕개념2 열 변색 종이**
> 열 변색 종이는 종이에 열이 가해져 온도가 변하면 종이 위에 입혀진 물감의 색이 달라지는 종이입니다.

3. 볼록 렌즈의 빛을 모으는 성질을 이용한 예

볼록 렌즈로 햇빛을 모은 곳은 온도가 높아지므로 열 변색 종이의 색이 달라져 그림을 그릴 수 있습니다. ➕개념2

볼록 렌즈 모양의 얼음으로 햇빛을 모은 곳은 온도가 높아 불을 붙일 수 있습니다.

> **핵심 개념 되짚어 보기**
>
>
>
> 볼록 렌즈는 햇빛을 굴절시켜 한곳에 모을 수 있고, 햇빛을 모은 곳은 밝기가 밝고, 온도가 높습니다.

4. 빛과 렌즈 **151**

기본 문제로 익히기

○ 정답과 해설 ● 26쪽

핵심 체크

● **볼록 렌즈와 평면 유리의 비교:** 볼록 렌즈는 햇빛을 ^①□□시켜 한곳으로 모을 수 있지만, 평면 유리는 햇빛을 한곳으로 모을 수 없습니다.

● **볼록 렌즈와 평면 유리를 흰 종이 위에서부터 점점 멀리할 때, 흰 종이에 만들어진 원의 특징**

구분	^②□□□□	^③□□□□
원의 크기	원의 크기가 작아졌다가 다시 커집니다.	원의 크기가 변하지 않습니다.
원 안의 밝기와 온도	원의 크기가 가장 작을 때 원 안의 밝기가 가장 밝고, 온도가 가장 높습니다.	원 안의 밝기와 온도가 변하지 않습니다.

• **볼록 렌즈와 평면 유리의 차이점:** ^④□□□□는 햇빛을 한곳으로 모을 수 있지만 ^⑤□□□□는 햇빛을 모을 수 없습니다.

● **볼록 렌즈의 빛을 모으는 성질을 이용한 예:** 열 변색 종이에 그림 그리기, 볼록 렌즈 모양의 얼음으로 불붙이기 ➡ 볼록 렌즈를 이용해 햇빛을 한곳으로 모은 곳은 온도가 ^⑥□기 때문에 종이에 불을 붙일 수 있습니다.

Step 1

( ) 안에 알맞은 말을 써넣어 설명을 완성하거나 설명이 옳으면 ○, 틀리면 ×에 ○표 해 봅시다.

1 평면 유리는 햇빛을 굴절시켜 한곳으로 모을 수 있습니다. (○ , ×)

2 볼록 렌즈를 이용해 햇빛을 한곳으로 모은 곳은 주변보다 밝기가 밝습니다. (○ , ×)

3 볼록 렌즈를 이용해 햇빛을 한곳으로 모은 곳은 주변보다 온도가 낮습니다. (○ , ×)

4 볼록 렌즈를 이용해 햇빛을 한곳으로 모은 곳은 온도가 ( ) 때문에 종이를 태울 수 있습니다.

[1~3] 다음은 볼록 렌즈와 평면 유리에 햇빛을 통과시키는 실험입니다.

1 볼록 렌즈와 평면 유리 중 흰 종이와 거리를 다르게 했을 때 다음과 같은 실험 결과가 나올 수 있는 것은 무엇인지 써 봅시다.

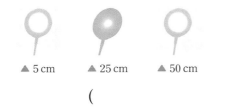

▲ 5 cm   ▲ 25 cm   ▲ 50 cm

(   )

2 위 실험에서 볼록 렌즈를 통과한 햇빛이 흰 종이에 나타난 특징으로 옳은 것은 어느 것입니까?

(   )

① 온도가 낮아진다.
② 햇빛이 모이지 않는다.
③ 검은색 부분만 나타난다.
④ 여러 가지 색의 빛이 나타난다.
⑤ 햇빛을 한곳으로 모을 수 있다.

3 위 실험 결과에 대한 설명으로 옳은 것을 보기에서 골라 기호를 써 봅시다.

보기
㉠ 볼록 렌즈로 햇빛을 한곳으로 모은 곳은 주변보다 온도가 높다.
㉡ 볼록 렌즈로 햇빛을 한곳으로 모은 곳은 주변보다 밝기가 어둡다.
㉢ 평면 유리로 햇빛을 한곳으로 모은 곳은 주변보다 온도가 높다.

(   )

4 다음은 볼록 렌즈와 평면 유리를 통과한 햇빛이 흰 종이에 만든 원의 모습입니다. ㉠과 ㉡ 중 볼록 렌즈를 통과한 햇빛이 만든 원의 모습을 골라 기호를 써 봅시다.

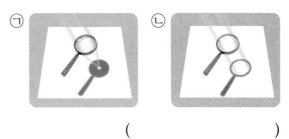

㉠   ㉡

(   )

5 볼록 렌즈를 통과한 햇빛이 흰 종이에 만든 원의 크기가 달라지는 까닭과 관련이 있는 빛의 성질을 써 봅시다.

볼록 렌즈와 흰 종이 사이의 거리		
5 cm	25 cm	50 cm
◯	⬤	◯

빛의 (   )

6 다음과 같이 볼록 렌즈를 이용해 열 변색 종이에 그림을 그릴 수 있는 까닭으로 옳은 것은 어느 것입니까? (   )

① 볼록 렌즈는 빛을 모을 수 없기 때문이다.
② 볼록 렌즈는 햇빛을 반사시키기 때문이다.
③ 볼록 렌즈로 햇빛을 모은 곳은 어둡기 때문이다.
④ 볼록 렌즈로 햇빛을 모은 곳은 온도가 높기 때문이다.
⑤ 볼록 렌즈가 종이에 반사된 햇빛을 흡수했기 때문이다.

1 단면의 모양이 다음과 같은 렌즈로 관찰한 물체의 모습에 대한 설명으로 옳은 것을 보기 에서 골라 기호를 써 봅시다.

보기
㉠ 멀리 있는 물체는 보이지 않는다.
㉡ 실제 물체보다 크게 보일 때도 있다.
㉢ 항상 실제 물체의 좌우가 바뀌어 보인다.

(   )

2 오른쪽 물체를 볼록 렌즈로 본 모습으로 옳은 것은 어느 것입니까?

(   )

①    ②    ③

④    ⑤

3 볼록 렌즈를 통과한 빛이 나아가는 모습으로 옳은 것은 어느 것입니까? (   )

① 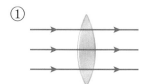   ② 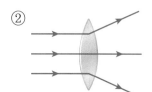   ③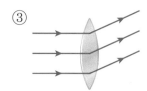

④ 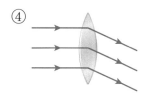   ⑤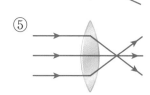

4 볼록 렌즈의 역할을 하는 물체로 옳지 <u>않은</u> 것은 어느 것입니까? ( )

①

▲ 거울

②

▲ 물방울

③

▲ 유리구슬

④

▲ 유리 막대

⑤

▲ 물이 담긴 둥근 어항

⑤ 볼록 렌즈를
통과한 햇빛의
모습

5 다음은 볼록 렌즈를 통과한 햇빛이 흰 종이에 만든 원의 크기 변화를 나타낸 것입니다. 원의 크기가 달라지는 까닭으로 옳은 것은 어느 것입니까? ( )

① 실험한 시간이 다르기 때문이다.
② 실험한 계절이 다르기 때문이다.
③ 주변의 온도가 다르기 때문이다.
④ 볼록 렌즈와 흰 종이 사이의 거리가 다르기 때문이다.
⑤ 햇빛은 여러 가지 색의 빛으로 이루어져 있기 때문이다.

6 다음은 볼록 렌즈와 평면 유리를 통과한 햇빛이 흰 종이에 만든 원에 대한 설명입니다. ( ) 안에 알맞은 말을 각각 써 봅시다.

• (㉠)로 햇빛을 모은 곳은 주변보다 밝기가 (㉡)고, 온도가 높다.
• (㉢)는 햇빛을 모을 수 없어 흰 종이에서 멀어져도 햇빛이 만든 원 안의 밝기가 변하지 않는다.

㉠: ( ) ㉡: ( ) ㉢: ( )

7 그림 (가)와 (나)는 볼록 렌즈와 흰 종이, 평면 유리와 흰 종이 사이가 약 25 cm일 때, 볼록 렌즈와 평면 유리를 통과한 햇빛을 관찰하는 실험입니다. ㉠~㉣ 중 빛의 밝기가 가장 밝은 곳과 온도가 가장 높은 곳을 골라 기호를 써 봅시다.

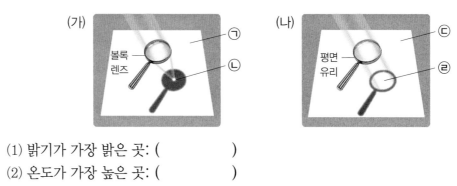

(1) 밝기가 가장 밝은 곳: (   )
(2) 온도가 가장 높은 곳: (   )

8 오른쪽과 같이 볼록 렌즈로 햇빛을 통과시켜 열 변색 종이 위에 그림을 그릴 수 있는 까닭으로 옳은 것은 어느 것입니까?   (   )

① 렌즈를 통과한 햇빛은 퍼지기 때문이다.
② 햇빛이 투명한 렌즈를 통과했기 때문이다.
③ 햇빛은 여러 가지 색의 빛으로 이루어져 있기 때문이다.
④ 렌즈로 햇빛을 모을 수 있고 햇빛이 모인 곳은 온도가 높기 때문이다.
⑤ 렌즈를 통과한 햇빛이 열 변색 종이에 닿으면 햇빛의 온도가 올라가기 때문이다.

9 오른쪽은 햇빛을 모아 불을 붙이는 모습입니다. 불을 붙이는 데 이용할 수 <u>없는</u> 물체는 어느 것입니까?   (   )

① 유리구슬
② 유리 막대
③ 평면 유리
④ 볼록 렌즈
⑤ 물이 담긴 둥근 컵

 4
단원

서술형 **길잡이**

❶ 빛이 볼록 렌즈의 □
□□□를 통과하
면 꺾여 나아갑니다.

❷ 빛이 볼록 렌즈의 □
□□ 부분을 통과하
면 꺾이지 않고 그대로
나아갑니다.

10 다음과 같이 볼록 렌즈의 가장자리와 가운데 부분에 레이저 포인터의 빛을
비출 때 레이저 지시기의 빛이 나아가는 모습을 각각 화살표로 그리고, 글로
써 봅시다.

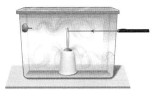

▲ 가장자리 부분에 비출 때

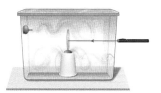

▲ 가운데 부분에 비출 때

---

❶ 볼록 렌즈의 역할을 하
는 물체는 빛을 통과시
키기 위해 □□합
니다.

❷ 볼록 렌즈의 역할을 하는
물체는 □□□ 부
분이 가장자리보다 두
껍습니다.

11 오른쪽은 볼록 렌즈의 단면입니다. 볼록 렌즈의 역할을
하는 물체의 공통점을 세 가지 써 봅시다.

---

❶ □□□□□는 햇
빛을 한곳으로 모을 수
있습니다.

❷ □□□□□는 햇
빛을 한곳으로 모을 수
없습니다.

12 다음은 볼록 렌즈와 평면 유리를 통과한 햇빛이 흰 종이에 만든 원의 모습
을 나타낸 표입니다. 이 표를 통해 알 수 있는 볼록 렌즈와 평면 유리의 차
이점을 써 봅시다.

구분	볼록 렌즈(평면 유리)와 흰 종이 사이의 거리		
	5 cm	25 cm	50 cm
볼록 렌즈를 통과한 햇빛이 만든 원의 모습	◯	⬤	◯
평면 유리를 통과한 햇빛이 만든 원의 모습	◯	◯	◯

---

6 볼록 렌즈를 이용한 도구를 만들어 관찰한 물체의 모습

탐구로 시작하기

❶ 간이 사진기를 만들어 물체 관찰하기

 실험 동영상

탐구 과정

❶ 볼록 렌즈를 이용하여 간이 사진기를 만들어 봅시다.

겉 상자 만들기	속 상자 만들기	간이 사진기 완성하기

간이 사진기 전개도로 겉 상자를 만들고, 겉 상자의 동그란 구멍에 볼록 렌즈를 붙입니다.	간이 사진기 전개도로 속 상자를 만들고, 속 상자의 네모난 구멍에 기름종이를 붙입니다.	겉 상자에 속 상자를 넣어 간이 사진기를 완성합니다.

간이 사진기로 관찰할 때 실제 모양과 똑같이 보이는 한글 자음에는 'ㄹ', 'ㅁ', 'ㅇ', 'ㅍ'이 있어요.

❷ 간이 사진기의 겉 상자를 앞뒤로 움직이면서 한글 자음 'ㄱ'을 관찰합니다.

❸ 물체의 실제 모습과 간이 사진기로 보이는 모습의 차이점을 써 봅시다.

탐구 결과

① 간이 사진기에서 물체가 보이는 곳: 기름종이

② 물체의 실제 모습과 간이 사진기로 관찰한 모습의 차이점

▲ 실제 모습   ▲ 간이 사진기로 관찰한 모습

→
- 물체의 실제 모습은 간이 사진기로 관찰한 모습과 다릅니다.
- 물체의 상하좌우가 바뀌어 보입니다.

❷ 간이 프로젝터를 만들어 영상 관찰하기

 실험 동영상

탐구 과정

❶ 스마트 기기와 볼록 렌즈를 이용하여 간이 프로젝터를 만들어 봅시다.

상자의 한쪽 면에 볼록 렌즈의 크기만큼 구멍을 뚫습니다.	구멍을 뚫은 부분에 셀로판테이프로 볼록 렌즈를 붙입니다.	다른 한쪽에 스마트 기기를 고정하고 뚜껑을 닫아 완성합니다.

볼록 렌즈

용어 돋보기

❶ 간이 (대쪽 簡, 바꾸다 易)

물건의 내용, 형식이나 시설을 간편하게 하여 이용하기 쉽게 한 것입니다.

❷ 스마트 기기와 간이 프로젝터의 거리를 조절하며
'오투' 글씨가 적혀있는 스마트 기기의 화면이 스
크린에 맞게 합니다.

❸ 간이 프로젝터로 본 영상과 스마트 기기로 본 영
상의 차이점을 써 봅시다.

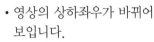
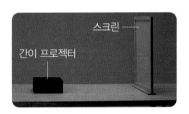

스크린 ─

간이 프로젝터

탐구 결과

① **간이 프로젝터를 사용할 때 영상이 보이는 곳**: 스크린
② **영상의 실제 모습과 간이 프로젝터로 관찰한 모습의 차이점**

▲ 실제 모습　　　　　▲ 간이 프로젝터로
　　　　　　　　　　　관찰한 모습

→

• 영상의 상하좌우가 바뀌어
  보입니다.
• 간이 프로젝터로 본 영상
  이 스마트 기기로 본 영상
  보다 크게 보입니다.

스마트 기기를 뒤집어
놓으면 바로 선 영상을
볼 수 있어요.

┼**개념1　사진기**
물체에서 반사된 빛을 볼록
렌즈로 모아 물체의 모습이
필름에 비치게 하여 기록하
는 장치입니다.

개념 이해하기

1. 간이 사진기로 본 물체의 모습 ┼개념1

① **간이 사진기**: 물체에서 반사된 빛을 겉 상자에 있는 볼록 렌즈로 모아 물체
의 모습이 속 상자의 기름종이에 나타나게 하는 간단한 사진기입니다.

② **간이 사진기로 본 물체의 모습**

간이 사진기로 본 물체의 모습	실제 모습과 다른 까닭
• 간이 사진기로 물체를 보면 물체의 실제 모습과 다릅니다. • 물체의 모습이 상하좌우가 바뀌어 보입니다.	간이 사진기에 있는 볼록 렌즈가 빛을 굴절시켜 기름종이에 위치(상하좌우)가 바뀐 물체의 모습을 만들기 때문입니다.
▲ 실제 모습　　▲ 간이 사진기로 관찰한 모습	물체　볼록 렌즈　기름종이

┼**개념2　프로젝터**
사진이나 영상을 스크린에
크게 보여주는 도구입니다.
프로젝터를 사용하면 스마트
기기의 영상을 스크린에서
크게 볼 수 있습니다.

핵심 개념 되짚어 보기

너 왜 거꾸로
서 있어?

간이
사진기

간이 사진기로 물체를 보면 물
체의 모습이 실제 모습과 다르
게 보입니다.

2. 간이 프로젝터로 본 영상의 모습 ┼개념2

① **간이 프로젝터**: 볼록 렌즈를 이용하여 화면을 확대해 스크린에 비추는 도구
입니다.

② **간이 프로젝터로 본 영상의 모습**
• 간이 프로젝터로 본 영상은 상하좌우가 바뀌어 보입니다. ─ 뒤집혀 보입니다.
• 간이 프로젝터로 영상을 보면 스마트 기기에서 보이는 영상보다 커 보입니다.

핵심 체크

● 간이 사진기와 간이 프로젝터

간이 사진기	간이 프로젝터
물체에서 반사된 빛을 겉 상자에 있는 ❶☐☐☐☐로 모아 물체의 모습이 속 상자의 기름종이에 나타나게 하는 간단한 사진기입니다.	상자의 한쪽 면에 붙인 ❷☐☐☐☐를 이용해 화면을 확대해 스크린에 비추는 도구입니다.

● 간이 사진기와 간이 프로젝터로 본 물체의 모습

간이 사진기	간이 프로젝터
간이 사진기로 관찰한 모습은 물체의 실제 모습과 ❸☐☐☐☐. ➔ 물체의 모습이 ❹☐☐☐☐가 바뀌어 보입니다.	간이 프로젝터로 본 영상은 상하좌우가 바뀌어 보이고, 스마트 기기에서 보이는 영상보다 ❺☐ 보입니다.

● 간이 사진기로 본 물체의 모습이 실제 모습과 다른 까닭: 간이 사진기에 있는 볼록 렌즈가 빛을 ❻☐☐시켜 기름종이에 위치가 바뀐 물체의 모습을 만들기 때문입니다.

Step 1   ( ) 안에 알맞은 말을 써넣어 설명을 완성하거나 설명이 옳으면 ○, 틀리면 ×에 ○표 해 봅시다.

1 (   )은/는 겉 상자를 움직여 물체의 모습을 관찰할 수 있는 간단한 사진기로, 겉 상자에 속 상자를 넣어 만듭니다.

2 간이 사진기를 만들 때에는 빛을 모을 수 있는 평면 유리를 사용합니다. (○ , ×)

3 간이 사진기로 본 물체의 모습은 상하좌우가 바뀌어 보입니다. (○ , ×)

4 간이 프로젝터는 볼록 렌즈를 이용해 화면을 (   )해 스크린에 비추는 도구입니다.

1 간이 사진기에서 관찰한 물체의 모습이 나타나는 곳으로, 속 상자의 한쪽 끝에 붙이는 것은 어느 것입니까? ( )

① 거울
② 기름종이
③ 볼록 렌즈
④ 평면 유리
⑤ 검은색 종이

2 다음은 간이 사진기를 만들어 물체를 관찰하는 실험을 순서에 관계없이 나열한 것입니다. 순서대로 기호를 써 봅시다.

(가) 간이 사진기 전개도로 속 상자를 만들어 네모난 구멍이 뚫린 부분에 기름종이를 붙인다.
(나) 겉 상자를 앞뒤로 움직이면서 여러 가지 물체를 관찰한다.
(다) 간이 사진기 전개도로 겉 상자를 만들어 동그란 구멍이 뚫린 부분에 셀로판테이프로 볼록 렌즈를 붙인다.
(라) 겉 상자에 속 상자를 넣는다.

(다) → ( ) → ( ) → ( )

3 오른쪽 글자를 간이 사진기로 관찰한 모습으로 옳은 것은 어느 것입니까? ( )

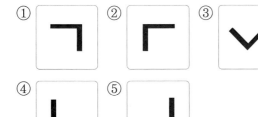

4 다음은 간이 사진기로 본 물체의 모습이 실제 모습과 다르게 보이는 까닭을 설명한 것입니다. ( ) 안에 알맞은 말을 써 봅시다.

간이 사진기에 있는 (㉠) 렌즈가 빛을 (㉡)시켜 기름종이에 물체의 모습을 만들기 때문이다.

㉠: ( ) ㉡: ( )

5 간이 프로젝터를 만들 때 상자의 구멍이 뚫린 부분에 붙이는 ㉠은 무엇인지 써 봅시다.

( )

6 간이 프로젝터에 대한 설명으로 옳은 것은 어느 것입니까? ( )

① 볼록 렌즈를 사용하지 않는다.
② 스마트 기기의 영상이 보이지 않는다.
③ 스마트 기기로 본 영상보다 항상 작게 보인다.
④ 간이 프로젝터로 영상을 보면 스마트 기기의 영상과 똑같이 보인다.
⑤ 간이 프로젝터로 스마트 기기의 영상을 보려면 볼록 렌즈를 스마트 기기와 스크린 사이에 놓는다.

7 우리 생활에서 볼록 렌즈를 이용하는 예

탐구로 시작하기

○ 볼록 렌즈의 쓰임새 조사하기

탐구 과정

❶ 우리 생활에서 볼록 렌즈를 이용했던 경험을 떠올려 봅시다.

❷ 스마트 기기로 우리 생활에서 볼록 렌즈를 이용하는 기구와 볼록 렌즈의 쓰임새를 조사해 봅시다.

❸ ❶, ❷에서 조사한 내용을 발표해 봅시다.

❹ 우리 생활에서 볼록 렌즈를 이용하는 기구와 볼록 렌즈의 쓰임새를 정리해 봅시다.

탐구 결과

① **우리 생활에서 볼록 렌즈를 이용했던 경험**
- 확대경으로 작은 곤충을 관찰할 때 곤충이 크게 보였습니다.
- 돋보기안경으로 작은 글씨를 읽을 때 글씨가 크게 보였습니다.

② **볼록 렌즈를 이용하는 기구와 볼록 렌즈의 쓰임새**

기구	볼록 렌즈의 쓰임새
현미경 ➕개념1	작은 물체를 확대해서 관찰할 수 있습니다.
돋보기안경	가까운 곳을 잘 보지 못하는 사람이 가까운 곳을 잘 볼 수 있습니다.
확대경	물체의 모습을 크게 볼 수 있습니다.
망원경(쌍안경)	멀리 있는 물체를 크게 볼 수 있습니다.
사진기	주변 풍경을 찍을 수 있습니다.
빔 프로젝터	물체의 모습을 스크린이나 필름에 비출 수 있습니다.
의료용 ❶장비	수술을 할 때 인체의 작은 부분을 크게 볼 수 있습니다.

➕개념1 현미경
- 현미경은 볼록 렌즈를 이용해 만든 대표적인 기구입니다.
- 현미경은 볼록 렌즈인 대물렌즈와 접안렌즈를 이용하여 작은 물체의 모습을 확대해서 볼 수 있게 만든 기구입니다.

개념 이해하기

1. 우리 생활에서 볼록 렌즈를 사용하는 상황

▲ 곤충처럼 작은 생물을 관찰할 때

▲ 책의 글씨를 선명하게 볼 때

▲ 시계의 날짜를 확대해서 볼 때

▲ 멀리서 날고 있는 새를 볼 때

▲ 인체의 작은 부분을 크게 볼 때

▲ 박물관의 전시를 자세히 볼 때

용어 돋보기

❶ 장비(꾸미다 裝, 갖추다 備)
갖추어 차리거나 그 장치와 설비를 말합니다.

2. 우리 생활에서 볼록 렌즈를 이용하여 만든 기구의 이름과 쓰임새

빛을 굴절시키고 모을 수 있는 볼록 렌즈를 이용해 여러 가지 기구를 만들어 다
양한 용도로 사용합니다. ➕개념2

① 작은 물체를 확대하여 크게 관찰할 때

[○ : 볼록 렌즈가 사용된 부분]

현미경	확대경	돋보기	돋보기안경
접안렌즈 / 대물렌즈	의료용 장비, 박물관 등에서 이용합니다.		
작은 물체를 확대해서 관찰할 수 있습니다.	물체의 모습을 크게 볼 수 있습니다.	물체나 글씨를 크게 볼 수 있습니다.	희미하게 보이는 글씨를 선명하게 볼 수 있습니다.

② 멀리 있는 물체를 확대하여 자세히 관찰할 때

[○ : 볼록 렌즈가 사용된 부분]

망원경	쌍안경
먼 곳에 있는 물체를 확대하여 뚜렷하게 볼 수 있습니다.	멀리서 날고 있는 새처럼 멀리 있는 물체를 확대하여 볼 수 있습니다.

③ 빛을 모아 사진이나 영상을 촬영할 때

[○ : 볼록 렌즈가 사용된 부분]

사진기	휴대 전화
빛을 모아 주변 풍경을 찍을 수 있습니다.	빛을 모아 영상을 촬영할 수 있습니다.

④ 빛을 한곳에 모으거나 나란하게 하여 멀리 보낼 때

[○ : 볼록 렌즈가 사용된 부분]

공연장 조명	등대의 불빛	손전등 ➕개념3
빛을 모아 무대의 한곳을 비출 수 있습니다.	빛을 멀리 보내 배의 길잡이 역할을 합니다.	빛을 모아 좁은 영역을 더 밝게 볼 수 있습니다.

4
단원

➕개념2 **우리 생활에서 이용하는 볼록 렌즈의 성질**
· 볼록 렌즈가 빛을 굴절시키는 성질을 이용해 물체를 실제보다 크게 볼 수 있습니다.
· 볼록 렌즈가 빛을 모으는 성질을 이용해 사진이나 영상을 촬영합니다.

➕개념3 **손전등의 불빛 조절**
손전등의 머리 부분에 있는 볼록 렌즈를 LED등 쪽으로부터 멀리 하면 빛을 모아 밝게 비출 수 있습니다.

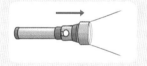

핵심 개념 되짚어 보기

우리는 모두 볼록 렌즈를 이용하지.

현미경   망원경   카메라

빛을 굴절시키고 모을 수 있는 볼록 렌즈를 이용해 여러 가지 기구를 만들어 사용합니다.

핵심 체크

● 우리 생활에서 볼록 렌즈를 사용하는 상황

- 곤충처럼 작은 생물을 ❶[ ][ ]할 때
- 시계의 날짜를 ❷[ ][ ]해서 볼 때
- 인체의 작은 부분을 크게 볼 때
- 책의 글씨를 선명하게 볼 때
- 멀리서 날고 있는 새를 볼 때
- 박물관의 전시를 자세히 볼 때

● 우리 생활에서 볼록 렌즈를 이용하여 만든 기구

빛을 ❸[ ][ ]시키고 모을 수 있는 볼록 렌즈의 특징을 이용한 다양한 기구를 만들어 사용합니다.

작은 물체를 확대하여 크게 관찰하는 기구	❹[ ][ ] 있는 물체를 확대하여 자세히 보는 기구	빛을 모아 사진이나 영상을 촬영하는 기구	빛을 한곳에 모으거나 나란하게 하여 멀리 보내는 기구
• ❺[ ][ ][ ] • 확대경 • 돋보기 • 돋보기 안경	• 망원경 • 쌍안경	• ❻[ ][ ][ ] • 휴대 전화	• 공연장 조명 • 등대의 불빛 • 손전등

Step 1   ( ) 안에 알맞은 말을 써넣어 설명을 완성하거나 설명이 옳으면 ○, 틀리면 ×에 ○표 해 봅시다.

1 책의 글씨를 확대해서 읽거나 시계의 날짜를 확대해서 볼 때 (　　　　) 렌즈를 사용합니다.

2 쌍안경을 이용하면 멀리 있는 물체를 작게 볼 수 있습니다. (○ , ×)

3 볼록 렌즈를 사용하면 가까운 것이 잘 보이지 않는 사람의 시력을 교정하는 데 도움을 줍니다.
(○ , ×)

1 다음 (   ) 안에 들어갈 말을 써 봅시다.

작은 곤충을 관찰할 때나 시계의 날짜를 확대해서 볼 때에는 공통으로 (   ) 렌즈가 사용된다.

(   )

2 볼록 렌즈를 이용한 기구가 <u>아닌</u> 것은 어느 것입니까?   (   )

①
▲ 확대경

②
▲ 비커

③
▲ 사진기

④
▲ 돋보기안경

3 볼록 렌즈가 이용된 기구와 그 쓰임새가 옳지 <u>않게</u> 짝지어진 것은 어느 것입니까? (   )

① 사진기 – 주변 풍경을 찍는다.
② 망원경 – 멀리 있는 물체를 크게 본다.
③ 현미경 – 작은 물체를 확대해서 관찰한다.
④ 의료용 장비 – 수술을 할 때 인체의 작은 부분을 크게 본다.
⑤ 돋보기안경 – 선명하게 보이는 글씨를 희미하게 볼 수 있다.

[4~5] 다음은 볼록 렌즈를 이용해 만든 기구들입니다.

ⓐ ▲ 현미경   ⓑ ▲ 망원경   ⓒ ▲ 돋보기

4 멀리 있는 물체를 확대해서 볼 수 있게 만든 기구를 골라 기호를 써 봅시다.

(   )

5 작은 물체를 확대해서 볼 수 있게 만든 기구를 골라 기호를 써 봅시다.

(   )

6 우리 생활에서 볼록 렌즈를 사용했을 때 편리한 점이 <u>아닌</u> 것은 어느 것입니까?   (   )

① 시력을 교정하는 데 도움을 준다.
② 섬세한 작업을 할 때 도움을 준다.
③ 실제 물체와 색깔이 다르게 보인다.
④ 작은 물체의 모습을 확대해서 볼 수 있다.
⑤ 멀리 있는 물체의 모습을 확대해서 볼 수 있다.

⑥ 볼록 렌즈를
이용한 도구를
만들어 관찰한
물체의 모습

1 간이 사진기를 만들 때 속 상자에 붙이는 기름종이의 역할로 옳은 것은 어느 것입니까? 　　　　（　　　）

① 빛을 모은다.
② 빛을 굴절시킨다.
③ 빛의 양을 조절한다.
④ 빛이 반사되어 통과한다.
⑤ 스크린처럼 물체를 볼 수 있게 한다.

2 칠판에 오른쪽과 같은 모양을 붙인 뒤, 간이 사진기로 관찰한 모습으로 옳은 것은 어느 것입니까? 　　　（　　　）

① 　② 　③

④ 　⑤

3 다음은 스마트 기기로 본 영상과 간이 프로젝터로 본 영상의 차이점입니다. （　　）안에 들어갈 말로 옳게 짝 지은 것은 어느 것입니까? 　　　（　　　）

> • 간이 프로젝터로 본 영상은 （　㉠　）가 바뀌어 보인다.
> • 간이 프로젝터로 영상을 보면 스마트 기기에서 보이는 영상보다 （　㉡　） 보인다.

	㉠	㉡
①	상하	커
②	상하	작아
③	좌우	커
④	상하좌우	작아
⑤	상하좌우	커

4 오른쪽과 같은 프로젝터에 대한 설명으로 옳은 것은 어느
것입니까? ( )

① 평면 거울을 사용하여 빛을 굴절시킨다.
② 간이 프로젝터의 뚜껑을 열고 사용한다.
③ 간이 프로젝터와 스크린 사이의 거리는 전혀 중요하지
않다.
④ 간이 프로젝터로 영상을 보면 스마트 기기의 영상이 똑바로 보인다.
⑤ 간이 프로젝터는 사진이나 영상을 스크린에 크게 보여주는 도구이다.

⑦ 우리 생활에서
볼록 렌즈를
이용하는 예

5 볼록 렌즈를 이용한 기구가 사용되는 상황과 거리가 가장 먼 것을 골라 기호를 써 봅
시다.

ⓒ

▲ 책을 읽을 때

ⓛ

▲ 물속 다슬기를 볼 때

ⓒ

▲ 인체의 작은 부분을 크게 볼 때

ⓔ

▲ 박물관의 전시를 자세히 볼 때

( )

6 우리 생활에서 볼록 렌즈가 이용되는 경우에 대한 설명으로 옳은 것을 보기 에서 모
두 고른 것은 어느 것입니까? ( )

보기
ⓒ 볼록 렌즈를 이용하면 섬세한 작업을 할 때 도움이 된다.
ⓛ 돋보기를 사용하면 곤충처럼 작은 생물을 관찰할 수 없다.
ⓒ 휴대 전화에 있는 볼록 렌즈를 활용하여 사진이나 영상을 촬영할 수 있다.

① ⓒ ② ⓛ ③ ⓒ, ⓒ
④ ⓛ, ⓒ ⑤ ⓒ, ⓛ, ⓒ

7 다음은 볼록 렌즈를 이용해 만든 기구들입니다. 볼록 렌즈가 이용된 부분에 ○가 <u>잘못</u> 표시된 기구는 어느 것입니까?

ⓖ
▲ 확대경

ⓛ
▲ 쌍안경

ⓒ
▲ 사진기

ⓔ
▲ 공연장 조명

(   )

8 작은 물체를 확대하여 보기 위해 사용하는 기구가 <u>아닌</u> 것은 어느 것입니까?

(   )

① 사진기　　　　　② 현미경　　　　　③ 확대경
④ 돋보기안경　　　⑤ 의료용 장비

9 오른쪽은 볼록 렌즈를 이용하여 만든 현미경입니다. 현미경의 쓰임새로 옳은 것은 어느 것입니까?　　　　　(   )

① 멀리 있는 물체를 확대한다.
② 빛을 모아 무대의 한 곳을 비춘다.
③ 작은 물체를 크게 확대하여 관찰한다.
④ 빛을 멀리 보내 배의 길잡이 역할을 한다.
⑤ 빛을 모아 물체의 모습을 필름에 비춰 촬영한다.

▲ 현미경

탐구 서술형 문제

서술형 길잡이

❶ 간이 사진기의 겉 상자에 붙인 볼록 렌즈는 빛을 ☐☐시키고, 속 상자에 붙인 ☐☐ ☐☐에서는 물체의 모습이 나타납니다.

❷ 간이 사진기에 있는 볼록 렌즈가 빛을 굴절시켜 기름종이에 ☐☐ ☐☐가 바뀐 물체의 모습을 만듭니다.

10 오른쪽은 완성된 간이 사진기의 모습입니다.

속 상자
겉 상자
㉠
㉡

(1) 간이 사진기에서 속 상자와 겉 상자의 ㉠, ㉡에 사용된 재료를 각각 써 봅시다.

㉠: (   )   ㉡: (   )

(2) 간이 사진기로 물체를 보면 실제 모습과 다르게 보이는 까닭을 써 봅시다.

_____

_____

❶ 볼록 렌즈는 멀리 있는 물체를 ☐☐하여 볼 때 사용합니다.

❷ 볼록 렌즈는 작은 물체를 ☐☐ 볼 때 사용합니다.

11 그림은 볼록 렌즈를 이용한 예입니다. 각각 볼록 렌즈의 쓰임새를 써 봅시다.

(가)    (나)

_____

_____

❶ 볼록 렌즈를 사용하면 물체의 모습을 ☐☐해서 볼 수 있기 때문에 작은 물체나 멀리 있는 물체를 자세히 관찰할 수 있습니다.

12 우리 생활에서 볼록 렌즈를 사용했을 때 편리한 점을 <u>두 가지</u> 써 봅시다.

_____

_____

1 햇빛이 프리즘을 통과한 모습

• ① [____]: 유리나 플라스틱 등으로 만든 투명한 삼각기둥 모양의 도구입니다.

• 프리즘으로 만든 무지개 관찰하기

긴 구멍이 뚫린 검은색 종이
흰 종이
프리즘
프리즘 받침대

• ➡ 프리즘을 통과한 햇빛이 흰 종이에 여러 가지 색의 빛으로 연속해서 나타납니다.

• **햇빛의 특징**: 햇빛은 ② [____] 가지 색의 빛으로 이루어져 있고, 빛의 색에 따라 꺾이는 정도가 다릅니다.

• **햇빛이 여러 가지 색의 빛으로 이루어져 있기 때문에 나타나는 현상**: 비가 그친 뒤 하늘에 나타난 무지개, 분수 주변에 나타난 무지개, 유리 장식품 주변에 나타난 무지갯빛 등

2 서로 다른 물질의 경계에서 빛이 나아가는 모습

• **빛의 굴절**: 빛이 비스듬히 나아갈 때 서로 다른 물질의 ③ [____] 에서 꺾여 나아가는 현상입니다.

• 빛이 유리를 통과하여 나아가는 모습

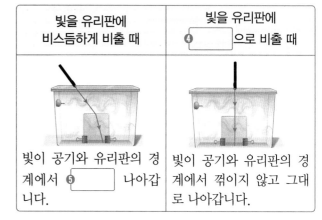

빛을 유리판에 비스듬하게 비출 때	빛을 유리판에 ④ [____] 으로 비출 때
빛이 공기와 유리판의 경계에서 ⑤ [____] 나아갑니다.	빛이 공기와 유리판의 경계에서 꺾이지 않고 그대로 나아갑니다.

• **물속에 있는 물체의 모습**: 공기와 물의 경계에서 빛이 ⑥ [____] 하기 때문에 물속에 있는 물체는 실제와 다르게 보입니다.

젓가락

▲ 물을 붓지 않았을 때   ▲ 물을 부었을 때

3 볼록 렌즈의 특징과 볼록 렌즈로 본 물체의 모습

• **볼록 렌즈**: 렌즈의 가운데 부분이 가장자리 부분보다 ⑦ [____] 렌즈로, 투명합니다.

• 볼록 렌즈로 본 물체의 모습

실제보다 크고 똑바로 보일 때도 있습니다.	실제보다 작고 상하좌우가 바뀌어 보일 때도 있습니다.

• **볼록 렌즈를 통과한 햇빛**: 볼록 렌즈로 햇빛을 모은 곳은 주변보다 밝기가 밝고, 온도가 높습니다.

• ➡ 볼록 렌즈는 햇빛을 ⑧ [____] 시켜 한곳으로 모을 수 있습니다.

4 볼록 렌즈를 이용한 기구와 쓰임새

• **간이 사진기**

간이 사진기	관찰한 물체의 모습
눈을 대고 보는 곳 속 상자 겉 상자 볼록 렌즈	상하좌우가 바뀌어 보입니다. ➡ 간이 사진기의 겉 상자에 있는 ⑨ [____] 가 빛을 굴절시키기 때문입니다.

• **간이 프로젝터로 관찰한 물체의 모습**: ⑩ [____] 가 바뀌어 보이고, 커 보입니다.

• **볼록 렌즈를 이용하는 기구**: 망원경, 확대경, 현미경, 사진기 등

▲ 망원경   ▲ 현미경   ▲ 사진기

단원 마무리 문제

[1~3] 다음은 햇빛이 비치는 운동장에서 햇빛을 프리즘에 통과시키는 실험입니다.

1 위 실험에서 사용한 프리즘은 무엇으로 만든 것입니까? ( )

① 유리　　　　② 거울
③ 나무　　　　④ 구리
⑤ 불투명한 유리

중요

2 위 실험 결과를 통해 알 수 있는 사실로 옳은 것을 보기 에서 골라 기호를 써 봅시다.

> **보기**
> ⓐ 햇빛은 직진한다.
> ⓑ 햇빛은 여러 가지 색의 빛으로 이루어져 있다.
> ⓒ 검은색 종이는 햇빛을 여러 가지 빛으로 나눈다.

( )

서술형

3 위 실험 결과를 분수 주변에 나타난 무지개와 관련지어 써 봅시다.

_____

_____

[4~6] 다음은 물이 담긴 수조에 레이저 포인터의 빛을 비스듬하게 비추는 실험입니다.

레이저 포인터
공기 — ㉠
물 — ㉡

4 위 실험에서 레이저 포인터의 빛이 나아가는 모습을 잘 관찰하기 위해 ㉠과 ㉡ 부분에 넣은 것을 각각 옳게 짝 지은 것은 어느 것입니까?
( )

	㉠	㉡			㉠	㉡
①	얼음	소금		②	소금	얼음
③	우유	향 연기		④	향 연기	우유
⑤	향 연기	얼음				

중요

5 위 실험에서 레이저 포인터의 빛이 나아가는 모습에 대해 옳게 설명한 사람의 이름을 써 봅시다.

빛이 공기와 물의 경계에서 꺾여 나아가. — 강인

빛이 공기와 물의 경계에서 꺾이지 않고 그대로 나아가. — 지현

( )

6 위 실험 결과 레이저 포인터의 빛이 나아가는 모습을 화살표로 그려 봅시다.

7 다음과 같이 물을 붓지 않았을 때 보이지 않았던 동전이 물을 부은 다음에 보이는 까닭으로 옳은 것은 어느 것입니까? ( )

① 빛이 공기 중에서 직진하기 때문에
② 물을 부으면 동전이 사라지기 때문에
③ 빛이 공기와 물의 경계에서 굴절하기 때문에
④ 빛이 여러 가지 색의 빛으로 이루어져 있기 때문에
⑤ 빛은 공기와 물의 경계에서 꺾이지 않고 그대로 나아가기 때문에

8 오른쪽과 같이 컵에 물을 부었을 때, 젓가락의 모습으로 옳은 것을 골라 기호를 써 봅시다.

( )

9 눈에 보이는 물속의 다슬기를 한 번에 잡을 수 없는 까닭을 빛의 성질과 관련지어 써 봅시다.

_____

_____

10 다음과 같이 볼록 렌즈에 레이저 지시기의 빛을 비췄을 때, 빛이 나아가는 모습을 옳게 나타낸 것을 골라 기호를 써 봅시다.

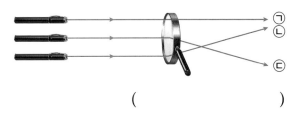

( )

11 다음은 어떤 렌즈로 물체를 관찰한 모습입니다. 이 렌즈의 종류는 무엇인지 써 봅시다.

( )

12 오른쪽 유리막대와 같이 볼록 렌즈의 역할을 할 수 있는 물체의 특징을 두 가지 써 봅시다.

_____

_____

[13~14] 다음은 볼록 렌즈와 평면 유리를 통과한 햇빛의 모습입니다.

 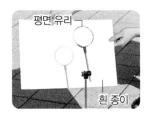

13 위 볼록 렌즈와 평면 유리를 통과한 햇빛이 흰 종이에 만든 원 안의 온도를 비교하여 ◯ 안에 >, =, <를 써 봅시다.

볼록 렌즈를 통과한 햇빛이 만든 원 안의 온도		평면 유리를 통과한 햇빛이 만든 원 안의 온도

14 위 **13**번 답과 같은 결과가 나타난 까닭을 써 봅시다.

_____

_____

15 오른쪽과 같이 불을 붙이기 위해 필요한 것은 어느 것입니까?
( )

① 빨대
② 종이
③ 볼록 렌즈
④ 평면 유리
⑤ 레이저 포인터

16 물체의 실제 모습과 간이 사진기로 본 모습을 옳게 짝 지은 것은 어느 것입니까? ( )

실제 모습	간이 사진기로 본 모습

① ㄱ 〡ㄴ

② ㄴ ㄱ

③ ㄹ ㄹ

④ ㅋ ㅌ

⑤ ㅍ ㅐ

17 간이 사진기로 물체를 관찰하면 물체의 모습이 실제 모습과 다르게 보이는 까닭으로 옳은 것은 어느 것입니까? ( )

① 볼록 렌즈가 빛을 굴절시키기 때문이다.
② 빛은 항상 구불거리며 나아가기 때문이다.
③ 빛은 모든 방향으로 퍼져 나아가기 때문이다.
④ 빛이 거울에 닿으면 방향이 바뀌기 때문이다.
⑤ 빛은 불투명한 물체를 통과하지 못하기 때문이다.

18 다음 ( ) 안에 들어갈 말을 각각 써 봅시다.

> 간이 프로젝터는 (㉠)를 이용하여 화면을 확대해 스크린에 비추는 도구로, 간이 프로젝터로 본 영상은 실제 영상의 (㉡)가 바뀌어 보이고, 더 크게 보인다.

㉠: ( ) ㉡: ( )

19 다음과 같은 상황에서 공통으로 사용하는 것은 어느 것입니까? ( )

▲ 곤충처럼 작은 생물을 관찰할 때
▲ 책에 있는 글씨를 선명하게 볼 때

① 사진기
② 프리즘
③ 평면 유리
④ 볼록 렌즈
⑤ 광학 현미경

20 볼록 렌즈를 이용해 만든 기구의 쓰임새를 옳게 설명한 것을 보기 에서 골라 기호를 써 봅시다.

>
> ㉠ 망원경: 멀리 있는 물체를 확대한다.
> ㉡ 돋보기: 사진과 영상을 촬영할 때 사용한다.
> ㉢ 손전등: 작은 물체를 자세히 볼 수 있다.
> ㉣ 확대경: 가까이 있는 물체를 작게 보이게 한다.

( )

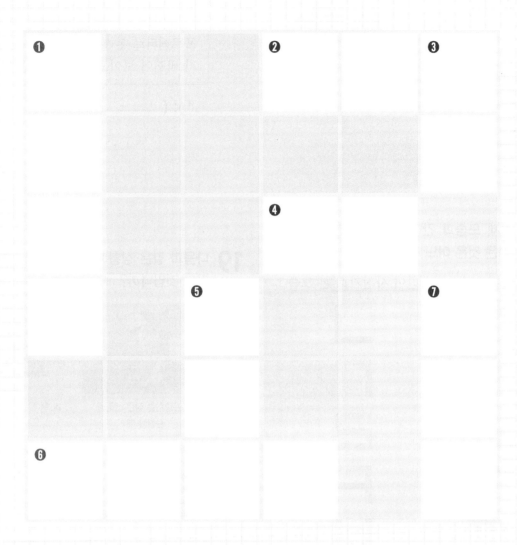

○ 정답과 해설 ● 31쪽

가로 퀴즈

❷ 볼록 렌즈인 대물렌즈와 접안렌즈를 이용하여 작은 물체의 모습을 확대해서 볼 수 있게 만든 기구입니다.

❹ 볼록 렌즈는 평면 유리와 달리 햇빛을 ○○시켜 한 곳으로 모을 수 있습니다.

❻ 밑면이 삼각형인 각기둥입니다.

세로 퀴즈

❶ 가운데 부분이 가장자리보다 두꺼운 렌즈입니다.

❸ 빛이 비스듬히 나아갈 때 서로 다른 물질의 ○○에서 꺾여 나아가는 현상을 빛의 굴절이라고 합니다.

❺ ○○○안경은 가까운 것이 잘 보이지 않는 사람의 시력을 교정하는 데 도움을 줍니다.

❼ 햇빛이 여러 가지 색의 빛으로 이루어져 있기 때문에 나타나는 현상으로, 비가 그친 뒤 하늘에 ○○○가 나타납니다.

생생한 과학의 즐거움!
과학은 역시!

과학은 역시 오투!!

생 생 한 과 학 의 즐 거 움 ! 과 학 은 역 시 !

새 교과서 반영

오투 정답과 해설

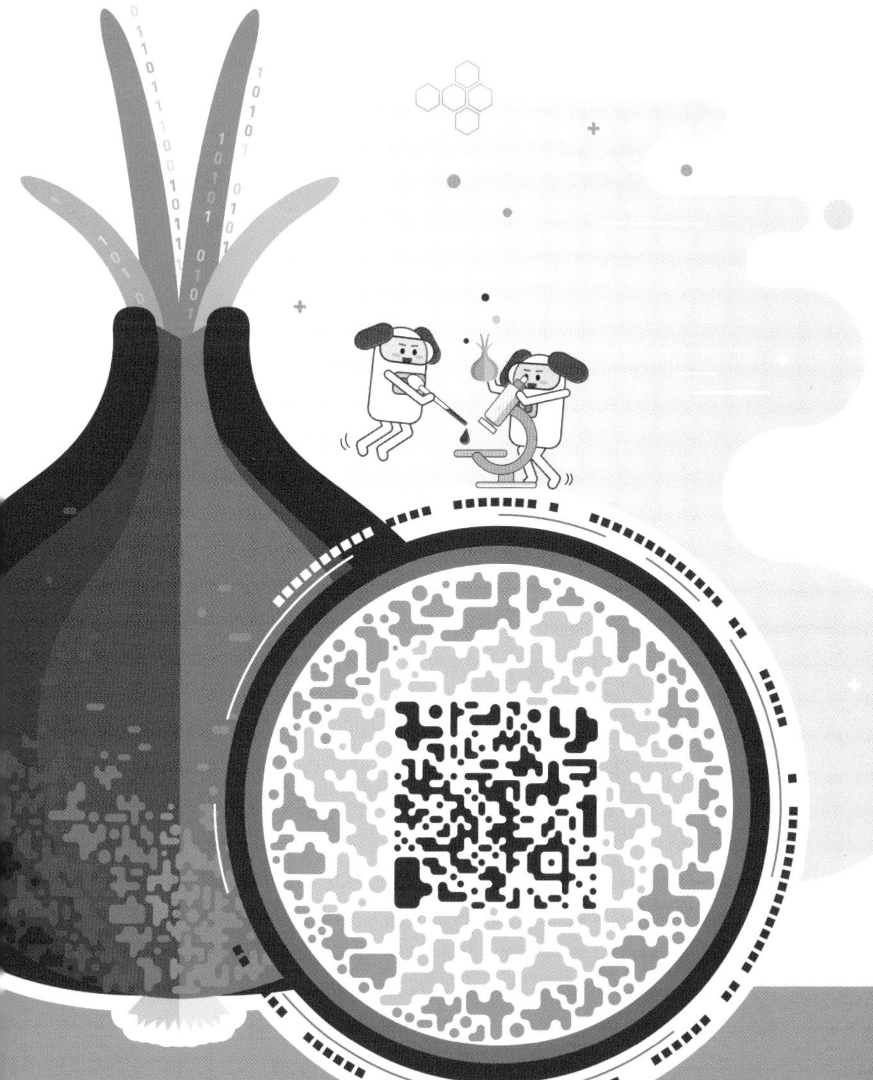

초등과학 6-1

visang

pionada

피어나다를 하면서 아이가 공부의
필요를 인식하고 플랜도 바꿔가며
실천하는 모습을 보게 되어 만족합니다.
제가 직장 맘이라 정보가 부족했는데,
코치님을 통해 아이에 맞춘 피드백과
정보를 듣고 있어서 큰 도움이 됩니다.

– 조〇관 회원 학부모님

공부 습관에도
진단과 처방이
필수입니다

초4부터 중등까지는 공부 습관이 피어날 최적의 시기입니다.

공부 마음을 망치는 공부를 하고 있나요?
성공 습관을 무시한 공부를 하고 있나요?
더 이상 이제 그만!

지금은 피어나다와 함께 사춘기 공부 그릇을 키워야 할 때입니다.

강점코칭 무료체험

바로 지금,
마음 성장 기반 학습 코칭 서비스, **피어나다**®로
공부 생명력을 피어나게 해보세요.

상담
문의 **1833-3124**

---

www.pionada.com

공부 생명력이
pionada

일주일 단 1시간으로 심리 상담부터 학습 코칭까지 한번에!

상위권 공부 전략 체화 시스템	공부력 향상 심리 솔루션	온택트 모둠 코칭	공인된 진단 검사
공부 마인드 정착 및 자기주도적 공부 습관 완성	마음·공부·성공 습관 형성을 통한 마음 근력 강화 프로그램	주 1회 모둠 코칭 수업 및 상담과 특강 제공	서울대 교수진 감수 학습 콘텐츠와 한국심리학회 인증 진단 검사

약 정답과 해설

• 진도책 ------------------------- 2
• 평가책 ------------------------- 32

초등과학

6.1

정답과 해설 (진도책)

과학탐구 생활 속에서 탐구하기

기본 문제로 익히기   6쪽

> **1** ㉢   **2** 가설   **3** 민호

1 기둥 바닥의 꼭짓점 수와 종이 기둥이 견디는 무게의 관계를 알아보기 위해서는 ㉢을 가설로 설정해야 합니다.

2 탐구할 문제를 정한 뒤 탐구 문제의 답을 예상하는 것을 가설 설정이라고 합니다.

3 관찰한 사실이나 경험, 이미 알고 있는 지식을 바탕으로 가설을 설정합니다.

기본 문제로 익히기   7쪽

> **1** ④   **2** ㉠ → ㉢ → ㉡
> **3** ②

1 종이 기둥 바닥의 꼭짓점 수만 다르게 하고 다른 조건은 모두 같게 해야 합니다.

2 먼저 실험 방법을 생각하고 필요한 실험 조건을 정한 뒤, 구체적인 실험 계획을 세워야 합니다.

3 구체적인 실험 계획을 세울 때 실험 결과는 정할 수 없습니다.

기본 문제로 익히기   8쪽

> **1** 개수   **2** ㉡   **3** ④

1 종이 기둥이 무너지기 직전까지 쌓아 올린 추의 개수를 세어 봅니다.

2 ㉠보다 ㉡에서 종이 기둥이 견디는 추의 개수가 더 많으므로, ㉠보다 ㉡에서 종이 기둥이 견디는 무게가 더 큽니다.

3 실험 결과를 있는 그대로 기록하고, 실험 결과가 예상과 다르더라도 고치거나 빼지 않습니다.

기본 문제로 익히기   9쪽

> **1** ㉠   **2** 자료 변환   **3** ⑤

1 기둥 바닥의 꼭짓점 수가 많아질수록 종이 기둥이 견디는 추의 개수가 많아졌습니다.

2 실험 결과를 표나 그래프 등의 형태로 바꾸어 나타내는 것을 자료 변환이라고 합니다.

3 꺾은선그래프는 시간이나 양에 따른 변화를 나타낼 때 주로 사용합니다.

기본 문제로 익히기   10쪽

> **1** 무게   **2** 가설   **3** 아현

1 기둥 바닥의 꼭짓점 수는 종이 기둥이 견디는 무게에 영향을 미친다는 것을 알 수 있습니다.

2 실험 결과를 해석한 후 가설이 맞는지 판단하고 결론을 이끌어 냅니다.

3 실험 결과가 가설과 다르면 가설을 수정하여 탐구를 다시 시작합니다.

1 지구와 달의 운동

① 하루 동안 태양과 달의 위치 변화

기본 문제로 익히기   14~15쪽

> **핵심 체크**
> ❶ 남   ❷ 동   ❸ 서
> ❹ 동   ❺ 서
>
> **Step 1**
> **1** 남   **2** 남   **3** ○
> **4** ×   **5** ×

4 하루 동안 달의 위치 변화는 동쪽 → 남쪽 → 서쪽으로 일어납니다.

5 하루 동안 같은 장소에서 일정한 시간 간격으로 별을 관찰하면 동쪽에서 서쪽으로 위치가 변합니다.

Step 2
1 ㉠: 동, ㉡: 서   **2** ④
3 ①   **4** ㉠, ㉡, ㉢   **5** ③
6 ㉡

---

1 태양과 달을 관찰할 때 남쪽 하늘을 바라보고 서면 앞쪽이 남쪽이고, 왼쪽이 동쪽, 오른쪽이 서쪽, 뒤쪽이 북쪽입니다.

2 하루 동안 태양의 위치를 관찰하면 태양은 오전 8시 30분 무렵에 동쪽 하늘에서, 오후 12시 30분 무렵에 남쪽 하늘에서, 오후 4시 30분 무렵에 서쪽 하늘에서 보입니다.

3 하루 동안 태양은 동쪽 지평선에서 떠올라 오후 12시 30분 무렵에 남쪽 하늘을 지나 서쪽 하늘로 움직이는 것처럼 보입니다.

4 하루 동안 보름달을 관찰하면 동쪽 하늘(㉠)에서 남쪽 하늘(㉡)을 지나 서쪽 하늘(㉢)로 움직이는 것처럼 보입니다. 보름달은 초저녁에 동쪽 하늘에서 보이고, 한밤중에 남쪽 하늘에서 보이며, 새벽에 서쪽 하늘에서 보입니다.

5 태양이 진 직후인 저녁 7시 30분 무렵에 보름달은 동쪽 하늘에서 보이다가 오전 12시 30분 무렵에 남쪽 하늘에서 보이고, 오전 5시 30분 무렵에 서쪽 하늘에서 보입니다.

6 하루 동안 태양과 달은 동쪽 지평선에서 떠올라 남쪽 하늘을 지나 서쪽 하늘로 이동하는 것처럼 보입니다. 하루 동안 태양과 달을 관찰하면 움직이는 방향이 같습니다.

오답 바로잡기

㉠ 하루 동안 태양은 서쪽 지평선에서 떠오른다.
↳ 하루 동안 태양은 동쪽 지평선에서 떠오릅니다.
㉢ 하루 동안 태양과 달을 관찰하면 움직이는 방향이 다르다.
↳ 하루 동안 태양과 달을 관찰하면 움직이는 방향이 동쪽 하늘 → 남쪽 하늘 → 서쪽 하늘로 같습니다.

---

❷ 하루 동안 태양과 달의 위치가 변하는 까닭

기본 문제로 익히기   18~19쪽

핵심 체크
❶ 태양   ❷ 자전축   ❸ 서
❹ 동   ❺ 자전

Step 1
1 ×   **2** 자전   **3** ○
4 서, 동, 동, 서

1 하루 동안 지구의 움직임과 태양의 위치 변화의 관계를 알아보는 실험을 할 때 지구본을 시계 반대 방향으로 회전시킵니다.

Step 2
1 남쪽   **2** ③   **3** ㉡
4 ㉠: 자전축, ㉡: 자전   **5** ㉡
6 지구의 자전

---

1 지구본에서 우리나라가 있는 곳에 관측자 모형이 남쪽을 향하도록 붙입니다.

2 지구본을 서쪽에서 동쪽으로 회전시키면 관측자 모형에서 전등은 동쪽에서 서쪽으로 움직이는 것처럼 보입니다.

3 지구가 서쪽에서 동쪽으로 회전하기 때문에 지구에 있는 관측자에게는 태양이 동쪽에서 서쪽으로 움직이는 것처럼 보입니다.

오답 바로잡기

㉠ 실제로 지구는 동쪽에서 서쪽으로 회전한다.
↳ 실제로 지구는 서쪽에서 동쪽으로 회전합니다.
㉢ 지구가 회전하는 방향과 지구에서 본 태양이 움직이는 방향은 같다.
↳ 지구가 서쪽에서 동쪽으로 회전하기 때문에 지구에 있는 관측자에게는 태양이 동쪽에서 서쪽으로 움직이는 것처럼 보입니다.

4 지구의 북극과 남극을 연결한 가상의 직선을 자전축이라고 합니다. 지구는 자전축을 중심으로 하루에 한 바퀴씩 서쪽에서 동쪽으로 회전합니다.

5 지구는 자전축을 중심으로 하루에 한 바퀴씩 서쪽에서 동쪽(시계 반대 방향)으로 회전합니다.

6 태양과 달이 하루 동안 동쪽에서 서쪽으로 움직이는 것처럼 보이는 까닭은 지구가 자전축을 중심으로 서쪽에서 동쪽으로 자전하기 때문입니다.

③ 낮과 밤이 생기는 까닭

기본 문제로 익히기   22~23쪽

```
핵심 체크
❶ 낮          ❷ 밤          ❸ 자전
❹ 낮          ❺ 밤

Step 1
1 ○          2 ×          3 자전
4 한(1), 한(1)
```

2 지구본, 관측자 모형, 전등을 이용하여 낮과 밤이 생기는 까닭을 알아보는 실험을 할 때, 지구본을 서쪽에서 동쪽으로 회전시킵니다.

```
Step 2
1 (1) 태양  (2) 지구        2 ㉠, ㉢
3 ①              4 밤        5 ③
6 민규
```

1 실험에서 전등은 태양, 지구본은 지구, 관측자 모형은 지구의 관측자, 지구본을 회전시키는 것은 지구의 자전을 나타냅니다.

2 관측자 모형이 빛을 받는 위치에 있으므로 우리나라는 낮입니다.

3 실험에서 지구본을 회전시키는 것은 지구의 자전을 나타낸 것입니다. 지구본에서 전등 빛을 받는 쪽과 받지 않는 쪽이 생기므로 지구 전체가 항상 태양 빛을 받는 것은 아닙니다. ②, ④, ⑤는 실험에서 알 수 없는 내용입니다.

4 우리나라가 태양 빛을 받지 못하는 쪽에 있으므로 우리나라는 밤이 됩니다.

5 태양이 동쪽 지평선에서 떠오를 때부터 서쪽 지평선으로 완전히 질 때까지의 시간을 낮이라고 합니다.

6 지구가 자전하지 않는다면 밤인 지역은 계속 밤이 되기 때문에 태양 빛이 비치지 않을 것입니다.

실력 문제로 다잡기 ❶~❸   24~27쪽

```
1 ㉠: 동, ㉡: 남, ㉢: 서        2 ㉡
3 ①, ④        4 태양          5 ②
6 ⑤          7 ⑤          8 ①, ②
9 ㉠, ㉢
10 서술형 길잡이 ❶ 동, 서 ❷ 동, 서
```

(1) ㉠ (2) **모범 답안** 태양과 달 모두 하루 동안 동쪽 하늘에서 남쪽 하늘을 지나 서쪽 하늘로 움직이는 것처럼 보인다.

11 서술형 길잡이 ❶ 서, 동 ❷ 동, 서

(1) ㉠ (2) **모범 답안** 지구가 하루에 한 바퀴씩 서쪽에서 동쪽으로 자전하기 때문에 태양과 달은 하루 동안 동쪽에서 서쪽으로 움직이는 것처럼 보인다.

12 서술형 길잡이 ❶ 낮, 밤

모범 답안 지구가 자전하면서 태양 빛을 받는 쪽과 받지 못하는 쪽이 번갈아 나타나기 때문이다.

1 남쪽을 보고 서서 하루 동안 태양의 위치 변화를 관찰합니다. 남쪽(㉡)을 향해 섰을 때 왼쪽이 동쪽(㉠), 오른쪽이 서쪽(㉢)이 됩니다.

2 하루 동안 태양을 관찰하면 동쪽에서 서쪽으로 움직이는 것처럼 보입니다. 오후 4시 30분 무렵에 태양은 서쪽 하늘에서 보입니다.

```
오답 바로잡기
㉠ 오전 8시 30분 무렵에는 남쪽 하늘에서 보인다.
 ↳ 태양은 오전 8시 30분 무렵에는 동쪽 하늘에서 보입니다.
㉢ 오후 12시 30분 무렵에는 동쪽 하늘에서 보인다.
 ↳ 태양은 오후 12시 30분 무렵에는 남쪽 하늘에서 보입니다.
㉣ 동쪽 하늘에서 북쪽 하늘을 지나 서쪽 하늘로 움직이는 것
   처럼 보인다.
 ↳ 태양은 하루 동안 동쪽 하늘에서 남쪽 하늘을 지나 서쪽 하늘
   로 움직이는 것처럼 보입니다.
```

3 태양과 달 모두 하루 동안 동쪽 하늘에서 남쪽 하늘을 지나 서쪽 하늘로 움직이는 것처럼 보입니다.

4 실험에서 전등은 태양, 지구본은 지구, 관측자 모형은 지구의 관측자, 투명 반구는 지구의 관측자가 본 하늘을 나타냅니다.

5 하루 동안 지구의 움직임을 알아보기 위해서는 지구본을 서쪽에서 동쪽으로 회전시켜야 합니다. 이때 관측자 모형이 본 전등은 동쪽에서 서쪽으로 움직이는 것처럼 보입니다.

6 지구가 서쪽에서 동쪽으로 자전하기 때문에 지구의 관측자에게는 태양이 동쪽에서 서쪽으로 움직이는 것처럼 보입니다.

7 지구본을 회전시키면 전등 빛을 받는 쪽이 달라집니다.

8 태양 빛을 받는 ㉠은 낮이고, 태양 빛을 받지 못하는 ㉡은 밤입니다. 태양 빛을 받는 지역은 ㉠이므로 현재 태양은 지구의 왼쪽에 있습니다.

> **오답 바로잡기**
>
> ③ 12시간 뒤에 ㉠은 낮이다.
> ↳ ㉠은 현재 낮이므로 12시간이 지나면 밤입니다.
> ④ 12시간 뒤에 ㉡은 낮을 거쳐 다시 밤이 된다.
> ↳ 현재 밤인 ㉡은 12시간 뒤에는 낮입니다.
> ⑤ ㉡은 낮과 밤이 하루에 두 번씩 번갈아 나타난다.
> ↳ 지구는 하루에 한 바퀴씩 자전하기 때문에 낮과 밤이 하루에 한 번씩 번갈아 나타납니다.

9 지구의 자전은 지구가 자전축을 중심으로 하루에 한 바퀴씩 서쪽에서 동쪽으로 회전하는 것입니다. 지구가 자전하기 때문에 태양 빛을 받는 쪽이 달라져 낮과 밤이 생기고, 하루 동안 태양과 달이 동쪽에서 서쪽으로 움직이는 것처럼 보입니다.

> **오답 바로잡기**
>
> ㉡ 지구의 자전 방향은 동쪽에서 서쪽이다.
> ↳ 지구는 서쪽에서 동쪽으로 자전합니다.
> ㉣ 지구의 자전으로 달이 남쪽에서 북쪽으로 움직이는 것처럼 보인다.
> ↳ 지구가 하루에 한 바퀴씩 서쪽에서 동쪽으로 자전하기 때문에 달은 하루 동안 동쪽에서 서쪽으로 움직이는 것처럼 보입니다.

10 (1) 하루 동안 달의 위치는 동쪽 → 남쪽 → 서쪽으로 달라집니다.

채점 기준	
상	가장 먼저 관찰한 달의 모습과 태양과 달의 위치 변화의 공통점을 모두 옳게 썼다.
하	가장 먼저 관찰한 달의 모습만 옳게 썼다.

11 (1) 지구는 서쪽에서 동쪽으로 회전하므로 지구 역할인 사람이 회전해야 하는 방향은 ㉠입니다.

채점 기준	
상	지구 역할인 사람이 회전해야 하는 방향을 옳게 썼고, 하루 동안 태양과 달의 위치 변화를 지구의 자전 방향과 관련지어 옳게 썼다.
하	지구 역할인 사람이 회전해야 하는 방향만 옳게 썼다.

12 지구가 하루에 한 바퀴씩 자전하기 때문에 태양 빛을 받는 쪽과 받지 못하는 쪽이 하루에 한 번씩 번갈아 나타납니다.

채점 기준
지구에 낮과 밤이 생기는 까닭을 지구의 자전을 포함하여 옳게 썼다.

④ 계절별 대표적인 별자리

> **기본 문제로 익히기**   30~31쪽
>
> **핵심 체크**
> ❶ 남동   ❷ 남   ❸ 사자
> ❹ 여름   ❺ 페가수스   ❻ 겨울
>
> **Step 1**
> **1** 다릅니다   **2** ×   **3** ○
> **4** 겨울   **5** ×

2 저녁 9시 무렵에 남동쪽이나 남쪽 하늘에 위치한 별자리는 그 계절의 대표적인 별자리가 됩니다.

5 어느 계절의 대표적인 별자리들은 그 계절에만 보이는 것이 아니라 두 계절이나 세 계절에 걸쳐 볼 수 있습니다.

> **Step 2**
> **1** ②   **2** 가을   **3** ②, ⑤
> **4** ㉠   **5** ㉠: 동, ㉡: 서
> **6** ③

1 남동쪽 하늘이나 남쪽 하늘에 백조자리, 거문고자리, 독수리자리가 있습니다. 백조자리, 거문고자리, 독수리자리는 여름철에 오랜 시간 동안 볼 수 있는 별자리입니다.

2 물고기자리와 페가수스자리는 가을철에 오랜 시간 동안 볼 수 있는 가을철의 대표적인 별자리입니다.

3 백조자리와 독수리자리는 여름철의 대표적인 별자리입니다.

4 사자자리는 봄철의 대표적인 별자리입니다. 봄철 저녁 9시 무렵에 사자자리는 남쪽 하늘에 위치하여 오랜 시간 동안 볼 수 있습니다. 사자자리는 가을철에는 볼 수 없습니다.

5 태양과 달이 하루 동안 동쪽에서 서쪽으로 위치가 변하는 것처럼 별자리도 동쪽에서 서쪽으로 위치가 변합니다. 따라서 저녁 9시 무렵에 남동쪽이나 남쪽 하늘에 있는 별자리를 오랜 시간 동안 볼 수 있습니다.

6 계절에 따라 저녁 9시 무렵에 하늘에서 볼 수 있는 별자리는 다릅니다.

오답 바로잡기

① 어느 계절에 보이는 시간이 짧은 별자리를 그 계절의 대표적인 별자리라고 한다.
↳ 어느 계절에 보이는 시간이 긴 별자리를 그 계절의 대표적인 별자리라고 합니다.

② 봄철과 가을철의 대표적인 별자리는 같다.
↳ 봄철의 대표적인 별자리는 목동자리, 사자자리, 처녀자리이고, 가을철의 대표적인 별자리는 안드로메다자리, 페가수스자리, 물고기자리입니다.

④ 계절별 대표적인 별자리는 한 계절에만 보인다.
↳ 계절별 대표적인 별자리는 두 계절이나 세 계절에 걸쳐 보입니다.

⑤ 북쪽 하늘에 있는 별자리는 겨울철에만 볼 수 있다.
↳ 북쪽 하늘에 있는 별자리는 일 년 내내 볼 수 있습니다.

---

⑤ 계절에 따라 보이는 별자리가 달라지는 까닭

기본 문제로 익히기   34~35쪽

핵심 체크
❶ 공전   ❷ 서   ❸ 동
❹ 공전   ❺ 같은

Step 1
1 태양   **2** ×   **3** 계절
4 ×   **5** 겨울

2 지구는 태양을 중심으로 서쪽에서 동쪽(시계 반대 방향)으로 공전합니다.

4 지구가 공전하면서 지구의 위치가 바뀌기 때문에 각 위치에서 보이는 별자리의 모습이 달라집니다.

Step 2
1 ①   **2** ㉠   **3** ④
4 ㉢   **5** ③   **6** 봄

---

1 지구본이 ㉠ 위치이고 우리나라가 밤일 때는 전등의 반대 방향에 위치한 목동자리가 가장 잘 보입니다.

2 지구는 태양을 중심으로 서쪽에서 동쪽(시계 반대 방향)으로 공전합니다.

3 지구는 태양을 중심으로 일 년에 한 바퀴씩 공전합니다.

4 지구는 서쪽에서 동쪽(시계 반대 방향)으로 자전하면서 동시에 자전 방향과 같은 방향으로 공전합니다.

5 지구가 공전하면서 계절에 따라 지구의 위치가 달라지고, 지구의 위치에 따라 밤에 별자리가 보이는 위치가 달라집니다.

6 지구가 가을철 위치에 있을 때 봄철의 대표적인 별자리는 태양과 같은 방향에 있어 태양 빛 때문에 볼 수 없습니다.

---

⑥ 여러 날 동안 달의 모양과 위치 변화

기본 문제로 익히기   38~39쪽

핵심 체크
❶ 보름   ❷ 그믐   ❸ 30
❹ 남쪽   ❺ 동쪽   ❻ 30

Step 1
1 ×   **2** 초승달   **3** ○
4 서, 동

1 여러 날 동안 달의 모양과 위치 변화를 알아보기 위해 같은 시각에 같은 장소에서 달을 관찰해야 합니다.

Step 2
1 ⑤   **2** ㉢   **3** ㉢, ㉡, ㉣, ㉤
4 30   **5** ④   **6** ㉠

1 그림은 왼쪽 반달 모양인 하현달입니다.

2 ㉠은 초승달, ㉡은 보름달, ㉢은 상현달, ㉣은 하현달, ㉤은 그믐달입니다. 음력 27~28일 무렵에는 그믐달을 볼 수 있습니다.

3 여러 날 동안 달을 관찰하면 초승달(㉠), 상현달(㉢), 보름달(㉡), 하현달(㉣), 그믐달(㉤)의 순서로 모양이 변합니다.

4 달은 약 30일을 주기로 모양 변화가 되풀이됩니다. 따라서 오늘 밤에 본 달의 모양과 약 30일 후에 보이는 달의 모양은 같습니다.

5 태양이 진 직후에 초승달은 서쪽 하늘에서, 상현달은 남쪽 하늘에서, 보름달은 동쪽 하늘에서 보입니다.

6 음력 2~3일 무렵에 서쪽 하늘에서 초승달이 보입니다. 5일 뒤인 음력 7~8일 무렵에는 남쪽 하늘에서 상현달이 보입니다.

실력 문제로 다잡기 **4~6**
40~43쪽

1 ② **2** 가을 **3** ㉡
4 ④
5 (1) 사자자리 (2) 거문고자리 (3) 페가수스자리
(4) 오리온자리
6 겨울 **7** ㉢ **8** 성진
9 ⑤ **10** ⑤
11 [서술형] 길잡이 ❶ 오랜 ❷ 오랜
[모범 답안] 각 계절에 오랜 시간 동안 보이는 별자리이기 때문이다.
12 [서술형] 길잡이 ❶ 같은
[모범 답안] 지구본이 ㉠ 위치에 있을 때 오리온자리는 전등(태양)과 같은 방향에 있어 전등(태양) 빛 때문에 볼 수 없다.
13 [서술형] 길잡이 ❶ 동
(1) ㉠ (2) [모범 답안] 달은 서쪽에서 동쪽으로 날마다 조금씩 이동하기 때문이다.

---

1 저녁 9시 무렵에 남동쪽이나 남쪽 하늘에 위치한 별들은 초저녁부터 밤하늘에서 오랜 시간 볼 수 있기 때문에 그 계절의 대표적인 별자리가 됩니다.

2 안드로메다자리는 가을철의 대표적인 별자리이므로 가을철에 밤하늘에서 오랜 시간 동안 볼 수 있습니다.

3 봄철 저녁 9시 무렵에 하늘에서 보이는 별자리 중 남동쪽이나 남쪽에 위치한 목동자리, 처녀자리, 사자자리는 봄철의 대표적인 별자리입니다. 봄철 남쪽 하늘에서 보이는 사자자리는 여름철 저녁 9시 무렵에는 서쪽 하늘에서 보입니다.

---

4 지구는 태양을 중심으로 자전 방향과 같은 방향인 서쪽에서 동쪽(시계 반대 방향)으로 회전합니다.

오답 바로잡기
① 시계 방향으로 회전한다.
↳ 시계 반대 방향으로 회전합니다.
② 하루에 한 바퀴씩 회전한다.
↳ 일 년에 한 바퀴씩 회전합니다.
③ 동쪽에서 서쪽으로 회전한다.
↳ 서쪽에서 동쪽으로 회전합니다.
⑤ 북극과 남극을 이은 가상의 축을 중심으로 회전한다.
↳ 태양을 중심으로 태양 주위를 회전합니다.

5 지구가 각 계절의 위치에 있을 때 태양의 반대 방향에 있는 별자리를 가장 잘 볼 수 있습니다.

6 별자리가 태양과 같은 방향에 있을 때 태양 빛 때문에 별자리를 볼 수 없습니다. 거문고자리는 겨울철에 태양과 같은 방향에 있습니다.

7 지구가 공전하기 때문에 계절에 따라 지구의 위치가 달라지고, 밤에 보이는 별자리가 달라집니다. 낮과 밤이 생기는 것과 하루 동안 태양의 위치가 달라지는 것은 지구가 자전하기 때문에 나타나는 현상입니다.

8 음력 22~23일 무렵에는 왼쪽 반달 모양인 하현달을 볼 수 있습니다.

9 달은 약 30일을 주기로 모양 변화가 되풀이됩니다. 따라서 오늘 밤에 초승달을 보았다면 약 30일 뒤에 다시 초승달을 볼 수 있습니다.

오답 바로잡기
① 달의 모양은 약 15일을 주기로 변한다.
② 달의 위치는 약 15일을 주기로 변한다.
↳ 달의 모양과 위치 변화는 약 30일을 주기로 되풀이됩니다.
③ 달의 위치는 동쪽에서 서쪽으로 이동한다.
↳ 여러 날 동안 같은 시각에 달을 관찰하면 달은 서쪽에서 동쪽으로 날마다 위치가 달라집니다.
④ 음력 15일 무렵부터 음력 27~28일 무렵까지는 달이 점점 차오른다.
↳ 달은 음력 15일 무렵부터 음력 27~28일 무렵까지는 점점 이지러집니다.

10 (가)는 음력 22~23일 무렵에 보이는 왼쪽 반달 모양인 하현달입니다. (나)는 음력 27~28일 무렵에 보이는 왼쪽이 둥근 눈썹 모양인 그믐달입니다. (가)와 (나)는 저녁 7시 무렵에는 관찰하기 어렵습니다.

11 목동자리, 처녀자리, 사자자리는 봄철에 오랜 시간 동안 보이는 별자리입니다. 백조자리, 독수리자리, 거문고자리는 여름철에 오랜 시간 동안 보이는 별자리입니다.

채점 기준	
각 계절에 오랜 시간 동안 보이기 때문이라고 옳게 썼다.	

12

채점 기준	
상	전등과 같은 방향에 있어 전등 빛 때문에 볼 수 없다고 옳게 썼다.
하	전등 빛 때문에 볼 수 없다고만 썼다.

13 여러 날 동안 같은 시각에 같은 장소에서 달을 관찰하면 달의 위치는 서쪽에서 동쪽으로 날마다 조금씩 위치가 달라집니다.

채점 기준	
상	가장 나중에 관찰한 달의 모습과 그렇게 생각한 까닭을 옳게 썼다.
하	가장 나중에 관찰한 달의 모습만 옳게 썼다.

단원 정리하기　　　　　　44쪽

❶ 서　　　❷ 동　　　❸ 동
❹ 서　　　❺ 낮　　　❻ 밤
❼ 서　　　❽ 동　　　❾ 초승달
❿ 서

단원 마무리 문제　　　　45~47쪽

1 ㉠　　　　**2** ③
3 모범답안 보름달은 동쪽 하늘에서 남쪽 하늘을 지나 서쪽 하늘로 움직이는 것처럼 보인다.
4 ㉢　　　**5** 서, 동　　　**6** ②
7 ②　　　**8** ㉠　　　**9** 밤
10 모범답안 지구가 자전하기 때문이다.
11 겨울　　　**12** ⑤
13 ㉠: 공전, ㉡: 자전
14 ④　　　**15** 거문고자리　**16** ②
17 모범답안 지구가 공전하면서 계절에 따라 지구의 위치가 달라지기 때문이다.
18 ③　　　**19** (가) 동 (나) 서
20 ㉢, ㉡, ㉠

1 하루 동안 태양은 동쪽에서 서쪽으로 움직이는 것처럼 보입니다.

2 하루 동안 달의 위치 변화를 관찰할 때에는 남쪽 하늘을 중심으로 관찰합니다.

3 하루 동안 보름달은 동쪽에서 서쪽으로 움직이는 것처럼 보입니다.

채점 기준	
하루 동안 보름달이 동쪽에서 서쪽으로 움직인다는 내용을 포함하여 옳게 썼다.	

4 하루 동안 태양, 달, 별 모두 서쪽에서 동쪽으로 움직이는 것처럼 보입니다.

5 지구본이 회전하는 방향과 관측자 모형이 본 전등이 움직이는 방향은 반대입니다.

6 지구가 자전축을 중심으로 서쪽에서 동쪽으로 회전하기 때문에 지구의 관측자에게는 태양이 동쪽에서 서쪽으로 움직이는 것처럼 보입니다.

7 지구는 자전축을 중심으로 하루에 한 바퀴씩 서쪽에서 동쪽(시계 반대 방향)으로 자전합니다.

8 지구본을 서쪽에서 동쪽으로 회전시키면서 낮과 밤이 생기는 까닭을 알아보는 실험입니다.

9 관측자 모형이 빛을 받지 못하는 위치에 있을 때 우리나라는 밤입니다.

10 지구가 자전하기 때문에 낮과 밤이 생기고, 하루 동안 태양, 달, 별이 움직이는 것처럼 보입니다.

채점 기준	
지구가 자전하기 때문이라고 옳게 썼다.	

11 큰개자리, 쌍둥이자리, 오리온자리는 겨울철에 오랜 시간 동안 볼 수 있는 별자리입니다.

12 사자자리는 겨울, 봄, 여름 세 계절에 걸쳐 보입니다.

13 지구는 하루에 한 바퀴씩 자전(㉡)하면서 동시에 태양을 중심으로 일 년에 한 바퀴씩 공전(㉠)합니다.

14 지구는 자전축을 중심으로 하루에 한 바퀴씩 회전하고, 태양을 중심으로 일 년에 한 바퀴씩 회전합니다.

15 여름철에는 거문고자리가 밤에 남동쪽 하늘에서 보여 오랜 시간 동안 관찰할 수 있습니다.

16 우리나라가 봄철일 때 페가수스자리는 태양과 같은 방향에 있어 태양 빛 때문에 볼 수 없습니다.

17 지구가 공전하면서 달라지는 위치에 따라 밤에 보이는 별자리가 달라집니다.

채점 기준
지구가 공전하면서 계절에 따라 지구의 위치가 달라지기 때문이라고 옳게 썼다.

18 상현달은 음력 7~8일, 저녁 7시 무렵에 남쪽 하늘에서 볼 수 있습니다.

> **오답 바로잡기**
>
> ① 하현달이다.
> ↳ 오른쪽 반달 모양인 상현달입니다.
> ② 음력 15일 무렵에 볼 수 있다.
> ↳ 음력 7~8일 무렵에 볼 수 있습니다.
> ④ 이 달이 뜨고 일주일 뒤에는 눈썹 모양의 달을 볼 수 있다.
> ↳ 이 달이 뜨고 일주일 뒤인 음력 15일 무렵에는 둥근 공 모양의 달을 볼 수 있습니다.
> ⑤ 이 달과 같은 모양의 달을 다시 보려면 약 15일을 기다려야 한다.
> ↳ 달의 모양 변화는 약 30일을 주기로 되풀이됩니다. 따라서 이 달과 같은 모양의 달을 다시 보려면 약 30일을 기다려야 합니다.

19 남쪽을 향해 섰을 때 왼쪽인 (가)는 동쪽, 오른쪽인 (나)는 서쪽입니다.

20 같은 시각, 같은 장소에서 달을 관찰하면 음력 2~3일 무렵 초승달은 서쪽 하늘에서 보이고, 음력 7~8일 무렵 상현달은 남쪽 하늘에서 보이며, 음력 15일 무렵 보름달은 동쪽 하늘에서 보입니다.

가로 세로 용어 퀴즈   48쪽

자		목	동	자	리
전	등		쪽		
				공	전
하	루				
현			남		음
달		서	쪽		력

---

② 여러 가지 기체

① 산소의 성질

기본 문제로 익히기   52~53쪽

> **핵심 체크**
> ① 핀치 집게   ② 집기병   ③ 산소
> ④ 커   ⑤ 없   ⑥ 도우
>
> **Step 1**
> 1 ×   2 ○   3 ○
> 4 산소   5 ○

1 기체 발생 장치를 만들 때 물을 담은 수조에 물을 가득 채운 집기병을 거꾸로 세웁니다.

4 산소는 스스로 타지 않지만 다른 물질이 타는 것을 돕고, 금속을 녹슬게 합니다.

> **Step 2**
> 1 ㉤
> 2 (1) 묽은 과산화 수소수   (2) 이산화 망가니즈
> 3 ②, ③   4 ㉤   5 ④, ⑤
> 6 ③

1 핀치 집게는 깔때기에서 떨어지는 액체의 양을 조절하고, 발생한 기체가 거꾸로 흐르는 것을 막습니다.

2 산소를 발생시키기 위해 깔때기(㉠)에 묽은 과산화 수소수를 넣고, 가지 달린 삼각 플라스크(㉢)에 물과 이산화 망가니즈를 넣습니다.

3 가지 달린 삼각 플라스크(㉢) 내부에서 거품이 발생하고, 수조의 ㄱ자 유리관(㉣) 끝부분에서 기포가 나오면서 집기병(㉤) 안에 들어 있는 물의 높이가 낮아지는 것을 통해 산소가 발생하는 것을 알 수 있습니다.

> **오답 바로잡기**
>
> ① ㉠이 차가워진다.
> ↳ ㉠에서는 산소 기체가 발생하지 않고, ㉠이 차가워지지 않습니다.
> ④ ㉤ 안에 들어 있는 물의 높이가 높아진다.
> ↳ 발생한 산소가 ㉤ 안에 모이면서 ㉤ 안에 들어 있던 물이 밀려나 물의 높이가 점점 낮아집니다.
> ⑤ 수조 속의 물이 뿌옇게 변한다.
> ↳ 수조 속의 물은 뿌옇게 변하지 않습니다.

4 산소는 다른 물질이 타는 것을 돕는 성질이 있으므로 산소가 들어 있는 집기병에 향불을 넣으면 향불의 불꽃이 커집니다.

5 산소는 스스로 타지 않고, 색깔과 냄새가 없습니다.

6 소화기는 산소가 이용되는 예가 아닙니다. 소화기에 이용되는 기체는 이산화 탄소입니다.

② 이산화 탄소의 성질

기본 문제로 익히기

핵심 체크

❶ 이산화 탄소 ❷ 꺼 ❸ 뿌옇게
❹ 없 ❺ 막 ❻ 드라이아이스

Step 1

1 ○ **2** 이산화 탄소 **3** 석회수
4 이산화 탄소

1 진한 식초와 탄산수소 나트륨이 반응하면 이산화 탄소가 발생합니다.

2 이산화 탄소는 다른 물질이 타는 것을 막는 성질이 있어 불을 끄는 데 이용됩니다.

Step 2

1 ㉡ **2** ②, ⑤ **3** ①
4 ③ **5** ③

1 흘려보내는 진한 식초의 양은 핀치 집게로 조절합니다. 즉, 핀치 집게를 짧은 순간 열었다가 놓아 진한 식초를 조금씩 흘려보냅니다.

2 이산화 탄소가 들어 있는 집기병 뒤에 흰 종이를 대면 색깔이 없는 것을 확인할 수 있고, 집기병 입구에서 손으로 바람을 일으켜 냄새가 없음을 확인할 수 있습니다.

3 이산화 탄소는 물질이 타는 것을 막는 성질이 있으므로 이산화 탄소가 들어 있는 집기병에 향불을 넣으면 꺼집니다.

4 철을 녹슬게 하는 것은 산소의 성질입니다.

5 로켓의 연료를 태울 때 이용되는 기체는 산소입니다.

실력 문제로 다잡기 ❶ ~ ❷

1 (라) → (다) → (나) → (가) **2** ③
3 ③ **4** ③ **5** ④
6 ① **7** (1) 하나 (2) 혜인
8 ㉡
9 서술형 길잡이 ❶ 집기병 ❷ 없
(1) 모범답안 • ㄱ자 유리관 끝부분: 기포가 나온다.
• 집기병 내부: 물의 높이가 낮아진다. (2) 모범답안
• 색깔: 산소가 들어 있는 집기병 뒤에 흰 종이를 대고 관찰한다. • 냄새: 산소가 들어 있는 집기병의 유리판을 열고 손으로 바람을 일으켜 냄새를 맡는다.
10 서술형 길잡이 ❶ 뿌옇게 ❷ 꺼
(1) 모범답안 석회수와 만나면 석회수를 뿌옇게 만든다. (2) 모범답안 • 성질: 다른 물질이 타는 것을 막는다. • 이용: 이산화 탄소는 불을 끌 때 이용할 수 있다.

1 깔때기에 끼운 고무관과 가지 달린 삼각 플라스크의 고무마개에 끼운 유리관을 연결한 뒤, 가지 달린 삼각 플라스크의 가지에 긴 고무관을 끼우고 고무관 끝에 ㄱ자 유리관을 연결합니다. 그리고 물을 가득 채운 집기병을 물이 담긴 수조에 거꾸로 세운 뒤 ㄱ자 유리관을 집기병 입구에 넣습니다.

2 ㉠은 깔때기, ㉡은 가지 달린 삼각 플라스크, ㉢은 집기병입니다. 고무관에 끼운 핀치 집게를 조절하여 묽은 과산화 수소수를 조금씩 흘려보내야 합니다.

3 철 못을 녹슬게 하는 기체는 산소이고, 석회수를 뿌옇게 만드는 성질이 있는 기체는 이산화 탄소입니다.

4 이산화 망가니즈는 산소를 발생시킬 때 이용합니다.

5 거품은 탄산음료에 녹아 있던 이산화 탄소가 나온 것이며, 이산화 탄소는 드라이아이스를 이용해서 모을 수 있습니다.

오답 바로잡기

① 파란색을 띤다.
  ↳ 색깔이 없습니다.
② 시큼한 냄새가 난다.
  ↳ 냄새가 없습니다.
③ 스스로 잘 타는 성질이 있다.
  ↳ 다른 물질이 타는 것을 막는 성질이 있습니다.
⑤ 탄산음료에 녹아 있던 산소가 나온 것이다.
  ↳ 탄산음료에 녹아 있던 이산화 탄소가 나온 것입니다.

10 오투 초등 과학 6-1

6 ②는 산소의 성질이고, ④와 ⑤는 이산화 탄소의 성질입니다. ③은 이산화 탄소가 이용되는 예입니다.

7 산소는 다른 물질이 타는 것을 돕는 성질이 있고, 이산화 탄소는 석회수를 뿌옇게 만드는 성질이 있습니다.

8 ㉠과 ㉢은 이산화 탄소가 이용되는 예이고, ㉡은 산소가 이용되는 예입니다.

9

	채점 기준
상	ㄱ자 유리관 끝부분과 집기병 내부의 현상을 옳게 쓰고, 색깔과 냄새를 확인하는 방법을 옳게 썼다.
중	ㄱ자 유리관 끝부분과 집기병 내부의 현상만 옳게 쓰거나 색깔과 냄새를 확인하는 방법만 옳게 썼다.
하	ㄱ자 유리관 끝부분의 현상과 집기병 내부의 현상 중 한 가지만 옳게 쓰거나 색깔과 냄새를 확인하는 방법 중 한 가지만 옳게 썼다.

10

	채점 기준
상	실험 (가)와 (나)에서 알 수 있는 성질을 옳게 쓰고, (나)의 성질을 일상생활에서 어떻게 이용하는지 옳게 썼다.
중	실험 (가)와 (나)에서 알 수 있는 성질만 옳게 썼다.
하	실험 (가)와 (나)에서 알 수 있는 성질 중 한 가지만 옳게 썼다.

❸ 압력에 따른 기체의 부피 변화

기본 문제로 익히기

64~65쪽

핵심 체크

❶ 조금　　❷ 많이　　❸ 조금
❹ 많이　　❺ 높　　　❻ 커

Step 1

1 부피　　**2** ×　　**3** 높아
4 ○

2 주사기에 공기가 든 작은 고무풍선을 넣고 피스톤을 세게 누르면 고무풍선의 부피가 많이 작아집니다.

Step 2

1 압력　　　　**2** ㉡
3 ㉠: 조금, ㉡: 많이　　　**4** 태호
5 >　　　　**6** ㉡

1 주어진 실험은 압력에 따른 기체의 부피 변화를 알아보기 위한 실험입니다.

2 피스톤을 세게 누를수록 주사기 안에 들어 있는 공기의 부피가 더 많이 작아집니다.

3 피스톤을 세게 누를수록 고무풍선에 가해지는 압력이 높아지므로 고무풍선의 부피가 더 많이 작아집니다.

4 물은 압력을 가해도 부피가 거의 변하지 않습니다.

5 산 위에서보다 산 아래에서 압력이 더 높습니다. 따라서 산 위에서 빈 페트병을 마개로 닫고 산 아래로 가지고 내려오면 페트병 안 기체의 부피가 작아져 페트병이 찌그러집니다.

6 물 표면으로 올라갈수록 공기 방울에 가해지는 압력이 낮아지므로 공기 방울에 들어 있는 기체의 부피가 커져 공기 방울의 크기가 커집니다.

> **오답 바로잡기**
>
> ㉠ 공기 방울은 물 표면으로 올라갈수록 크기가 작아진다.
> ↳ 공기 방울은 물 표면으로 올라갈수록 크기가 커집니다.
> ㉢ 물 표면으로 올라갈수록 공기 방울에 들어 있는 기체의 부피가 작아진다.
> ↳ 물 표면으로 올라갈수록 공기 방울에 가해지는 압력이 낮아지므로 공기 방울에 들어 있는 기체의 부피가 커집니다.

❹ 온도에 따른 기체의 부피 변화

기본 문제로 익히기

68~69쪽

핵심 체크

❶ 커　　❷ 작아　　❸ 커
❹ 작아　❺ 높아　　❻ 낮아

Step 1

1 높, 낮　　**2** ○　　**3** ×
4 온도　　**5** 부피

3 공기를 넣은 주사기의 입구를 막고 얼음물에 넣으면 주사기 안 공기의 부피가 작아지므로 피스톤이 주사기 안으로 빨려 들어갑니다.

Step 2

1 ④　　　　　**2** ㉡
3 (가): ↑, (나): ↓　　**4** ㉠
5 다영　　　　**6** ㉠: 낮아, ㉡: 작아

1 온도가 다른 물에 넣었을 때 고무풍선의 부피 변화를 통해 기체의 부피 변화를 알아보는 실험입니다.

2 고무풍선을 씌운 삼각 플라스크를 얼음물에 넣으면 삼각 플라스크 안 기체의 부피가 작아지면서 고무풍선이 오그라듭니다.

3 주사기를 뜨거운 물에 넣으면 피스톤이 주사기 밖으로 밀려 나가고, 얼음물에 넣으면 피스톤이 주사기 안으로 빨려 들어옵니다.

4 공기를 넣고 입구를 막은 주사기를 뜨거운 물에 넣으면 주사기 안 공기의 온도가 높아져서 부피가 커지므로 피스톤이 주사기 밖으로 밀려 나갑니다.

5 찌그러진 탁구공을 뜨거운 물에 넣으면 탁구공 안 기체의 온도가 높아져서 부피가 커지므로 탁구공의 찌그러진 부분이 펴집니다.

6 페트병을 냉장고에 넣어 두면 페트병 안 기체의 온도가 낮아져서 부피가 작아지므로 페트병이 찌그러집니다.

⑤ 공기를 이루는 여러 가지 기체

기본 문제로 익히기
72~73쪽

핵심 체크

❶ 혼합물　❷ 산소　❸ 산소
❹ 드라이아이스　❺ 네온
❻ 전기

Step 1

1 ○　　2 질소　　3 이산화 탄소
4 ×

4 수소는 청정 연료로 환경을 오염시키지 않고 전기를 만드는 데 이용됩니다.

Step 2

1 영호　　2 ⓒ　　3 ②
4 ㉠, ㉢　　5 헬륨
6 (1)-ⓒ　(2)-㉠

1 공기는 여러 가지 기체가 고유한 성질을 유지한 채 섞여 있는 혼합물이며, 대부분 질소와 산소로 이루어져 있습니다.

---

2 질소는 과자 등 식품의 모양이나 맛이 변하지 않게 보존하는 데 이용됩니다.

3 환자의 호흡 장치, 금속을 자르거나 용접을 할 때, 고기의 색이 변하지 않게 보존할 때 이용되는 기체는 산소입니다.

4 이산화 탄소는 불을 끄는 소화기에 이용되고, 이산화 탄소를 고체로 만든 드라이아이스는 물질을 차갑게 보관하는 데 이용됩니다.

> **오답 바로잡기**
>
> ⓒ 빛을 내는 광고 간판에 이용된다.
> ↳ 네온이 이용되는 예입니다.
>
> ㉢ 청정 연료로 환경을 오염시키지 않고 전기를 만드는 데 이용된다.
> ↳ 수소가 이용되는 예입니다.

5 헬륨은 공기보다 가벼운 성질이 있어 풍선이나 비행선, 광고 기구를 공중에 띄우는 데 이용됩니다.

6 네온은 조명 기구에 이용되고, 수소는 청정 연료로 수소 자동차에 이용됩니다.

실력 문제로 다잡기 ❸ ~ ❺
74~77쪽

1 ④　　　2 ⓒ　　　3 ②
4 서연　　5 ⓒ　　　6 ①
7 ⓒ, ㉢　　8 ②　　　9 수소
10 [서술형] 길잡이 ❶ 부피 ❷ 많이

(1) [모범 답안] 피스톤을 세게 누르면 약하게 눌렀을 때보다 고무풍선의 부피가 더 많이 작아진다.
(2) [모범 답안] 기체에 압력을 세게 가할수록 기체의 부피가 더 많이 작아지기 때문이다.

11 [서술형] 길잡이 ❶ 부피 ❷ 커, 작아
[모범 답안] 온도가 높아지면 기체의 부피가 커지고, 온도가 낮아지면 기체의 부피가 작아진다.

12 [서술형] 길잡이 ❶ 낮 ❷ 높

(1) [모범 답안] 과자 봉지를 높은 산 위에 가지고 올라간다. 과자 봉지를 비행기에 싣고 하늘로 올라간다. 등 (2) [모범 답안] 더운 여름철 햇빛에 놓아둔다. 뜨거운 물이 든 비커에 넣어 둔다. 등

1 피스톤을 세게 누르면 공기의 부피가 많이 작아집니다.

2 하늘 위로 올라갈수록 비행기 안의 압력이 낮아져 과자 봉지 안 기체의 부피가 커지므로 과자 봉지의 부피가 커집니다.

3 밑창에 공기 주머니가 있는 신발을 신고 뛰었다가 착지하면 공기 주머니에 가해지는 압력이 높아져서 공기 주머니 안 기체의 부피가 작아집니다.

4 고무풍선을 씌운 삼각 플라스크를 뜨거운 물이 든 비커에 넣으면 삼각 플라스크 안 기체의 온도가 높아져 기체의 부피가 커지므로 고무풍선이 부풀어 오릅니다. 삼각 플라스크를 냉장고에 넣어 두면 삼각 플라스크 안 기체의 온도가 낮아져 기체의 부피가 작아지므로 고무풍선이 다시 오그라듭니다. 따라서 이 실험으로 기체의 부피는 온도에 따라 달라진다는 것을 알 수 있습니다.

5 공기를 넣고 입구를 막은 주사기를 얼음물에 넣으면 주사기 안 공기의 온도가 낮아져 부피가 작아지므로 피스톤이 주사기 안으로 빨려 들어갑니다.

6 마개로 막은 페트병을 추운 겨울철에 밖에 놓아두면 페트병 안 기체의 온도가 낮아져서 부피가 작아지므로 페트병이 찌그러집니다. ②와 ③은 페트병 안 기체에 가해지는 압력이 낮아져서 부피가 커지므로 페트병이 부풀어 오르고, ④와 ⑤는 페트병 안 기체의 온도가 높아져서 부피가 커지므로 페트병이 부풀어 오릅니다.

7 ㉠과 ㉢은 압력에 따라 기체의 부피가 달라지는 예입니다.

8 주어진 설명에서 밑줄 친 기체는 이산화 탄소입니다. ①은 산소, ③은 헬륨, ④는 네온, ⑤는 질소를 이용하는 예입니다.

9 수소는 환경을 오염시키지 않는 청정 연료로, 전기를 만드는 데 이용됩니다.

10

	채점 기준
상	피스톤을 세게 눌렀을 때와 약하게 눌렀을 때를 옳게 비교하고 그 까닭을 옳게 썼다.
하	피스톤을 세게 눌렀을 때와 약하게 눌렀을 때를 옳게 비교했지만, 그 까닭을 쓰지 못했다.

11

	채점 기준
상	온도가 낮아지고 높아질 때의 기체의 부피 변화를 옳게 썼다.
하	온도에 따라 기체의 부피가 변한다는 것은 썼지만, 온도가 낮아지고 높아질 때의 기체의 부피 변화를 쓰지 못했다.

12 오그라든 과자 봉지를 부풀어 오르게 하려면 과자 봉지 안 기체의 부피를 커지게 해야 합니다. 따라서 과자 봉지에 가해지는 압력을 낮추거나 과자 봉지의 온도를 높여야 합니다.

	채점 기준
상	압력과 온도를 이용한 두 가지 방법을 옳게 썼다.
하	압력과 온도를 이용한 방법 중 한 가지만 썼다.

단원 정리하기   78쪽

❶ 없   ❷ 돕   ❸ 녹
❹ 없   ❺ 막   ❻ 뿌옇게
❼ 많이   ❽ 커   ❾ 작아
❿ 네온

단원 마무리 문제   79~81쪽

1 ㉤   **2** ⑤
3 모범 답안 ㉡의 내부에서 거품이 발생하고, ㉣의 끝부분에서는 기포가 나온다.
4 ⑤   **5** 이산화 탄소   **6** ㉠
7 ③   **8** ④   **9** ㉡
10 모범 답안 고무풍선의 부피가 작아진다. 고무풍선에 가해지는 압력이 높아져서 고무풍선 안 기체의 부피가 작아지기 때문이다.
11 압력   **12** ④   **13** ㉡
14 ㉠, ㉢   **15** 온도   **16** ④
17 모범 답안 페트병 안 기체의 온도가 높아져서 부피가 커지므로 찌그러진 페트병이 펴진다.
18 ㉠: 질소, ㉡: 혼합물   **19** ㉢
20 ①

1 물속에 있는 집기병(ⓜ)에 산소가 모입니다.

2 깔때기(ⓖ)에 묽은 과산화 수소수를 붓고, 가지 달린 삼각 플라스크(ⓛ)에 물과 이산화 망가니즈를 넣은 뒤 묽은 과산화 수소수를 흘려보내면 산소가 발생합니다.

3 가지 달린 삼각 플라스크(ⓛ)의 내부에서 발생한 산소가 고무관을 통해 이동하여 ㄱ자 유리관(ⓡ)의 끝부분으로 나옵니다.

채점 기준	
상	ⓛ의 내부와 ⓡ의 끝부분에서 나타나는 현상을 모두 옳게 썼다.
하	ⓛ의 내부와 ⓡ의 끝부분에서 나타나는 현상 중 한 가지만 옳게 썼다.

4 산소가 든 집기병에 향불을 넣으면 향불의 불꽃이 커집니다.

5 진한 식초와 탄산수소 나트륨이 만나면 이산화 탄소가 발생합니다.

6 이산화 탄소는 다른 물질이 타는 것을 막는 성질이 있으므로 향불이 꺼집니다.

7 이산화 탄소는 석회수를 뿌옇게 만드는 성질이 있습니다.

8 이산화 탄소는 다른 물질이 타는 것을 막는 성질이 있어 불을 끄는 소화기에 이용됩니다.

9 피스톤을 누르면 주사기 안 공기에 가해지는 압력이 높아져서 공기의 부피가 작아집니다.

> **오답 바로잡기**
>
> ⓖ 피스톤을 누른 후 공기의 부피는 40 mL이다.
> ↳ 40 mL보다 작습니다.
> ⓒ 피스톤을 세게 누르면 공기의 부피가 조금 작아진다.
> ↳ 피스톤을 세게 누르면 공기의 부피가 많이 작아집니다.
> ⓡ 주사기를 뜨거운 물에 넣으면 같은 실험 결과를 얻을 수 있다.
> ↳ 주사기를 뜨거운 물에 넣으면 주사기 안 공기의 온도가 높아지므로 공기의 부피가 커집니다.

10 기체는 압력을 가하면 부피가 작아집니다.

채점 기준	
상	풍선의 부피가 작아진다는 것과 그 까닭을 옳게 썼다.
하	풍선의 부피가 작아진다는 것만 옳게 썼다.

11 바다 아래에서 물 표면으로 올라갈수록 압력이 낮아집니다.

12 비행기가 하늘로 올라갈수록 비행기 안의 압력은 낮아지므로 과자 봉지 안 기체의 부피가 커집니다.

13 뜨거운 물에 넣으면 고무풍선이 부풀어 오르고, 얼음물에 넣으면 고무풍선이 오그라듭니다.

14 피스톤을 주사기 안쪽으로 이동시키려면 주사기 안 공기의 온도를 낮추거나 주사기에 가해지는 압력을 높여서 주사기 안 공기의 부피가 작아지게 해야 합니다. ⓛ과 ⓡ은 피스톤을 주사기 밖으로 이동시키는 방법입니다.

15 뜨거운 음식에 씌워 둔 비닐 랩이 부풀어 오르는 것은 비닐 랩 안 공기의 온도가 높아지기 때문입니다.

16 제시된 현상과 ④는 압력이 높아져서 기체의 부피가 작아지는 예입니다. ①, ②, ③은 온도가 낮아져서 기체의 부피가 작아지는 예이고, ⑤는 온도가 높아져서 기체의 부피가 커지는 예입니다.

17 온도가 높아지면 기체의 부피는 커집니다.

채점 기준	
상	페트병의 부피 변화와 그 까닭을 옳게 썼다.
하	페트병의 부피가 변하는 까닭을 쓰지 못했다.

18 공기는 대부분 질소와 산소로 이루어져 있으며, 그 밖에도 여러 가지 기체가 섞여 있는 혼합물입니다.

19 금속 용접과 압축 공기통에는 산소가 이용됩니다. ⓖ과 ⓡ은 이산화 탄소, ⓛ은 네온이 이용되는 예입니다.

20 ②는 이산화 탄소, ③은 아르곤, ④는 네온, ⑤는 헬륨에 대한 설명입니다.

가로 세로 용어 퀴즈 82쪽

드	라	이	아	이	스
			산		
과	산	화	수	소	수
			탄		소
			소	화	기
				체	

3 식물의 구조와 기능

① 생물을 이루는 세포

핵심 체크

❶ 세포   ❷ 양파   ❸ 입안
❹ 핵   ❺ 세포벽   ❻ 세포벽

Step 1

1 세포   **2** 핵   **3** ○
4 ✕

4 식물 세포와 동물 세포에는 모두 세포막이 있습니다. 식물 세포에는 있고 동물 세포에는 없는 것은 세포벽입니다.

Step 2

1 ①, ④   **2** ㉢   **3** ㉡
4 ①   **5** ㉢, 세포벽   **6** ③

1 세포는 대부분 크기가 매우 작아 맨눈으로 관찰하기 어렵고 현미경을 사용해야 관찰할 수 있습니다.

오답 바로잡기

① 모든 세포는 하는 일이 같다.
↳ 세포는 종류에 따라 크기와 모양이 다양하고 하는 일이 다릅니다.
④ 모든 세포는 세포벽과 세포막으로 둘러싸여 있다.
↳ 식물 세포에는 세포벽이 있지만 동물 세포에는 세포벽이 없습니다.

2 양파 표피 세포를 광학 현미경으로 관찰하면 세포의 크기와 모양이 조금씩 다르고, 세포가 서로 붙어 있습니다.

3 입안 상피 세포를 광학 현미경으로 관찰하면 둥근 모양으로 보이며, 세포 안에 둥근 모양의 핵이 한 개 있습니다.

4 ㉠은 핵, ㉡은 세포막, ㉢은 세포벽입니다.

5 ㉠은 생명 활동을 조절하는 핵이고, ㉡은 세포 내부와 외부를 드나드는 물질의 출입을 조절하는 세포막입니다.

6 세포는 종류에 따라 크기와 모양이 다양합니다.

오답 바로잡기

① 식물 세포와 동물 세포 모두 세포막이 없다.
↳ 식물 세포와 동물 세포 모두 세포막이 있습니다.
② 식물 세포에는 핵이 있고, 동물 세포에는 핵이 없다.
↳ 식물 세포와 동물 세포 모두 핵이 있습니다.
④ 식물 세포에는 세포벽이 없고, 동물 세포에는 세포벽이 있다.
↳ 식물 세포에는 세포벽이 있고, 동물 세포에는 세포벽이 없습니다.
⑤ 동물 세포는 크기가 매우 커서 맨눈으로 관찰할 수 있다.
↳ 세포는 대부분 크기가 매우 작아 맨눈으로 관찰할 수 없습니다.

② 뿌리의 생김새와 하는 일

핵심 체크

❶ 뿌리   ❷ 뿌리털   ❸ 곧은
❹ 수염   ❺ 물   ❻ 양분

Step 1

1 ✕   **2** ○   **3** ○
4 흡수

1 식물의 종류에 따라 뿌리의 생김새가 다양합니다.

Step 2

1 ㉠   **2** ①   **3** 뿌리털
4 ㉠   **5** ②   **6** ④

1 뿌리를 자르지 않은 양파는 뿌리로 물을 흡수하지만, 뿌리를 자른 양파는 물을 거의 흡수하지 못하므로 뿌리를 자르지 않은 양파의 비커 물이 더 많이 줄어듭니다.

2 뿌리를 자른 양파의 비커보다 자르지 않은 양파의 비커 물이 더 많이 줄어든 것을 통해 뿌리가 물을 흡수한다는 것을 알 수 있습니다.

3 뿌리털은 물을 흡수합니다. 따라서 뿌리털이 많으면 땅속의 물을 더 많이 흡수할 수 있습니다.

4 토마토는 굵고 곧은 뿌리에 가는 뿌리가 여러 개 나 있는 곧은뿌리를 가집니다.

5 식물의 뿌리는 땅속으로 깊이 뻗어 식물을 지지하므로 바람이 불어도 식물이 쉽게 쓰러지지 않습니다.

6 고구마, 당근, 무는 양분을 뿌리에 저장하여 뿌리가 굵습니다.

③ 줄기의 생김새와 하는 일

기본 문제로 익히기　94~95쪽

핵심 체크
❶ 뿌리　　❷ 감는　　❸ 기는
❹ 이동　　❺ 양분

Step 1
1 ×　　2 ×　　3 줄기
4 ○

1 줄기의 생김새는 다양합니다.

2 나팔꽃의 줄기는 주변의 다른 물체를 감아 올라가며 자랍니다.

Step 2
1 ⓒ　　2 물　　3 ④
4 ㉠　　5 ⓒ　　6 ㉠, ⓒ

1 ㉠은 백합 줄기를 가로로 자른 단면이고, ⓒ은 백합 줄기를 세로로 자른 단면입니다.

2 백합 줄기의 단면에서 붉게 보이는 부분은 물이 이동하는 통로입니다.

3 줄기는 대부분 땅 위로 자라며, 아래로는 뿌리와 이어져 있고 위로는 잎과 꽃이 달려 있습니다. 감자, 토란과 같이 줄기에 양분을 저장하는 식물도 있습니다.

4 딸기(㉠)는 땅 위를 기는 듯이 뻗어 나가며 자라는 기는줄기를 가집니다.

5 등나무와 나팔꽃(ⓒ)은 주변의 다른 물체를 감아 올라가며 자라는 감는줄기를 가집니다.

6 줄기는 잎과 꽃을 받쳐 식물을 지지하며, 물이 이동하는 통로 역할을 합니다. 땅속의 물을 흡수하는 것은 뿌리가 하는 일입니다.

실력 문제로 다잡기 ❶~❸　96~99쪽

1 ㉠, ⓒ　　2 핵　　3 ②
4 ＞　　5 ⑤　　6 ②
7 ⓒ, ⓒ　　8 ④　　9 ①, ④
10 ④
11 서술형 길잡이 ❶ 세포벽
모범 답안 식물 세포, 세포벽이 있기 때문이다.
12 서술형 길잡이 ❶ 물
모범 답안 뿌리를 자르지 않은 양파는 뿌리에서 물을 흡수했지만, 뿌리를 자른 양파는 물을 거의 흡수하지 못했기 때문이다.
13 서술형 길잡이 ❶ 물, 꽃
모범 답안 뿌리에서 흡수한 물이 줄기를 거쳐 꽃으로 이동했기 때문이다.

1 식물 세포에는 핵, 세포벽, 세포막이 모두 있으며, 동물 세포에는 핵과 세포막이 있고 세포벽은 없습니다.

2 세포에서 핵은 유전 정보가 들어 있으며, 세포의 생명 활동을 조절합니다.

3 뿌리의 흡수 기능을 알아보기 위한 실험이므로, 파 한 개는 뿌리를 그대로 두고 다른 한 개는 뿌리를 잘라 조건을 다르게 합니다. 파 뿌리의 유무 이외에 다른 조건은 모두 같게 해야 합니다.

4 뿌리를 자르지 않은 파는 물을 흡수하고 뿌리를 자른 파는 물을 거의 흡수하지 못하므로, 뿌리를 자른 파 쪽 눈금실린더에 물이 더 많이 남았습니다.

5 사진 속 뿌리는 굵고 곧은 뿌리에 가는 뿌리가 여러 개 나 있는 곧은뿌리입니다.

6 당근, 고구마, 무 등과 같이 뿌리에 양분을 저장하는 식물은 뿌리가 굵습니다.

7 백합 줄기의 단면에서 색소 색깔에 따라 물든 부분은 물이 이동하는 통로이며, 색소 물은 줄기를 통해 잎과 꽃까지 이동하므로 꽃의 반은 붉은색으로 물들고, 나머지 반은 푸른색으로 물들 것입니다.

8 줄기의 껍질은 추위와 더위로부터 식물을 보호하고 해충이나 세균의 침입을 막아줍니다. 줄기의 생김새는 다양하며 소나무, 명아주, 토마토와 같은 곧은줄기, 나팔꽃, 등나무와 같은 감는줄기, 고구마, 딸기와 같은 기는줄기, 감자, 토란과 같은 양분을 저장하는 줄기 등이 있습니다.

9 뿌리는 식물이 쓰러지지 않게 지지하며, 줄기는 잎과 꽃 등을 받쳐 식물을 지지합니다. 식물은 당근, 고구마와 같이 뿌리에 양분을 저장하기도 하고, 감자, 토란과 같이 줄기에 양분을 저장하기도 합니다.

> **오답 바로잡기**
>
> ② 대부분 땅 위로 자란다.
> ↳ 뿌리는 대부분 땅속으로 뻗어 자라고, 줄기는 대부분 땅 위로 길게 자랍니다.
> ③ 잎과 꽃이 연결되어 있다.
> ↳ 줄기에 잎과 꽃이 연결되어 있습니다.
> ⑤ 식물의 종류에 관계없이 생김새가 같다.
> ↳ 뿌리와 줄기는 식물의 종류에 따라 생김새가 다양합니다.

10 감자와 토란은 줄기에 양분을 저장하는 식물이고, 무와 고구마는 뿌리에 양분을 저장하는 식물입니다. 토마토와 고추는 줄기에 양분을 저장하는 식물이 아닙니다.

11 세포벽의 유무로 세포의 종류를 구분할 수 있습니다. 식물 세포는 세포벽이 있고, 동물 세포는 세포벽이 없습니다.

채점 기준	
상	식물 세포라고 쓰고, 그 까닭을 세포벽이 있기 때문이라고 옳게 썼다.
하	식물 세포라고 썼지만, 그 까닭을 옳게 쓰지 못했다.

12 식물의 뿌리는 물을 흡수하는 역할을 합니다.

채점 기준
물의 양이 다른 까닭을 뿌리의 유무에 따른 물의 흡수 여부로 비교하여 옳게 썼다.

13 뿌리에서 흡수한 물은 줄기를 거쳐 잎과 꽃으로 이동합니다.

채점 기준
백합꽃이 붉게 물든 까닭을 물이 줄기를 거쳐 꽃으로 이동했기 때문이라고 옳게 썼다.

④ 잎의 생김새와 하는 일

기본 문제로 익히기   102~103쪽

> **핵심 체크**
> ❶ 청람   ❷ 잎몸   ❸ 잎맥
> ❹ 광합성   ❺ 잎   ❻ 녹말
>
> **Step 1**
> 1 ×   2 물   3 ×
> 4 ○

1 빛을 받은 잎에서는 광합성을 통해 양분인 녹말이 만들어집니다.

3 광합성은 주로 식물의 잎에서 일어납니다.

> **Step 2**
> 1 ⑤   2 ㉃   3 ②
> 4 광합성   5 ②, ⑤

1 알루미늄 포일로 씌우면 잎이 빛을 받지 못하기 때문에 빛을 받지 못한 잎과 빛을 받은 잎을 서로 비교할 수 있습니다.

2 알루미늄 포일로 씌우지 않아 빛을 받은 잎에서는 양분이 만들어지므로 녹말이 있습니다. 따라서 아이오딘-아이오딘화 칼륨 용액과 반응하여 청람색으로 변합니다.

3 아이오딘-아이오딘화 칼륨 용액은 녹말과 반응하여 청람색으로 변하므로 알루미늄 포일을 씌우지 않아 빛을 받은 잎에는 녹말이 있습니다.

4 식물이 빛과 이산화 탄소, 뿌리에서 흡수한 물을 이용하여 스스로 양분을 만드는 것을 광합성이라고 합니다.

5 광합성은 빛이 있을 때 일어나며, 광합성으로 만들어진 양분은 필요한 부분으로 운반되어 사용되거나 저장됩니다.

① 잎에서만 일어난다.
↳ 주로 잎에서 일어나지만, 초록색으로 보이는 줄기나 뿌리에서도 일어날 수 있습니다.

③ 산소가 있어야 일어난다.
↳ 광합성은 빛, 이산화 탄소, 물을 이용하여 일어납니다.

④ 이 작용으로 만들어진 양분은 잎과 줄기에만 저장된다.
↳ 고구마, 당근과 같이 광합성으로 만들어진 양분을 뿌리에 저장하는 식물도 있습니다.

㉠ 잎에서 빛과 이산화 탄소, 물을 이용하여 녹말을 만드는 것이다.
↳ 이는 광합성에 대한 설명입니다.

㉡ 잎의 표면에 있는 기공을 통해 식물 안으로 물이 흡수되는 것이다.
↳ 증산 작용은 잎에 도달한 물이 잎 표면에 있는 기공을 통해 식물 밖으로 빠져나가는 것입니다.

6 증산 작용은 습도가 낮아 건조할 때 잘 일어납니다.

❺ 잎에 도달한 물의 이동

기본 문제로 익히기   106~107쪽

핵심 체크

❶ 있는   ❷ 없는   ❸ 붉은색
❹ 기공   ❺ 온도   ❻ 강

Step 1

1 ◯   2 기공   3 증산 작용

Step 2

1 ㉠   2 (가)   3 ③
4 ②   5 ㉢   6 ③

1 잎에 도달한 물이 어디로 이동하는지 알아보기 위한 실험이므로, 잎의 유무만 다르게 하고 나머지 조건은 모두 같게 해야 합니다.

2 잎이 있는 봉선화에 씌운 비닐봉지 안에는 물방울이 맺히고, 잎이 없는 봉선화에 씌운 비닐봉지 안에는 물방울이 맺히지 않습니다.

3 잎이 있는 봉선화에 씌운 비닐봉지 안에만 물방울이 맺힌 까닭은 뿌리에서 흡수한 물이 잎을 통해 식물 밖으로 빠져나갔기 때문입니다.

4 푸른색 염화 코발트 종이가 잎에서 빠져 나온 물에 닿아 붉은색으로 변합니다.

5 증산 작용은 뿌리에서 흡수한 물을 식물의 꼭대기까지 끌어 올릴 수 있도록 돕고, 식물의 온도를 조절하는 역할을 합니다.

실력 문제로 다잡기 ❹~❺   108~111쪽

1 ⑤   2 ②   3 녹말
4 ⑤   5 ①   6 ㉠
7 기공   8 태민   9 ③

10 [서술형] 길잡이 ❶ 엽록소
[모범 답안] 잎에서 엽록소를 제거하기 위해서이다.

11 [서술형] 길잡이 ❶ 녹말
[모범 답안] 알루미늄 포일로 씌우지 않은 잎, 알루미늄 포일로 씌우지 않아 빛을 받은 잎에서만 녹말이 만들어지기 때문이다.

12 [서술형] 길잡이 ❶ 물 ❷ 기공
[모범 답안] 뿌리에서 흡수하여 줄기를 거쳐 잎에 도달한 물이 잎의 기공을 통해 식물 밖으로 빠져나갔기 때문이다.

1 에탄올은 잎에 있는 엽록소를 제거하여 색깔 변화를 뚜렷하게 관찰하기 위해서 사용합니다. 아이오딘-아이오딘화 칼륨 용액(㉠)은 잎에서 녹말이 생성되는 것을 확인하기 위해서 사용합니다.

2 알루미늄 포일로 덮어 빛을 받지 못한 부분은 녹말이 만들어지지 않으므로 아이오딘-아이오딘화 칼륨 용액을 떨어뜨렸을 때 색깔 변화가 없고, 알루미늄 포일로 덮지 않은 부분은 빛을 받아 녹말이 만들어지므로 아이오딘-아이오딘화 칼륨 용액을 떨어뜨렸을 때 청람색으로 변합니다.

3 밥에는 녹말이 많이 들어 있어 아이오딘-아이오딘화 칼륨 용액이 밥에 있는 녹말과 반응하여 청람색으로 변합니다.

4 잎에서 만들어진 양분은 줄기를 통해 뿌리, 꽃, 열매 등 여러 부분으로 이동하여 사용됩니다.

5 잎의 모양이 넓으면 양분을 만들 때 필요한 빛을 더 많이 받을 수 있어 좋습니다.

6 푸른색 염화 코발트 종이는 물이 닿으면 붉은색으로 변하는 성질이 있습니다. 잎의 앞면과 뒷면에 붙여 놓은 염화 코발트 종이가 붉은색으로 변하였으므로 잎에서 물이 식물 밖으로 빠져나간다는 것을 알 수 있습니다.

┌─────────────────────────────────────┐
│ **오답 바로잡기** │
└─────────────────────────────────────┘

ⓛ 뿌리에서 흡수한 물은 모두 잎에 저장된다.
↳ 뿌리에서 흡수한 물은 줄기를 통해 잎으로 이동하여 광합성에 이용되거나 증산 작용으로 빠져나갑니다.

ⓒ 잎에서는 빛을 이용하여 녹말과 같은 양분을 만든다.
↳ 이는 광합성에 대한 설명으로, 이 실험 결과를 통해서는 알 수 없습니다.

7 잎에서 물이 수증기가 되어 잎 표면에 있는 작은 구멍인 기공을 통해 밖으로 빠져나갑니다.

8 증산 작용은 뿌리에서 흡수한 물을 식물의 꼭대기까지 끌어 올릴 수 있도록 돕고, 식물의 온도를 조절해 주는 역할도 합니다. 바람이 불어도 식물이 쓰러지지 않는 것은 뿌리의 지지 기능 때문입니다.

9 광합성(가)이 일어나기 위해서는 빛, 이산화 탄소, 물이 필요합니다.

┌─────────────────────────────────────┐
│ **오답 바로잡기** │
└─────────────────────────────────────┘

① (가)는 증산 작용이다.
↳ (가)는 광합성, (나)는 증산 작용입니다.

② (가)와 (나)는 잎에서만 일어난다.
↳ 광합성(가)은 주로 잎에서 일어나지만, 초록색으로 보이는 줄기나 뿌리에서도 일어납니다.

④ (나)를 통해 식물은 필요한 양분을 스스로 만든다.
↳ 광합성(가)을 통해 식물은 필요한 양분을 스스로 만듭니다.

⑤ (나)는 햇빛이 강할 때나 바람이 불지 않을 때 잘 일어난다.
↳ 증산 작용(나)은 햇빛이 강할 때, 바람이 잘 불 때, 온도가 높을 때, 습도가 낮을 때, 식물 안에 물이 많을 때 잘 일어납니다.

10 잎에서 엽록소를 제거하면 아이오딘－아이오딘화 칼륨 용액을 떨어뜨렸을 때 색깔 변화를 뚜렷하게 관찰할 수 있습니다.

채점 기준
잎을 에탄올에 넣는 까닭을 엽록소를 제거하기 위해서라고 옳게 썼다.

11 알루미늄 포일로 씌운 잎은 빛을 받지 못해 녹말이 만들어지지 않으므로, 아이오딘－아이오딘화 칼륨 용액을 떨어뜨렸을 때 색깔 변화가 없습니다. 알루미늄 포일로 씌우지 않은 잎은 빛을 받아 녹말이 만들어지므로, 아이오딘－아이오딘화 칼륨 용액을 떨어뜨렸을 때 청람색으로 변합니다.

채점 기준	
상	색깔이 변하는 잎을 옳게 쓰고, 잎의 색깔이 변한 까닭을 옳게 썼다.
하	색깔이 변하는 잎을 옳게 썼지만, 잎의 색깔이 변한 까닭을 옳게 쓰지 못했다.

12 잎을 통해 물이 식물 밖으로 빠져나가는 증산 작용이 일어나 잎이 있는 봉선화에 씌운 비닐봉지 안에 물방울이 생깁니다.

채점 기준
비닐봉지 안에 물방울이 생기는 까닭을 물이 잎을 통해 식물 밖으로 빠져나갔기 때문이라고 옳게 썼다.

❻ 꽃의 생김새와 하는 일

기본 문제로 익히기 　　　　　114~115쪽

┌─────────────────────────────────────┐
│ **핵심 체크** │
│ ❶ 꽃잎　　　 ❷ 씨　　　　 ❸ 꽃가루 │
│ ❹ 새　　　　 ❺ 물　　　　 ❻ 꿀 │
│ │
│ **Step 1** │
│ 1 ×　　　　　 2 꽃잎　　　 3 ○ │
│ 4 바람 │
└─────────────────────────────────────┘

1 암술, 수술, 꽃잎, 꽃받침 중 일부가 없는 꽃도 있습니다.

┌─────────────────────────────────────┐
│ **Step 2** │
│ 1 (1)-ⓒ (2)-ⓙ (3)-ⓔ (4)-ⓒ │
│ 2 ①　　　　 3 ②　　　　 4 ④ │
│ 5 ②　　　　 6 ① │
└─────────────────────────────────────┘

1 복숭아꽃은 암술, 수술, 꽃잎, 꽃받침으로 이루어져 있으며, (가)는 수술, (나)는 암술, (다)는 꽃받침, (라)는 꽃잎입니다.

2 암술(나)의 아랫부분에서 씨가 만들어집니다.

3 호박꽃의 수꽃에는 암술이 없습니다. 수꽃의 수술에서 꽃가루가 만들어지며, 꽃잎과 꽃받침은 암꽃과 수꽃에 모두 있습니다.

4 꽃가루받이는 씨를 만들기 위해 수술에서 만든 꽃가루가 암술로 옮겨 붙는 것으로, 수분이라고도 합니다.

5 식물은 스스로 꽃가루받이를 하지 못하므로 벌, 나비와 같은 곤충이나 새, 바람, 물 등에 의해서 꽃가루받이가 이루어집니다.

6 새에 의해 꽃가루받이가 이루어지는 식물은 동백나무, 바나나, 선인장 등이 있습니다.

❼ 씨가 퍼지는 방법

기본 문제로 익히기   118~119쪽

핵심 체크
❶ 씨	❷ 털	❸ 동물
❹ 바람	❺ 물	❻ 열매껍질

Step 1
1 열매   **2** ×   **3** ○
4 물

2 식물의 종류에 따라 열매의 생김새는 다르지만 모두 씨를 퍼뜨리는 역할을 합니다.

Step 2
1 (나) → (가) → (다)   **2** 열매
3 ②   **4** ㉠, ㉡   **5** ⑤
6 ④

1 꽃가루받이가 이루어지고 나면 암술에서 씨가 만들어지고, 씨를 둘러싸고 있는 부분이 씨와 함께 자라 열매가 됩니다.

2 열매는 어린 씨를 보호하고 씨를 멀리 퍼뜨리는 역할을 합니다.

3 물에 가라앉는 것은 씨가 퍼지는 방법이 아니며, 연꽃, 코코야자와 같이 씨가 물에 떠서 이동하여 퍼지는 방법이 있습니다.

4 열매는 어린 씨를 보호하고 씨가 익으면 멀리 퍼뜨리는 역할을 합니다. 씨를 만드는 것은 꽃이 하는 일입니다.

5 벚나무 열매는 동물에게 먹힌 뒤 씨가 똥으로 나와 퍼집니다.

6 도깨비바늘의 열매에는 갈고리 모양의 가시가 있어 동물의 털이나 사람의 옷에 붙어서 씨가 퍼집니다.

실력 문제로 다잡기 ❻ ~ ❼   120~123쪽

1 ③   **2** ㉢
3 (1)-㉠ (2)-㉢ (3)-㉣ (4)-㉡
4 ①   **5** ②
6 (나) → (다) → (가)   **7** ㉢
8 ③   **9** ④   **10** 지현
11 서술형 길잡이 ❶ 씨, 꽃가루
(1) (나) (2) 모범답안 꽃가루받이(수분)를 거쳐 씨를 만든다.
12 서술형 길잡이 ❶ 꽃가루받이
모범답안 곤충에 의해 꽃가루받이가 이루어지는 식물에서는 꽃가루받이가 이루어지지 않아 씨와 열매가 생기지 않을 것이다.
13 서술형 길잡이 ❶ 동물 ❷ 바람
모범답안 ㉢, 사과나무 열매와 벚나무 열매는 동물에게 먹혀서 씨가 똥으로 나와 퍼지고, 단풍나무는 열매에 날개 같은 부분이 있어서 바람에 날려 씨가 퍼지기 때문이다.

1 꽃을 이루는 기본 구조는 암술, 수술, 꽃잎, 꽃받침입니다.

2 호박꽃은 암꽃과 수꽃이 따로 있으며, 암꽃에는 수술이 없고 수꽃에는 암술이 없습니다.

3 암술은 꽃가루받이를 거쳐 씨를 만들고, 수술은 꽃가루를 만듭니다. 꽃잎은 암술과 수술을 보호하고, 꽃받침은 꽃잎을 받치고 보호합니다.

4 (가)는 수술, (나)는 암술, (다)는 꽃받침, (라)는 꽃잎입니다. 꽃가루받이는 수술의 꽃가루가 암술로 옮겨 붙는 것이므로 이와 직접 관계있는 부분은 수술(가)과 암술(나)입니다.

5 사과꽃과 같이 곤충에 의해 꽃가루받이를 하는 식물은 곤충을 유인하기 위하여 꽃이 화려합니다.

6 꽃가루받이가 이루어지면(나) 암술 속에서 씨가 만들어지고(다) 씨가 자라면서 암술이 함께 자라 열매가 됩니다(가). 따라서 열매가 자라는 과정을 순서대로 나열하면 (나) → (다) → (가) → (라)입니다.

7 (다)는 꽃가루받이가 이루어진 후 암술 속에서 씨가 만들어지는 과정입니다.

8 우엉 열매는 갈고리 모양의 가시가 있어 동물의 털이나 사람의 옷에 붙어서 퍼집니다.

> **오답 바로잡기**
>
> ① 민들레 – 날개가 있어 바람에 날려서 퍼진다.
> ↳ 민들레는 솜털 같은 부분이 있어 바람에 날려 퍼집니다.
> ② 가죽나무 – 솜털이 있어 바람에 날려서 퍼진다.
> ↳ 가죽나무는 날개 같은 부분이 있어 바람에 날려 퍼집니다.
> ④ 콩 – 동물에게 먹힌 뒤 씨가 똥으로 나와서 퍼진다.
> ↳ 콩은 열매껍질이 터지면서 씨가 튀어 나가 퍼집니다.
> ⑤ 머루 – 열매껍질이 터지면서 씨가 튀어 나가 퍼진다.
> ↳ 머루는 동물에게 먹힌 뒤 씨가 똥으로 나와 퍼집니다.

9 코코야자와 연꽃의 씨는 물에 떠서 이동하여 퍼집니다. 도꼬마리는 동물의 털이나 사람의 옷에 붙어서 씨가 퍼지고, 산수유나무는 동물에게 먹혀 씨가 똥으로 나와 퍼집니다. 콩은 꼬투리가 터지면서 씨가 튀어 나가 퍼지고, 박주가리는 솜털처럼 생긴 씨가 바람에 날려 퍼집니다.

10 광합성을 통해 식물에 필요한 양분을 만드는 것은 잎이 하는 일이고, 땅속의 물을 흡수하는 것은 뿌리가 하는 일입니다. 흡수한 물을 식물 전체로 이동해 주는 것은 줄기가 하는 일이고, 씨를 만드는 것은 꽃이 하는 일입니다.

11 꽃은 암술, 수술, 꽃잎, 꽃받침으로 이루어지며, 이 중 수술은 꽃가루를 만듭니다. 꽃은 꽃가루받이를 거쳐 씨를 만드는 일을 합니다.

채점 기준	
상	(나)라고 쓰고, 꽃이 하는 일을 옳게 썼다.
하	(나)라고 썼지만, 꽃이 하는 일을 옳게 쓰지 못했다.

12 식물은 스스로 꽃가루받이를 하지 못하므로 곤충, 새, 바람, 물 등의 도움을 받아야 합니다.

채점 기준	
상	꽃가루받이가 이루어지지 않아 씨와 열매가 생기지 않을 것이라고 옳게 썼다.
하	꽃가루받이가 이루어지지 않는다고만 썼다.

13 사과나무 열매와 벗나무 열매는 동물에게 먹혀서 씨가 똥으로 나와 퍼지고, 단풍나무는 열매에 날개 같은 부분이 있어서 바람에 날려 씨가 퍼집니다.

채점 기준	
상	ⓒ이라고 쓰고, 그 까닭을 옳게 썼다.
하	ⓒ이라고 썼지만, 그 까닭을 옳게 쓰지 못했다.

단원 정리하기   124쪽

❶ 세포   ❷ 세포막   ❸ 뿌리털
❹ 물   ❺ 녹말   ❻ 광합성
❼ 증산 작용   ❽ 암술   ❾ 꽃가루받이
❿ 열매

단원 마무리 문제   125~127쪽

1 ④   **2** ⓛ
3 모범 답안 뿌리는 물을 흡수한다.
4 ④   **5** 윤아   **6** ⓒ
7 ⑤   **8** ⓛ
9 모범 답안 빛을 받지 못하게 하여 빛을 받은 잎과 빛을 받지 못한 잎을 비교하기 위해서이다.
10 ㉠, ㉢   **11** ⓛ   **12** ⑤
13 ㉠: 줄기, ⓛ: 기공
14 모범 답안 뿌리에서 흡수한 물을 식물의 꼭대기까지 끌어올릴 수 있도록 돕는다. 식물의 온도를 조절하는 역할을 한다.
15 ④   **16** ①   **17** ⑤
18 ④   **19** (1) ⓛ (2) ㉠
20 (1)-ⓒ (2)-㉠ (3)-ⓛ

1 ㉠은 각종 유전 정보가 들어 있는 핵, ㉡은 세포 내부와 외부를 드나드는 물질의 출입을 조절하는 세포막입니다. 핵과 세포막은 동물 세포와 식물 세포에 모두 있습니다.

2 식물 세포(가)와 동물 세포(나)는 모두 핵과 세포막이 있지만, 식물 세포(가)에는 세포벽이 있고, 동물 세포(나)에는 세포벽이 없습니다.

3 실험 결과 뿌리를 자르지 않은 양파 쪽 비커의 물이 더 많이 줄어들었으며, 이를 통해 뿌리는 물을 흡수한다는 것을 알 수 있습니다.

채점 기준
뿌리가 물을 흡수한다고 옳게 썼다.

4 굵기가 비슷한 가는 뿌리가 수염처럼 난 것은 수염뿌리입니다. 파, 양파, 강아지풀, 옥수수는 수염뿌리를 가지고, 고추, 명아주, 당근, 토마토는 곧은뿌리를 가집니다.

5 뿌리는 땅속으로 깊이 뻗어 식물을 지지하므로 바람이 불어도 식물이 쉽게 쓰러지지 않습니다.

6 나팔꽃은 다른 물체를 감아 올라가며 자라는 감는줄기를 가지고, 딸기는 땅 위를 기는 듯이 뻗어 나가며 자라는 기는줄기를 가집니다.

7 줄기의 단면에서 붉게 보이는 부분은 물이 이동하는 통로이며, 이를 통해 물은 식물 전체로 이동합니다.

실험 결과 줄기의 가로 단면 전체에 붉은 점들이 여러 개 있고, 줄기를 세로로 자르면 줄기를 따라 세로로 긴 붉은 선이 여러 개 있습니다. 물이 이동하는 통로는 줄기를 거쳐 잎과 꽃으로 이어져 있으므로 시간이 지나면 잎과 꽃의 색깔도 붉게 물듭니다.

8 감자는 줄기에 양분을 저장하고, 무와 고구마는 뿌리에 양분을 저장합니다.

9 잎에서 빛을 받아 광합성을 하여 만들어지는 양분을 확인하기 위해서는 빛을 받은 잎과 빛을 받지 못한 잎을 비교하여야 합니다.

채점 기준
빛의 유무를 비교하기 위해서라고 옳게 썼다.

10 알루미늄 포일로 씌운 잎은 빛을 받지 못해 녹말이 없으므로 색깔 변화가 없습니다.

11 광합성은 주로 잎에서 일어나며, 만들어진 양분은 필요한 부분으로 운반되어 사용되거나 저장됩니다.

12 잎에서는 뿌리에서 흡수한 물이 식물 밖으로 빠져나가는 증산 작용이 일어나므로 잎이 있는 모종에서만 비닐봉지 안에 물방울이 맺힙니다. 증산 작용은 햇빛이 강하고 온도가 높을수록 잘 일어납니다.

13 줄기에는 물이 이동하는 통로가 있으며, 잎에 도달한 물은 잎의 표면에 있는 작은 구멍인 기공을 통해 식물 밖으로 빠져나갑니다.

14 증산 작용은 뿌리에서 흡수한 물을 식물의 꼭대기까지 끌어 올릴 수 있도록 돕고, 식물의 온도를 조절해 주는 역할을 합니다.

채점 기준	
상	증산 작용의 역할을 두 가지 모두 옳게 썼다.
하	증산 작용의 역할을 한 가지만 옳게 썼다.

15 ㉠은 수술, ㉡은 암술, ㉢은 꽃받침, ㉣은 꽃잎입니다. 복숭아꽃과 호박꽃 암꽃은 모두 암술을 가지므로 씨를 만들 수 있습니다.

오답 바로잡기

① ㉠은 수술로, 씨를 만든다.
↳ ㉠은 꽃가루를 만드는 수술입니다.
② ㉡은 암술로, 곤충을 유인한다.
↳ ㉡은 꽃가루받이를 거쳐 씨를 만드는 암술입니다. 암술과 수술을 보호하고 곤충을 유인하는 것은 꽃잎(㉣)입니다.
③ ㉢은 꽃받침으로, 꽃가루를 만든다.
↳ ㉢은 꽃잎을 받치고 보호하는 꽃받침입니다.
⑤ (가)와 (나)는 모두 암술, 수술, 꽃잎, 꽃받침으로 이루어져 있다.
↳ 호박꽃의 암꽃에는 수술이 없고, 수꽃에는 암술이 없습니다.

16 바나나는 꽃가루가 새에 의해 암술로 옮겨집니다.

17 사과나무, 장미, 코스모스는 모두 곤충에 의해 꽃가루받이가 이루어집니다.

18 봉선화, 콩과 같이 열매껍질이 스스로 터져서 씨가 튀어 나가 퍼지는 식물도 있습니다.

19 민들레는 씨가 솜털처럼 생겨 바람에 날려 퍼지고, 벚나무는 열매가 동물에게 먹힌 뒤 씨가 똥으로 나와 퍼집니다.

20 식물의 뿌리는 물을 흡수하고 식물을 지지하며, 꽃은 씨를 만들고, 열매는 씨를 멀리 퍼뜨리는 역할을 합니다.

가로 세로 용어 퀴즈 128쪽

세	포			흡	수
포			녹		술
벽			말		
줄			광	합	성
기	공				

4 빛과 렌즈

① 햇빛이 프리즘을 통과한 모습

기본 문제로 익히기 132~133쪽

핵심 체크

❶ 투명 ❷ 여러 ❸ 색
❹ 무지개 ❺ 무지갯

Step 1

1 × **2** ○ **3** 여러
4 ×

1 프리즘은 투명한 유리나 플라스틱 등으로 만든 삼각기둥 모양의 도구입니다.

4 하늘에 무지개가 나타나는 까닭은 햇빛이 여러 가지 색의 빛으로 이루어져 있기 때문입니다.

Step 2

1 프리즘 **2** ㉡ **3** ⑤
4 여러 **5** ㉡ **6** 여러

1 그림과 같이 유리나 플라스틱 등으로 만든 투명한 삼각기둥 모양의 도구는 프리즘입니다.

2 햇빛이 프리즘을 통과하여 흰 종이에 닿으면 ㉡처럼 여러 가지 색의 빛이 연속해서 나타납니다.

3 햇빛은 여러 가지 색의 빛으로 이루어져 있어 프리즘을 통과하면 여러 가지 색의 빛이 연속해서 나타납니다.

4 햇빛은 여러 가지 색의 빛으로 이루어져 있습니다. 햇빛이 프리즘을 통과할 때 빛의 색에 따라 꺾이는 정도가 다르기 때문에 여러 가지 색의 빛으로 나뉘어 나타납니다.

5 비가 그친 뒤 하늘에 있는 물방울이 프리즘 역할을 하기 때문에 여러 가지 색의 빛으로 이루어진 햇빛이 물방울을 통과하면 무지개가 나타납니다.

오답 바로잡기

㉠ 거울에 반사된 햇빛
↳ 빛의 반사는 빛이 물체의 표면에 부딪쳐 나아가는 방향이 바뀌는 성질입니다.
㉢ 햇빛이 비칠 때 물체 주변에 생기는 그림자
↳ 그림자는 빛의 직진 때문에 나타납니다.

6 유리 장식품은 프리즘 역할을 합니다. 따라서 여러 가지 색의 빛으로 이루어진 햇빛이 유리 장식품을 통과하면 주변에 무지갯빛이 나타납니다.

② 빛이 유리나 물을 통과하여 나아가는 모습

기본 문제로 익히기   136~137쪽

핵심 체크
❶ 굴절   ❷ 경계   ❸ 경계
❹ 비스듬히   ❺ 수직

Step 1
1 굴절   **2** 경계   **3** ○
4 ×

4 빛이 공기 중에서 비스듬히 나아가면 서로 다른 물질의 경계에서 꺾여 나아가고, 수직으로 나아가면 경계에서 꺾이지 않고 그대로 나아갑니다.

Step 2
1 ①, ②   **2** ②   **3** 경계
4 ③   **5** ㉢   **6** ㉠

1 수조 속의 물에 우유를 넣으면 물이 뿌옇게 되어 빛이 나아가는 모습을 잘 볼 수 있습니다. 수조 속의 공기에 향 연기를 넣으면 공기 중에서 빛이 나아가는 모습을 잘 볼 수 있습니다.

2 빛이 공기 중에서 물로 비스듬히 들어가면 공기와 물의 경계에서 꺾여 나아갑니다.

3 공기 중에서 비스듬하게 나아가던 빛이 서로 다른 물질인 물을 만나면 공기와 물의 경계에서 꺾여 나아갑니다.

4 공기 중에서 나아가던 빛이 다른 물질을 만나 경계에서 꺾여 나아가는 현상을 빛의 굴절이라고 합니다.

5 빛이 공기 중에서 물로 비스듬히 들어갈 때 공기와 물의 경계에서 꺾여 나아갑니다. 빛이 물에서 공기 중으로 비스듬히 들어갈 때에도 물과 공기의 경계에서 꺾여 나아갑니다.

오답 바로잡기

㉠ 빛이 공기 중에서만 계속 나아갈 때
 ↳ 빛이 공기 중에서만 나아갈 때에는 다른 물질을 만나지 않으므로 빛은 굴절하지 않습니다.

㉡ 빛이 공기 중에서 물로 수직으로 들어갈 때
 ↳ 빛이 공기 중에서 물로 수직으로 들어갈 때에는 빛이 굴절하지 않고 그대로 나아갑니다.

6 빛이 공기 중에서 비스듬히 나아가다가 반투명한 유리판을 만나면 빛은 공기와 유리의 경계에서 꺾여 나아갑니다.

③ 물속에 있는 물체의 모습

기본 문제로 익히기   140~141쪽

핵심 체크
❶ 물   ❷ 굴절   ❸ 짧아
❹ 없   ❺ 떠올라   ❻ 얕아

Step 1
1 ○   **2** ×   **3** 다르게
4 굴절

2 컵 속에 물을 부으면 반듯했던 젓가락이 꺾여 보입니다.

Step 2
1 ②   **2** ㉠   **3** 굴절
4 굴절   **5** 아래로   **6** ㉠

1 컵에 물을 붓기 전에는 동전이 보이지 않고 컵에 물을 부은 다음에는 동전이 보입니다.

2 컵에 물을 붓기 전에는 젓가락이 반듯했지만 물을 부은 다음에는 빛이 굴절되어 젓가락이 꺾여 보입니다.

3 공기와 물의 경계에서 빛이 굴절하기 때문에 물에 담긴 젓가락이 실제와 다르게 꺾여 보입니다.

4 물속에 있는 다리에 닿아 반사된 빛은 물과 공기의 경계에서 굴절해 사람의 눈으로 들어옵니다. 물 밖에 있는 사람은 빛의 연장선에 다리가 있다고 생각하므로 물속의 다리가 짧아 보입니다.

5 다슬기에 닿아 반사된 빛이 물속에서 공기 중으로 나올 때 물과 공기의 경계에서 굴절하기 때문에 다슬기는 실제 위치보다 떠올라 보입니다. 따라서 다슬기를 잡으려면 손을 더 아래로 뻗어야 합니다.

6 물고기에 닿아 반사된 빛이 물속에서 공기 중으로 나올 때 물과 공기의 경계에서 굴절하기 때문에 물고기의 위치는 실제 위치보다 떠올라 보입니다.

실력 문제로 다잡기 ①~③ 142~145쪽

1 ⓒ   **2** ④   **3** ④
4 ④   **5** ⓒ   **6** ⓛ
7 ㉠: 경계, ㉡: 굴절
8 ㉠: 빛, ㉡: 굴절   **9** ④
10 서술형 길잡이 ❶ 여러
모범 답안 프리즘, 햇빛은 여러 가지 색의 빛으로 이루어져 있다.
11 서술형 길잡이 ❶ 경계 ❷ 수직
모범 답안

빛을 비스듬하게 비출 때 빛은 공기와 물의 경계에서 꺾여 나아간다. 빛을 수직으로 비출 때 빛은 공기와 물의 경계에서 꺾이지 않고 그대로 나아간다.
12 서술형 길잡이 ❶ 굴절
모범 답안 빛이 공기와 물의 경계에서 굴절하기 때문이다.

1 햇빛은 여러 가지 색의 빛으로 이루어져 있기 때문에 프리즘을 통과하여 흰 종이에 닿으면 여러 가지 색의 빛이 연속해서 나타납니다.

2 햇빛이 검은색 종이의 긴 구멍을 거쳐 프리즘을 통과하여 흰 종이에 닿으면 여러 가지 색의 빛이 연속으로 나타납니다. 이 실험 결과로 햇빛은 여러 가지 색의 빛으로 이루어져 있음을 알 수 있습니다. 흰 종이에 그늘을 만들면 실험 결과를 더 잘 관찰할 수 있습니다.

3 비가 그친 뒤 하늘에 있는 물방울이 프리즘 역할을 하므로 햇빛이 물방울을 통과하면 무지개가 나타납니다.

---

4 빛이 공기와 물의 경계에서 나아가는 모습을 알아보기 위한 실험입니다.

5 빛이 공기 중에서 물로 비스듬히 들어갈 때 공기와 물의 경계에서 꺾여 나아갑니다. 빛이 공기 중에서 물로 수직으로 들어갈 때 꺾이지 않고 그대로 나아갑니다.

6 빛을 공기 중에서 비스듬히 반투명한 유리판에 비추면 빛은 공기와 반투명한 유리판의 경계에서 굴절하여 꺾여 나아갑니다.

> **오답 바로잡기**
> ㉠ 빛은 반투명한 유리판에 흡수된다.
> ↳ 빛은 반투명한 유리판을 통과하여 꺾여 나아갑니다.
> ㉢ 빛은 반투명한 유리판을 그대로 통과해서 나아간다.
> ↳ 빛은 공기와 반투명한 유리판의 경계에서 꺾여 나아갑니다.

7 컵에 물을 붓지 않았을 때는 젓가락이 반듯했지만 물을 부었을 때는 빛이 공기와 물의 경계에서 굴절되어 젓가락이 꺾여 보입니다.

8 물속에 있는 다리에 닿아 반사된 빛은 물속에서 공기 중으로 나올 때 물과 공기의 경계에서 굴절해 사람의 눈으로 들어옵니다. 물 밖에 있는 사람은 빛의 연장선에 다리가 있다고 생각해 물속의 다리가 짧아 보입니다.

9 물속에 있는 물체의 모습이 실제 모습과 다르게 보이는 것은 빛이 공기와 물의 경계에서 굴절하기 때문입니다. 문틈으로 들어오는 햇빛이 곧게 나아가는 것은 빛이 직진하기 때문입니다.

10 햇빛을 통과시키기 위해 설치한 도구는 프리즘입니다. 햇빛은 여러 가지 색의 빛으로 이루어져 있기 때문에 햇빛을 프리즘에 통과시키면 흰 종이에 여러 가지 색의 빛이 연속해서 나타납니다.

채점 기준	
상	프리즘과 햇빛의 특징을 모두 옳게 썼다.
하	프리즘만 옳게 썼다.

11 빛이 공기 중에서 물로 비스듬히 들어갈 때 공기와 물의 경계에서 꺾여 나아갑니다. 빛이 공기 중에서 물로 수직으로 들어갈 때 꺾이지 않고 그대로 나아갑니다.

채점 기준	
상	빛이 나아가는 모습 두 가지를 모두 옳게 화살표로 나타내고 글로 썼다.
하	빛이 나아가는 모습을 한 가지만 화살표로 옳게 나타내고 글로 썼다.

12 컵에 물을 부으면 동전에서 반사된 빛의 일부가 공기와 물의 경계에서 굴절되어 사람의 눈으로 들어오므로 보이지 않던 동전이 보입니다.

채점 기준	
상	빛이 공기와 물의 경계에서 굴절하기 때문이라고 옳게 썼다.
하	빛이 굴절하기 때문이라고만 썼다.

❹ 볼록 렌즈의 특징과 볼록 렌즈로 본 물체의 모습

기본 문제로 익히기   148~149쪽

핵심 체크
❶ 볼록   ❷ 투명   ❸ 꺾여
❹ 가운데   ❺ 굴절   ❻ 가운데

Step 1
1 가운데   **2** ×   **3** ○
4 ○   **5** ×

2 볼록 렌즈는 유리와 같이 투명해서 빛을 통과시킬 수 있습니다.

5 볼록 렌즈의 역할을 하는 물체는 빛을 통과시킬 수 있도록 투명한 물질로 되어 있고, 물체의 가운데 부분이 가장자리보다 두껍습니다.

Step 2
1 ㉠: 두꺼운, ㉡: 투명   **2** ㉠
3 ㉢   **4** 볼록 렌즈   **5** ②
6 ㉠

1 볼록 렌즈는 가운데 부분이 가장자리보다 두꺼운 렌즈입니다. 유리와 같이 투명해서 빛이 통과할 수 있습니다.

2 빛이 ㉠처럼 볼록 렌즈의 가장자리를 통과하면 렌즈의 두꺼운 가운데 부분으로 꺾여 나아갑니다. 빛이 ㉡처럼 볼록 렌즈의 가운데 부분을 통과하면 꺾이지 않고 그대로 나아갑니다.

3 빛이 볼록 렌즈의 가장자리를 통과하면 빛은 볼록 렌즈의 가운데 부분으로 꺾여 나아가고, 가운데 부분을 통과하면 빛은 꺾이지 않고 그대로 나아갑니다.

> **오답 바로잡기**
> ㉠ 빛은 볼록 렌즈를 통과하지 못한다.
> ↳ 볼록 렌즈는 유리와 같이 투명하므로 빛이 통과할 수 있습니다.
> ㉡ 빛이 볼록 렌즈의 가장자리를 통과하면 꺾이지 않고 그대로 나아간다.
> ↳ 빛이 볼록 렌즈의 가장자리를 통과하면 렌즈의 가운데 부분으로 꺾여 나아갑니다.

4 볼록 렌즈로 가까이 있는 물체를 관찰하면 물체의 모습이 실제보다 크고 똑바로 보일 때도 있습니다.

5 유리구슬, 유리 막대, 물방울은 투명하고, 가운데 부분이 가장자리보다 두꺼운 물체로, 볼록 렌즈의 역할을 할 수 있습니다. 종이컵은 불투명하여 빛이 통과할 수 없습니다.

6 볼록 렌즈의 역할을 하는 물체는 볼록 렌즈와 비슷한 특징이 공통적으로 있습니다.

> **오답 바로잡기**
> ㉡ 불투명한 금속으로 되어 있다.
> ↳ 볼록 렌즈의 역할을 하는 물체는 빛을 통과시킬 수 있어야 하므로 투명합니다.
> ㉢ 가운데 부분이 가장자리보다 얇다.
> ↳ 볼록 렌즈의 역할을 하는 물체는 가운데 부분이 가장자리보다 두껍습니다.

❺ 볼록 렌즈를 통과한 햇빛의 모습

기본 문제로 익히기   152~153쪽

핵심 체크
❶ 굴절   ❷ 볼록 렌즈   ❸ 평면 유리
❹ 볼록 렌즈   ❺ 평면 유리   ❻ 높

Step 1
1 ×   **2** ○   **3** ×
4 높기

1 평면 유리는 햇빛을 한곳으로 모을 수 없고, 볼록 렌즈는 햇빛을 한곳으로 모을 수 있습니다.

3 볼록 렌즈를 이용해 햇빛을 한 곳으로 모은 곳은 주변보다 밝기가 밝고, 온도가 높습니다.

> **Step 2**
> **1** 볼록 렌즈 **2** ⑤ **3** ㉠
> **4** ㉠ **5** 굴절 **6** ④

1 볼록 렌즈는 햇빛을 굴절시켜 한곳으로 모을 수 있기 때문에 종이에 만든 원의 크기는 볼록 렌즈와 흰 종이 사이의 거리에 따라 달라집니다.

▲ 5 cm ▲ 25 cm ▲ 50 cm
▲ 볼록 렌즈를 통과한 원의 크기 변화

▲ 5 cm ▲ 25 cm ▲ 50 cm
▲ 평면 유리를 통과한 원의 크기 변화

2 햇빛을 볼록 렌즈에 통과시키면 햇빛을 굴절시켜 한곳으로 모을 수 있습니다.

3 볼록 렌즈를 통과한 햇빛은 한곳으로 모이고, 주변보다 온도가 높습니다.

> **오답 바로잡기**
>
> ㉡ 볼록 렌즈로 햇빛을 한곳으로 모은 곳은 주변보다 밝기가 어둡다.
> ↳ 볼록 렌즈로 햇빛을 한곳으로 모은 곳은 주변보다 밝기가 밝습니다.
> ㉢ 평면 유리로 햇빛을 한곳으로 모은 곳은 주변보다 온도가 높다.
> ↳ 평면 유리는 햇빛을 한곳으로 모을 수 없습니다.

4 볼록 렌즈를 통과한 햇빛은 굴절하여 한곳으로 모일 수 있으므로 흰 종이에 작은 원을 만듭니다.

5 볼록 렌즈는 햇빛을 굴절시켜 한곳으로 모을 수 있기 때문에 볼록 렌즈와 흰 종이 사이의 거리를 다르게 하면 흰 종이에 생긴 원의 크기는 달라집니다.

6 볼록 렌즈는 햇빛을 모을 수 있습니다. 햇빛을 모은 곳은 온도가 높기 때문에 열 변색 종이의 색이 달라져 그림을 그릴 수 있습니다.

실력 문제로 다잡기 ④~⑤ 154~157쪽

1 ㉡ **2** ④ **3** ⑤
4 ① **5** ④
6 ㉠: 볼록 렌즈, ㉡: 밝, ㉢: 평면 유리
7 (1) ㉡ (2) ㉡
8 ④ **9** ③
10 서술형 길잡이 ❶ 가장자리 ❷ 가운데

모범 답안

빛이 볼록 렌즈의 가장자리를 통과하면 가운데 부분으로 꺾여 나아가고, 빛이 볼록 렌즈의 가운데 부분을 통과하면 꺾이지 않고 그대로 나아간다.

11 서술형 길잡이 ❶ 투명 ❷ 가운데
모범 답안 빛을 통과시킬 수 있다. 투명하다. 물체의 가운데 부분이 가장자리보다 두껍다.

12 서술형 길잡이 ❶ 볼록 렌즈 ❷ 평면 유리
모범 답안 볼록 렌즈는 햇빛을 모을 수 있고, 평면 유리는 햇빛을 모을 수 없다.

1 볼록 렌즈로 물체를 관찰하면 크게 보일 때도 있고, 상하좌우가 바뀌어 보일 때도 있습니다.

> **오답 바로잡기**
>
> ㉠ 멀리 있는 물체는 보이지 않는다.
> ↳ 볼록 렌즈로 멀리 있는 물체를 보면 실제 물체보다 작고 상하좌우가 바뀌어 보일 때도 있습니다.
> ㉢ 항상 실제 물체의 좌우가 바뀌어 보인다.
> ↳ 볼록 렌즈로 가까이 있는 물체를 보면 실제 물체보다 크고 똑바로 보일 때도 있습니다.

2 볼록 렌즈로 가까이 있는 물체를 관찰하면 물체의 모습이 실제보다 크고 똑바로 보일 때도 있습니다. 멀리 있는 물체를 관찰하면 물체의 모습이 실제보다 작고 상하좌우가 바뀌어 보일 때도 있습니다.

3 빛이 볼록 렌즈의 가장자리를 통과하면 볼록 렌즈의 두꺼운 가운데 부분으로 꺾여 나아갑니다. 빛이 볼록 렌즈의 가운데 부분을 통과하면 꺾이지 않고 그대로 나아가며 한곳으로 모입니다.

4 물방울, 유리구슬, 유리 막대, 물이 담긴 둥근 어항과 같이 투명하고, 가운데 부분이 가장자리보다 두꺼운 물체는 볼록 렌즈의 역할을 할 수 있습니다.

5 볼록 렌즈는 햇빛을 굴절시키므로 볼록 렌즈와 흰 종이 사이의 거리를 다르게 하면 볼록 렌즈를 통과한 햇빛이 흰 종이에 만든 원의 크기가 달라집니다.

6 볼록 렌즈가 햇빛을 한곳으로 모은 곳은 주변보다 밝기가 밝고, 온도가 높습니다. 평면 유리는 햇빛을 모을 수 없어 흰 종이에서 멀어져도 평면 유리를 통과한 햇빛이 만든 원 안의 밝기가 변하지 않습니다.

7 볼록 렌즈는 햇빛을 굴절시켜 한곳으로 모을 수 있기 때문에 볼록 렌즈를 통과한 햇빛이 만든 원 안은 평면 유리를 통과한 햇빛이 만든 원 안과 달리 주변보다 밝기가 밝고, 온도가 높습니다.

8 볼록 렌즈는 햇빛을 한곳으로 모을 수 있습니다. 햇빛을 한곳으로 모은 곳은 온도가 높아 열 변색 종이에 그림을 그릴 수 있습니다.

9 볼록 렌즈나 볼록 렌즈의 역할을 하는 물체를 이용하여 햇빛을 모은 곳은 온도가 높기 때문에 불을 붙일 수 있습니다. 평면 유리는 빛을 모을 수 없기 때문에 평면 유리를 통과한 햇빛이 만든 원 안은 온도가 높지 않아 불을 붙일 수 없습니다.

10 볼록 렌즈는 빛을 굴절시키는 성질이 있기 때문에 곧게 나아가던 빛이 볼록 렌즈의 가장자리를 통과하면 빛은 두꺼운 가운데 부분으로 꺾여 나아가고, 가운데 부분을 통과하면 빛은 꺾이지 않고 그대로 나아갑니다.

채점 기준	
상	빛이 나아가는 모습 두 가지를 모두 옳게 그리고, 글로 썼다.
하	빛이 나아가는 모습을 한 가지만 옳게 그리고, 글로 썼다.

11 볼록 렌즈의 역할을 하는 물체는 빛을 통과시킬 수 있고, 빛을 통과시키기 위해 투명합니다. 또한 물체의 가운데 부분이 가장자리보다 두껍습니다.

채점 기준	
상	볼록 렌즈의 역할을 하는 물체의 공통점 세 가지를 모두 옳게 썼다.
하	볼록 렌즈의 역할을 하는 물체의 공통점을 한 가지만 옳게 썼다.

12 볼록 렌즈와 흰 종이 사이의 거리가 25 cm일 때 볼록 렌즈가 햇빛을 한곳으로 모았기 때문에 원의 모습이 작아졌습니다. 평면 유리는 햇빛을 모을 수 없기 때문에 평면 유리와 흰 종이 사이의 거리가 달라져도 원의 모습이 변하지 않습니다.

채점 기준	
상	볼록 렌즈는 햇빛을 모을 수 있고, 평면 유리는 햇빛을 모을 수 없는 내용을 옳게 썼다.
하	볼록 렌즈는 햇빛을 모을 수 있다는 내용만 옳게 썼다.

⑥ 볼록 렌즈를 이용한 도구를 만들어 관찰한 물체의 모습

기본 문제로 익히기
160~161쪽

핵심 체크
❶ 볼록 렌즈　❷ 볼록 렌즈　❸ 다릅니다
❹ 상하좌우　❺ 커　❻ 굴절

Step 1
1 간이 사진기　**2** ✕　**3** ○
4 확대

2 간이 사진기를 만들 때에는 빛을 모을 수 있는 볼록 렌즈를 사용합니다.

Step 2
1 ②　　**2** (가), (라), (나)
3 ④　　**4** ㉠: 볼록, ㉡ 굴절
5 볼록 렌즈　**6** ⑤

1 간이 사진기의 속 상자의 한쪽 끝에는 물체의 모습을 볼 수 있는 기름종이를 붙입니다.

2 간이 사진기를 만드는 과정은 다음과 같습니다. (다) 겉 상자에 볼록 렌즈를 붙이고, (가) 속 상자에 기름종이를 붙인 뒤, (라) 속 상자를 겉 상자에 넣어 (나) 간이 사진기를 완성합니다.

3 간이 사진기로 글자를 관찰하면 글자의 상하좌우가 바뀌어 보입니다.

4 간이 사진기에 있는 볼록 렌즈가 빛을 굴절시켜 기름종이에 물체의 모습을 만듭니다. 따라서 간이 사진기로 본 물체의 모습이 다르게 보입니다.

5 간이 프로젝터는 상자의 한쪽 면에 구멍을 뚫고, 이 부분에 볼록 렌즈를 붙여 만듭니다.

6 볼록 렌즈를 사용한 간이 프로젝터로 영상을 보면 영상의 빛이 볼록 렌즈를 통과하며 굴절되어 스마트 기기에서 보이는 영상보다 커 보이고 화면의 상하좌우가 바뀌어 보입니다.

6 볼록 렌즈를 사용하면 물체의 모습을 확대해서 볼 수 있습니다. 그러나 물체의 색깔은 실제 물체와 같게 보입니다.

❼ 우리 생활에서 볼록 렌즈를 이용하는 예

기본 문제로 익히기　　　164~165쪽

핵심 체크

❶ 관찰　　❷ 확대　　❸ 굴절
❹ 멀리　　❺ 현미경　　❻ 사진기

Step 1

1 볼록　　2 ×　　3 ○

2 쌍안경을 이용하면 멀리 있는 물체를 크게 볼 수 있습니다.

Step 2

1 볼록　　2 ②　　3 ⑤
4 ㉃　　5 ㉠, ㉢　　6 ③

1 작은 곤충을 관찰할 때, 시계의 날짜를 확대해서 볼 때, 박물관의 전시를 자세히 볼 때 등의 상황에서는 물체를 확대하여 보기 위해 공통으로 볼록 렌즈가 사용됩니다.

2 우리 생활에서 볼록 렌즈를 이용해 만든 기구에는 확대경, 사진기, 돋보기안경, 망원경, 현미경 등이 있습니다. 비커는 유리를 이용하여 만든 기구입니다.

3 돋보기안경은 희미하게 보이는 글씨를 선명하게 볼 때 이용합니다.

4 망원경은 볼록 렌즈를 이용해 멀리 있는 물체를 확대해서 볼 때 이용합니다.

5 현미경은 볼록 렌즈인 대물렌즈와 접안렌즈를 이용해 작은 물체를 확대해서 볼 수 있게 만든 기구입니다. 돋보기는 볼록 렌즈를 이용해 작은 물체를 확대해서 볼 때 이용하는 기구입니다.

실력 문제로 다잡기 ❻ ~ ❼　　166~169쪽

1 ⑤　　2 ④　　3 ⑤
4 ⑤　　5 ㉃　　6 ③
7 ㉢　　8 ①　　9 ③

10 서술형 길잡이 ❶ 굴절, 기름종이 ❷ 상하좌우
(1) ㉠: 기름종이, ㉃: 볼록 렌즈 (2) 모범답안 간이 사진기의 볼록 렌즈가 빛을 굴절시켜 기름종이에 위치가 바뀐 물체의 모습을 만들기 때문이다.

11 서술형 길잡이 ❶ 확대 ❷ 크게
모범답안 (가) 멀리서 날고 있는 새처럼 멀리 있는 물체를 확대하여 관찰할 때 사용한다. (나) 곤충처럼 작은 생물을 자세히 관찰할 때 사용한다.

12 서술형 길잡이 ❶ 확대
모범답안 작은 물체나 멀리 있는 물체를 자세히 관찰할 수 있다. 섬세한 작업을 할 때 도움이 된다.

1 간이 사진기를 만들 때 속 상자의 네모난 구멍에 붙인 기름종이는 스크린처럼 물체를 볼 수 있게 하는 역할을 합니다.

2 간이 사진기로 물체를 보면 물체의 상하좌우가 바뀌어 보입니다.

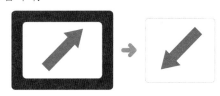

3 간이 프로젝터로 영상을 보면 상하좌우가 바뀌어 보이고, 스마트 기기에서 보이는 영상보다 커 보입니다.

4 간이 프로젝터는 뚜껑을 닫고 볼록 렌즈로 빛을 굴절시켜 스크린 사이의 거리를 조절하며 사용합니다. 간이 프로젝터로 영상을 보면 스마트 기기의 영상보다 커 보이고, 상하좌우가 바뀌어 보입니다.

5 책을 읽거나 곤충을 관찰할 때, 인체의 작은 부분을 크게 볼 때, 박물관의 전시를 자세히 볼 때 볼록 렌즈를 사용합니다.

6 돋보기를 사용하면 물체의 모습을 확대해서 볼 수 있기 때문에 곤충처럼 작은 생물을 관찰할 수 있습니다.

7 확대경의 렌즈, 쌍안경의 렌즈, 사진기의 렌즈, 공연장 조명의 렌즈에 볼록 렌즈가 이용됩니다.

사진기에 볼록
렌즈가 이용된 부분

8 현미경, 확대경, 돋보기안경, 일부 의료용 장비 등은 작은 물체를 확대하여 볼 때 사용하며, 사진기는 볼록 렌즈로 빛을 모아 주변 풍경을 찍을 때 사용합니다.

9 현미경은 작은 물체를 크게 확대하여 관찰할 때 쓰입니다.

10 간이 사진기로 물체를 보면 볼록 렌즈가 빛을 굴절시켜 기름종이에 위치(상하좌우)가 바뀐 물체의 모습을 만들기 때문에 실제 모습과 다르게 보입니다.

채점 기준	
상	㉠, ㉡에 해당하는 재료와 간이 사진기로 물체를 보면 실제 모습과 다르게 보이는 까닭을 옳게 썼다.
하	㉠, ㉡에 해당하는 재료는 옳게 썼지만, 간이 사진기로 물체를 보면 실제 모습과 다르게 보이는 까닭을 쓰지 못했다.

11 볼록 렌즈는 멀리서 날고 있는 새처럼 멀리 있는 물체를 확대하여 관찰하거나 곤충처럼 작은 생물을 자세히 관찰할 때 사용합니다.

채점 기준	
상	(가), (나)에 해당하는 볼록 렌즈를 이용한 예를 옳게 썼다.
하	(가), (나)에 해당하는 볼록 렌즈를 이용한 예를 한 가지만 옳게 썼다.

12 볼록 렌즈는 물체의 모습을 확대해서 보거나 가까운 것이 잘 보이지 않는 사람의 시력을 교정하는 데 도움을 줍니다.

채점 기준	
상	우리 생활에서 볼록 렌즈를 사용했을 때 좋은 점을 두 가지 모두 옳게 썼다.
하	우리 생활에서 볼록 렌즈를 사용했을 때 좋은 점을 한 가지만 옳게 썼다.

단원 정리하기   170쪽

① 프리즘   **②** 여러   **③** 경계
④ 수직   **⑤** 꺾여   **⑥** 굴절
⑦ 두꺼운   **⑧** 굴절   **⑨** 볼록 렌즈
⑩ 상하좌우

단원 마무리 문제   171~173쪽

1 ①   **2** ㉡
3 모범답안 햇빛은 여러 가지 색의 빛으로 이루어져 있기 때문에 분수 주변에 무지개가 나타난다.
4 ④   **5** 강인
6

7 ③   **8** ㉡
9 모범답안 빛이 공기와 물의 경계에서 굴절하기 때문이다.
10 ㉡   **11** 볼록 렌즈
12 모범답안 투명하다. 물체의 가운데 부분이 가장자리보다 두껍다.
13 >
14 모범답안 볼록 렌즈는 햇빛을 모을 수 있고, 평면 유리는 햇빛을 모을 수 없기 때문이다.
15 ③   **16** ③   **17** ①
18 ㉠: 볼록 렌즈, ㉡: 상하좌우
19 ④   **20** ㉠

1 프리즘은 투명한 유리나 플라스틱 등으로 만듭니다.

2 햇빛은 여러 가지 색의 빛으로 이루어져 있기 때문에 햇빛을 프리즘에 통과시키면 흰 종이에 여러 가지 색의 빛이 연속해서 나타납니다.

3 분수 주변에 있는 물방울은 프리즘 역할을 합니다. 여러 가지 색의 빛으로 이루어진 햇빛이 물방울을 통과하면 무지개가 나타납니다.

채점 기준	
햇빛이 여러 가지 색의 빛으로 이루어져 있기 때문이라고 옳게 썼다.	

4 물에 우유를 세네 방울 떨어뜨린 다음 수조에 향 연기를 채우면 레이저 포인터의 빛이 나아가는 모습을 잘 볼 수 있습니다.

5 빛을 수면에 비스듬하게 비추면 빛은 공기와 물의 경계에서 꺾여 나아갑니다.

6 빛이 수면에 비스듬하게 들어가면 빛은 공기와 물의 경계에서 꺾여 나아갑니다.

7 컵에 물을 부으면 동전에서 반사된 빛의 일부가 물속에서 공기 중으로 나올 때 물과 공기의 경계에서 굴절되어 컵 속의 동전을 볼 수 있습니다.

8 젓가락이 들어 있는 컵에 물을 부으면 공기와 물의 경계에서 빛이 굴절하기 때문에 젓가락이 꺾여 보입니다.

9 빛이 공기와 물의 경계에서 굴절하기 때문에 물속에 있는 물체는 실제의 위치보다 더 아래쪽에 있습니다. 따라서 물속의 다슬기를 한 번에 잡을 수 없습니다.

채점 기준	
상	빛이 공기와 물의 경계에서 굴절한다고 옳게 썼다.
하	빛이 굴절한다고만 옳게 썼다.

10 곧게 나아가던 빛이 볼록 렌즈의 가장자리를 통과하면 두꺼운 가운데 부분으로 꺾여 나아가고, 볼록 렌즈의 가운데 부분을 통과하면 꺾이지 않고 그대로 나아갑니다.

11 볼록 렌즈로 가까이 있는 물체를 관찰하면 물체의 모습이 실제보다 크고 똑바로 보입니다. 볼록 렌즈로 멀리 있는 물체를 관찰하면 물체의 모습이 실제보다 작고 상하좌우가 바뀌어 보입니다.

12 볼록 렌즈의 역할을 할 수 있는 물체는 빛을 통과시키기 위해 투명한 물질로 되어 있습니다. 물체의 가운데 부분이 가장자리보다 두껍습니다.

채점 기준	
상	특징 두 가지를 모두 옳게 썼다.
하	특징을 한 가지만 옳게 썼다.

13 볼록 렌즈는 햇빛을 모을 수 있기 때문에 볼록 렌즈를 통과한 햇빛이 만든 원 안의 온도가 더 높습니다.

14 볼록 렌즈는 햇빛을 굴절시켜 모을 수 있지만, 평면 유리는 햇빛을 굴절시킬 수 없기 때문에 볼록 렌즈를 통과한 햇빛이 만든 원 안의 온도가 더 높습니다.

채점 기준	
상	볼록 렌즈는 햇빛을 모을 수 있고, 평면 유리는 햇빛을 모을 수 없다고 옳게 썼다.
하	볼록 렌즈는 햇빛을 모을 수 있기 때문이라고만 옳게 썼다.

15 볼록 렌즈는 햇빛을 모을 수 있기 때문에 불을 붙일 수 있습니다.

16 'ㄹ'은 실제 모습과 간이 사진기로 관찰한 모습이 같은 자음입니다. 실제 모습과 간이 사진기로 본 모습은 다음과 같습니다.

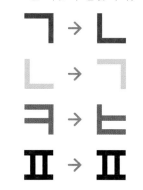

17 간이 사진기의 볼록 렌즈가 빛을 굴절시켜 기름종이에 상하좌우가 다른 물체의 모습을 만들기 때문에 간이 사진기로 본 물체의 모습은 실제 모습과 다릅니다.

18 간이 프로젝터는 볼록 렌즈를 이용하여 화면을 확대해 스크린에 비추는 간단한 프로젝터입니다. 간이 프로젝터로 영상을 보면, 실제 영상의 상하좌우가 바뀌어 보이고, 더 크게 보입니다.

19 곤충처럼 작은 생물을 관찰할 때나 책에 있는 글씨를 선명하게 보기 위해서는 볼록 렌즈가 이용된 확대경이나 돋보기안경을 사용합니다.

20 돋보기는 작은 물체를 확대할 때 사용하고, 사진과 영상을 촬영할 때는 사진기를 사용합니다. 손전등은 빛을 모아 좁은 영역을 더 밝게 볼 때 사용하고, 작은 물체를 자세히 볼 때는 현미경, 돋보기 등을 사용합니다. 확대경은 가까이 있는 물체를 크게 보이게 합니다.

가로 세로 용어 퀴즈 174쪽

볼			현	미	경
록					계
렌			굴	절	
즈		돋			무
		보			지
삼	각	기	둥		개

정답과 해설 (평가책)

1 지구와 달의 운동

단원 정리   평가책 2~3쪽

❶ 동쪽   ❷ 서쪽   ❸ 자전
❹ 낮   ❺ 밤   ❻ 봄
❼ 동쪽   ❽ 공전   ❾ 보름달
❿ 남쪽 하늘

쪽지 시험   평가책 4쪽

1 동, 남, 서   2 자전축   3 자전
4 자전   5 겨울   6 같은
7 공전   8 공전   9 30
10 서, 동

서술 쪽지 시험   평가책 5쪽

1 (모범 답안) 지구가 자전하기 때문이다.
2 (모범 답안) 지구가 자전축을 중심으로 하루에 한 바퀴씩 회전하는 것이다.
3 (모범 답안) 태양 빛을 받는 지역은 낮이 되고, 태양 빛을 받지 못하는 지역은 밤이 된다.
4 (모범 답안) 봄철에 가을철의 대표적인 별자리는 태양과 같은 방향에 있어 태양 빛 때문에 볼 수 없다.
5 (모범 답안) 계절에 따라 보이는 별자리가 달라진다.
6 (모범 답안) 서쪽에서 동쪽으로 조금씩 이동한다.

단원 평가   평가책 6~8쪽

1 ①   2 ㉡
3 ㉠: 동쪽 → 서쪽, ㉡: 서쪽 → 동쪽
4 ㉠   5 ④   6 ④
7 (모범 답안) 지구가 하루에 한 바퀴씩 자전하기 때문에 태양 빛을 받는 곳인 낮과 태양 빛을 받지 못하는 곳인 밤이 하루에 한 번씩 번갈아 나타난다.
8 ㉠   9 ㉠: 가을, ㉡: 겨울
10 ②   11 ④   12 ③
13 (모범 답안) 봄철에는 남쪽 하늘에서, 여름철에는 서쪽 하늘에서 볼 수 있고, 가을철에는 볼 수 없으며 겨울철에는 동쪽 하늘에서 볼 수 있다.
14 ⑤   15 ③   16 ①

17 (모범 답안) 그믐달, 27~28일 무렵에 관찰할 수 있다.
18 ③   19 ③
20 ㉠: 30, ㉡: 30

1 지구가 서쪽에서 동쪽으로 자전하기 때문에 하루 동안 별은 동쪽에서 서쪽으로 움직이는 것처럼 보입니다.

2 달은 저녁 7시 30분 무렵에 동쪽 하늘에서 보이고, 오전 12시 30분 무렵에 남쪽 하늘에서 보이며, 오전 5시 30분 무렵에 서쪽 하늘에서 보입니다. 하루 동안 달의 위치는 지구의 자전 때문에 변하는 것처럼 보입니다.

3 지구 역할인 사람이 회전하면서 볼 때 태양(전등)이나 달은 그 반대 방향으로 움직이는 것처럼 보입니다.

4 지구는 서쪽에서 동쪽으로 자전하고, 하루 동안 달, 별, 태양은 동쪽에서 서쪽으로 움직이는 것처럼 보입니다.

5 지구는 하루에 한 바퀴씩 자전축을 중심으로 서쪽에서 동쪽으로 자전합니다.

6 하루를 주기로 낮과 밤이 반복되므로 낮인 지역은 12시간 후에 밤이 되고, 24시간(하루) 후에 다시 낮이 됩니다.

7

채점 기준	
상	자전 주기를 포함하여 지구의 자전 때문이라고 옳게 썼다.
하	지구의 자전 때문이라고만 썼다.

8 계절에 따라 오랫동안 볼 수 있는 별자리가 그 계절의 대표적인 별자리입니다. 사자자리는 봄철, 백조자리와 거문고자리는 여름철의 대표적인 별자리입니다.

9 저녁 9시 무렵 남동쪽이나 남쪽 하늘에서 보이는 별자리가 그 계절의 대표적인 별자리입니다. 안드로메다자리, 페가수스자리, 물고기자리는 가을철의 대표적인 별자리이고, 쌍둥이자리, 오리온자리, 큰개자리는 겨울철의 대표적인 별자리입니다.

10 하루 동안 별자리는 동쪽에서 서쪽으로 이동합니다. 따라서 ㉠ 계절일 때 하루 동안 독수리자리보다 물고기자리를 오래 볼 수 있습니다.

11 지구는 자전하면서 동시에 공전도 합니다. 지구의 자전 방향과 공전 방향은 모두 '서쪽 → 동쪽'입니다. 지구가 공전하면서 한밤에 향하는 곳이 달라지므로 관찰되는 밤하늘이 달라집니다.

12 지구가 가을철의 위치일 때 태양의 반대 방향에 있는 페가수스자리(ⓒ)를 오래 볼 수 있고, 태양과 같은 방향에 있는 사자자리(㉠)는 태양 빛 때문에 볼 수 없습니다.

13

채점 기준	
상	계절에 따라 볼 수 있는 방향을 모두 옳게 썼다.
중	계절에 따라 볼 수 있는 방향 중 두 방향만 옳게 썼다.
하	계절에 따라 볼 수 있는 방향 중 한 방향만 옳게 썼다.

14 여름철에는 겨울철 별자리가 태양과 같은 방향에 있어서 태양 빛이 매우 밝으므로 겨울철 별자리가 보이지 않습니다.

15 ㉠은 초승달, ⓒ은 상현달, ⓒ은 보름달입니다.

16 ㉠ 초승달은 음력 2~3일 무렵에, ⓒ 상현달은 음력 7~8일 무렵에, ⓒ 보름달은 음력 15일 무렵에 볼 수 있습니다.

17

채점 기준	
상	달의 이름과 달을 관찰할 수 있는 때를 모두 옳게 썼다.
중	달의 이름만 옳게 썼다.

18 여러 날 동안 같은 시각에 달을 관찰하면 매일 조금씩 서쪽에서 동쪽으로 이동합니다.

19 여러 날 동안 저녁 7시 무렵에 관찰할 때, 초승달은 서쪽 하늘에서, 상현달은 남쪽 하늘에서, 보름달은 동쪽 하늘에서 볼 수 있습니다. 하현달과 그믐달은 저녁 7시 무렵에는 보이지 않고 오전 6시 무렵에 하현달은 남쪽 하늘에서, 그믐달은 동쪽 하늘에서 볼 수 있습니다.

20 달은 약 30일을 주기로 매일 같은 시각에 관찰되는 위치와 모양 변화가 되풀이됩니다.

서술형 평가   평가책 9쪽

1 (1) ㉠ (2) **모범 답안** 지구가 서쪽에서 동쪽으로 자전하기 때문에 태양이 동쪽에서 서쪽으로 움직이는 것처럼 보인다.

2 (1) ㉠: 목동자리, ⓒ: 독수리자리 (2) **모범 답안** 지구가 태양 주위를 공전하기 때문에 계절에 따라 지구의 위치가 달라져 계절에 따라 보이는 별자리가 달라진다.

1 (1) 하루 동안 태양을 관찰하면 태양은 동쪽 하늘에서 남쪽 하늘을 지나 서쪽 하늘로(㉠ 방향) 이동합니다.

채점 기준	
10점	㉠을 쓰고, ㉠ 방향으로 태양이 움직인 까닭을 지구의 자전 방향을 포함하여 옳게 썼다.
3점	㉠만 썼다.

2 (1) 지구가 봄철의 위치에 있을 때, 태양의 반대 방향에 있는 목동자리가 가장 오래 보입니다. 지구가 겨울철의 위치에 있을 때, 태양과 같은 방향에 있는 독수리자리를 태양 빛 때문에 보기 힘듭니다.

채점 기준	
10점	봄철에 오랜 시간 볼 수 있는 별자리와 겨울철에 보기 힘든 별자리를 옳게 쓰고, 계절에 따라 보이는 별자리가 달라지는 까닭을 옳게 썼다.
5점	봄철에 오랜 시간 볼 수 있는 별자리와 겨울철에 보기 힘든 별자리만 옳게 쓰거나, 계절에 따라 보이는 별자리가 달라지는 까닭만 옳게 썼다.

② 여러 가지 기체

단원 정리   평가책 10~11쪽

❶ 커   ❷ 녹   ❸ 없
❹ 꺼   ❺ 뿌옇게   ❻ 조금
❼ 많이   ❽ 뜨거운 물   ❾ 얼음물
❿ 질소

쪽지 시험   평가책 12쪽

1 산소   **2** 없습니다   **3** 돕습니다
4 꺼집니다   **5** 이산화 탄소   **6** 세게, 약하게
7 압력   **8** 작아진다.   **9** 뜨거운
10 헬륨

서술 쪽지 시험   평가책 13쪽

1 **모범 답안** 산소는 다른 물질이 타는 것을 돕는다.
2 **모범 답안** 집기병에 석회수를 넣고 흔들었을 때 석회수가 뿌옇게 변하면 이산화 탄소가 있는 것이다.
3 **모범 답안** 물 표면으로 올라올수록 압력이 낮아져서 기체의 부피가 커지므로 공기 방울이 점점 커진다.

4 모범답안 공기의 부피가 많이 작아진다.

5 모범답안 열기구 풍선 안 공기의 온도가 높아지면 공기의 부피가 커지므로 풍선이 부풀어 오른다.

6 모범답안 공기는 대부분 질소와 산소로 이루어져 있으며, 이 밖에도 여러 가지 기체가 섞여 있다.

단원 평가

평가책 14~16쪽

1 ⑤ **2** ③

3 모범답안 가지 달린 삼각 플라스크에 물을 조금 넣고 이산화 망가니즈를 한 숟가락 넣은 뒤, 깔때기에 묽은 과산화 수소수를 붓고 핀치 집게를 조절하여 조금씩 흘려보내면 산소가 발생한다.

4 ㉠, ㉢ **5** ② **6** ⑤

7 ㉡ **8** ⑤

9 모범답안 이산화 탄소가 이용되는 예이다.

10 > **11** 예서 **12** ㉡, ㉢

13 모범답안 밑창에 공기 주머니가 있는 신발을 신고 뛰었다가 착지하면 공기 주머니의 부피가 작아진다. 등

14 (1) ㉡ (2) ㉠

15 모범답안 온도가 높아지면 기체의 부피가 커지고, 온도가 낮아지면 기체의 부피가 작아진다.

16 ④ **17** ㉡ **18** ㉡

19 수소 **20** ②

1 ㄱ자 유리관을 집기병 안으로 넣을 때는 너무 깊이 넣지 않습니다.

2 핀치 집게는 손으로 전체를 감싸고 엄지와 검지를 눌러서 고무관을 통과하여 이동하는 물질의 양을 조절합니다.

3 묽은 과산화 수소수와 이산화 망가니즈가 만나면 산소가 발생합니다.

채점 기준	
상	물질의 종류, 기체 발생 장치의 사용 방법을 포함하여 산소를 발생시키는 방법을 옳게 썼다.
하	묽은 과산화 수소수와 이산화 망가니즈가 만나 산소가 발생하였다고만 썼다.

4 ㄱ자 유리관 끝부분에서 기포가 나오므로 집기병 내부에 있는 물의 높이가 낮아집니다.

5 산소는 색깔과 냄새가 없고, 손으로 만질 수 없으며, 생물이 숨을 쉴 때 필요합니다.

6 진한 식초와 탄산수소 나트륨이 만나면 이산화 탄소가 발생합니다.

7 이산화 탄소에는 물질이 타는 것을 막는 성질이 있어 소화기에 이용됩니다.

8 ⑤는 헬륨이 이용되는 예입니다.

9 이산화 탄소는 탄산음료의 톡 쏘는 맛을 내는 데 이용되고, 위급할 때 순식간에 부풀어 오르는 자동 팽창식 구명조끼에도 이용됩니다.

채점 기준
탄산음료와 자동 팽창식 구명조끼의 공통점을 옳게 썼다.

10 피스톤을 누르면 풍선에 가해지는 압력이 높아지므로 풍선의 부피가 작아집니다.

11 피스톤을 세게 누르면 풍선에 가해지는 압력이 높아지므로 풍선의 부피가 많이 작아지고, 피스톤에서 손을 떼면 풍선의 부피가 원래대로 돌아옵니다.

12 땅보다 하늘에서 과자 봉지에 가해지는 압력이 더 낮으므로 과자 봉지는 땅보다 하늘에서 부피가 더 큽니다.

13 주어진 현상은 압력에 따라 기체의 부피가 변하는 예입니다.

채점 기준	
상	압력에 따라 기체의 부피가 변하는 예를 옳게 썼다.
하	압력에 따라 기체의 부피가 변하는 예를 쓰지 못했다.

14 고무풍선을 씌운 삼각 플라스크를 뜨거운 물에 넣으면 풍선이 부풀어 올랐다가, 얼음물에 넣으면 풍선이 오그라듭니다.

15 실험을 통해 기체는 온도에 따라 부피가 변한다는 사실을 알 수 있습니다.

채점 기준	
상	기체의 부피가 온도에 따라 변한다는 것을 옳게 썼다.
하	기체의 부피가 온도에 따라 변한다는 것을 옳게 쓰지 못했다.

16 페트병 안 기체의 온도가 낮아져서 부피가 작아지므로 페트병이 찌그러집니다.

17 주어진 현상과 ㉡은 온도가 낮아져 기체의 부피가 작아지는 현상입니다. ㉠과 ㉢은 압력에 의해 기체의 부피가 변하는 현상입니다.

18 공기는 대부분 질소와 산소로 이루어져 있습니다. ㉠은 이산화 탄소, ㉡은 질소가 이용되는 예입니다.

19 청정 연료로 환경을 오염시키지 않고 전기를 만드는 데 이용되는 기체는 수소입니다.

20 식물을 키우는 데 이용되는 기체는 이산화 탄소입니다. ④는 산소, ⑤는 이산화 탄소에 대한 옳은 설명입니다.

서술형 평가 평가책 17쪽

1 모범답안 (1) 깔때기 속 물질을 흘려보내는 양을 조절한다. (2) 이산화 탄소, 다른 물질이 타는 것을 막는다.

2 모범답안 (1) 주사기를 얼음물에 넣는다. 주사기를 냉장고에 넣어 둔다. 주사기를 추운 겨울철 밖에 둔다. 등 (2) 주사기 안 공기의 온도가 낮아지므로 공기의 부피가 작아지기 때문이다.

1 진한 식초와 탄산수소 나트륨이 만나면 이산화 탄소가 발생합니다.

	채점 기준
10점	핀치 집게의 역할, 기체의 이름과 성질을 모두 옳게 썼다.
7점	기체의 이름과 성질만 옳게 썼다.
3점	핀치 집게의 역할만 옳게 썼다.

2 주사기 안 공기의 온도를 낮추면 공기의 부피가 작아지므로 피스톤이 주사기 안으로 빨려 들어옵니다.

	채점 기준
10점	방법과 까닭을 모두 옳게 썼다.
5점	방법 또는 까닭 중 한 가지만 옳게 썼다.

3 식물의 구조와 기능

단원 정리 평가책 18~19쪽

❶ 핵 ❷ 세포벽 ❸ 뿌리털
❹ 물 ❺ 줄기 ❻ 광합성
❼ 녹말 ❽ 증산 작용 ❾ 꽃잎
❿ 씨

쪽지 시험 평가책 20쪽

1 세포막 **2** 뿌리털 **3** 뿌리
4 토마토 **5** 양분 **6** 녹말
7 증산 작용 **8** 암술 **9** 바람
10 바람

서술 쪽지 시험 평가책 21쪽

1 모범답안 식물 세포에는 세포벽이 있지만, 동물 세포에는 세포벽이 없다.
2 모범답안 고구마나 우엉은 뿌리에 양분을 저장하여 다른 식물에 비해 뿌리가 굵다.
3 모범답안 줄기는 물이 이동하는 통로 역할을 한다.
4 모범답안 뿌리에서 흡수한 물을 식물의 꼭대기까지 끌어 올릴 수 있도록 돕는다. 식물의 온도를 조절하는 역할을 한다.
5 모범답안 씨를 만들기 위해 수술에서 만든 꽃가루가 암술로 옮겨 붙는 것이다.
6 모범답안 바람에 날려서 퍼진다. 동물에게 먹혀서 퍼진다.

단원 평가 평가책 22~24쪽

1 ③, ⑤ **2** ② **3** ②
4 모범답안 뿌리털, 땅속의 물을 더 잘 흡수하게 한다.
5 뿌리 **6** ㉡, ㉢ **7** ⑤
8 ㉡ **9** ④ **10** 광합성
11 ④ **12** ㉡ **13** ①, ②
14 ㉢ **15** ⑤
16 모범답안 꽃은 꽃가루받이를 거쳐 씨를 만드는 일을 한다.
17 (1)-㉠ (2)-㉢ (3)-㉡ **18** 열매
19 ⑤
20 모범답안 열매껍질이 터지면서 씨가 퍼진다.

1 세포는 크기와 모양이 다양하며, 식물 세포에는 세포벽이 있고 동물 세포에는 세포벽이 없습니다.

2 식물 세포는 세포 가장자리가 두껍습니다.

3 ㉠은 곧은 뿌리, ㉡은 수염뿌리입니다. 당근, 고추, 감나무는 곧은뿌리이며, 파, 양파, 강아지풀은 수염뿌리입니다.

4 뿌리털이 많을수록 땅속의 물을 더 많이 흡수할 수 있습니다.

채점 기준	
상	뿌리털이라고 쓰고, 뿌리털이 하는 일을 옳게 썼다.
하	뿌리털이라고 썼지만, 뿌리털이 하는 일을 옳게 쓰지 못했다.

5 뿌리는 땅속으로 깊이 뻗어 있어서 식물이 쓰러지지 않게 식물을 지지합니다.

6 ㉡은 백합 줄기를 가로로 자른 단면의 모습이고, ㉢은 백합 줄기를 세로로 자른 단면의 모습입니다.

7 줄기 단면에서 색소 물이 든 부분은 물이 이동한 통로입니다.

8 나팔꽃은 줄기가 가늘고 길어 주변의 다른 물체를 감아 올라가며 자랍니다.

9 잎은 광합성을 하여 녹말과 같은 양분을 만듭니다.

10 식물이 빛과 이산화 탄소, 뿌리에서 흡수한 물을 이용하여 스스로 양분을 만드는 광합성을 나타낸 것입니다.

11 광합성은 식물이 빛과 물, 이산화 탄소를 이용하여 양분을 만드는 작용입니다.

12 뿌리에서 흡수한 물은 잎을 통해 식물 밖으로 빠져나가므로 잎이 없는 모종에 씌운 비닐봉지 안에는 물이 생기지 않습니다.

13 뿌리에서 흡수한 물은 잎의 표면에 있는 기공을 통해 식물 밖으로 빠져나갑니다.

14 증산 작용은 잎에 도달한 물이 기공을 통해 식물 밖으로 빠져나가는 것입니다.

15 복숭아꽃은 꽃잎, 꽃받침, 암술, 수술이 한 꽃에 있고, 호박꽃은 암술과 수술이 각각 다른 꽃에 있습니다.

16 꽃은 수술에서 만든 꽃가루가 암술로 옮겨 붙는 꽃가루받이를 거쳐 씨를 만드는 일을 합니다.

채점 기준
꽃가루받이를 거쳐 씨를 만든다고 옳게 썼다.

17 검정말은 물에 의해, 옥수수는 바람에 의해, 무궁화는 곤충에 의해 꽃가루받이가 이루어집니다.

18 열매는 어린 씨를 보호하고 씨가 익으면 씨를 퍼뜨리는 역할을 합니다.

19 도깨비바늘과 우엉 열매에는 갈고리 모양의 가시가 있어 동물의 털이나 사람의 옷에 붙어서 씨가 퍼집니다.

20 봉선화는 꼬투리가 터지면서 씨가 튀어 나가 퍼집니다.

채점 기준
열매껍질(꼬투리)이 터지면서 씨가 퍼진다고 옳게 썼다.

서술형 평가　　　　　　　　평가책 25쪽

1 (1) 아이오딘-아이오딘화 칼륨 용액
(2) **모범 답안** 빛을 받은 잎에서만 녹말이 만들어진다.
2 (1) ㉠: 곤충, ㉡: 새, ㉢: 바람, ㉣: 물
(2) **모범 답안** 곤충을 유인하기 위해 꽃이 화려하다.

1 아이오딘-아이오딘화 칼륨 용액을 떨어뜨렸을 때 알루미늄 포일을 씌우지 않은 잎만 청람색으로 변하는 것으로 보아, 빛을 받은 잎에서만 녹말이 만들어졌음을 알 수 있습니다.

채점 기준	
10점	빈칸에 들어갈 용액의 이름을 옳게 쓰고, 실험을 통해 알 수 있는 사실을 녹말과 관련지어 옳게 썼다.
3점	빈칸에 들어갈 용액의 이름을 옳게 썼지만, 실험을 통해 알 수 있는 사실을 녹말과 관련지어 쓰지 못했다.

2 곤충에 의해 꽃가루받이가 이루어지는 꽃은 곤충을 유인하기 위해 꽃이 화려하고 향기가 있으며, 꿀샘이 발달해 있습니다.

채점 기준	
10점	㉠~㉣에 들어갈 말을 옳게 쓰고, 곤충에 의해 꽃가루받이가 이루어지는 꽃의 특징을 옳게 썼다.
4점	㉠~㉣에 들어갈 말을 옳게 썼지만, 곤충에 의해 꽃가루받이가 이루어지는 꽃의 특징을 옳게 쓰지 못했다.

4 빛과 렌즈

단원 정리　　　　　　　　평가책 26~27쪽

❶ 프리즘　　❷ 여러　　❸ 굴절
❹ 꺾여　　❺ 굴절　　❻ 두꺼운
❼ 가운데　　❽ 꺾여　　❾ 굴절
❿ 볼록 렌즈

1 여러   **2** 굴절   **3** 경계

4 꺾여   **5** 짧아   **6** 두꺼운

7 가장자리   **8** 밝고, 높습니다

9 다르게   **10** 확대

서술 쪽지 시험   평가책 29쪽

1 (모범 답안) 햇빛은 여러 가지 색의 빛으로 이루어져 있기 때문이다.

2 (모범 답안) 서로 다른 물질의 경계에서 빛이 꺾여 나아가는 현상이다.

3 (모범 답안) 공기와 물의 경계에서 빛이 굴절하기 때문이다.

4 (모범 답안) 빛을 통과시킬 수 있고, 가운데 부분이 가장자리보다 두껍다.

5 (모범 답안) 볼록 렌즈는 햇빛을 굴절시키는 성질이 있기 때문이다.

6 (모범 답안) 빛을 굴절시켜 기름종이에 물체의 모습을 만들 수 있다.

단원 평가   평가책 30~32쪽

1 ②

2 (모범 답안) 햇빛은 여러 가지 색의 빛으로 이루어져 있다.

3 ⑤   **4** ①   **5** ㉢

6 굴절   **7** ㉠   **8** ⑤

9 ㉠   **10** ②

11 (모범 답안) 실제 물체보다 크게 보일 때도 있고, 실제 물체보다 작고 상하좌우가 바뀌어 보일 때도 있다.

12 ③   **13** ㉡

14 (모범 답안) 볼록 렌즈로 햇빛을 모은 곳은 주변보다 온도가 높기 때문이다.

15 ④   **16** ②   **17** 곰

18 은주   **19** ③

20 (모범 답안) 볼록 렌즈, 현미경은 작은 물체의 모습을 확대해서 볼 때 사용된다.

---

1 ㉠의 이름은 프리즘입니다. 프리즘은 유리나 플라스틱 등으로 만든 투명한 삼각기둥 모양의 도구입니다.

2 햇빛을 프리즘에 통과시키면 흰 종이에 여러 가지 색의 빛이 연속해서 나타납니다.

채점 기준
햇빛이 여러 가지 색의 빛으로 이루어져 있다고 옳게 썼다.

3 햇빛은 여러 가지 색의 빛으로 이루어져 있기 때문에 햇빛이 투명한 보석을 통과하면 무지갯빛이 나타납니다.

4 빛이 비스듬하게 공기 중에서 유리판으로 들어가면 빛은 공기와 유리판의 경계에서 꺾여 나아갑니다.

5 빛이 공기 중에서 물로 비스듬히 들어갈 때 빛은 공기와 물의 경계에서 꺾여 나아갑니다.

6 빛의 굴절은 비스듬히 나아가던 빛이 서로 다른 물질의 경계에서 꺾여 나아가는 현상입니다.

7 물고기에 닿아 반사된 빛은 물속에서 공기 중으로 나올 때 물과 공기의 경계에서 굴절해 사람의 눈으로 들어옵니다. 따라서 물고기가 실제 위치보다 떠올라 있는 것처럼 보입니다.

8 물을 부었을 때 보이지 않던 동전이 보입니다.

9 컵에 물을 부으면 동전에서 반사된 빛이 물속에서 공기 중으로 나올 때 물과 공기의 경계에서 굴절되어 보이지 않던 동전이 보입니다.

10 볼록 렌즈는 렌즈의 가운데 부분이 가장자리보다 두꺼운 렌즈입니다.

11 볼록 렌즈로 가까운 물체를 관찰하면 실제 물체보다 크게 보일 때도 있고, 멀리 있는 물체를 관찰하면 작고 상하좌우가 바뀌어 보일 때도 있습니다.

채점 기준	
상	가까운 물체와 멀리 있는 물체 두 가지를 모두 옳게 썼다.
하	가까운 물체 또는 멀리 있는 물체 중 한 가지만 옳게 썼다.

12 물방울과 물이 담긴 둥근 어항은 가운데 부분이 가장자리보다 두꺼운 물체로 볼록 렌즈 역할을 할 수 있습니다.

13 평면 유리보다 볼록 렌즈를 통과한 햇빛이 만든 원 안의 온도가 더 높습니다.

14 볼록 렌즈는 햇빛을 모을 수 있어 원 안의 온도가 주변보다 높고, 평면 유리는 햇빛을 모을 수 없어 원 안의 온도가 주변보다 높지 않습니다.

채점 기준	
상	볼록 렌즈는 햇빛을 모을 수 있고, 햇빛을 모은 곳은 주변보다 온도가 높다고 옳게 썼다.
하	볼록 렌즈는 햇빛을 모을 수 있다고만 옳게 썼다.

15 볼록 렌즈를 이용해 햇빛을 모은 곳은 온도가 높기 때문에 열 변색 종이에 그림을 그릴 수 있습니다.

16 간이 사진기를 만들 때에는 평면 유리가 아닌 볼록 렌즈가 필요합니다.

17 간이 사진기로 물체를 보면 물체의 상하좌우가 바뀌어 보입니다.

18 간이 프로젝터로 본 스마트 기기의 영상은 상하좌우가 바뀌어 보이고, 스마트기기에서 보이는 영상보다 커 보입니다.

19 망원경과 돋보기 모두 볼록 렌즈를 이용해 만든 기구로 망원경은 멀리 있는 물체를, 돋보기는 가까이에 있는 물체를 확대하여 볼 때 사용합니다.

20 현미경은 볼록 렌즈인 대물렌즈와 접안렌즈를 이용하여 작은 물체의 모습을 확대해서 볼 수 있게 만든 도구입니다.

채점 기준	
상	볼록 렌즈와 현미경의 쓰임새 모두 옳게 썼다.
하	볼록 렌즈만 옳게 썼다.

서술형 평가　　　　　평가책 33쪽

1 모범답안 (1) 빛이 나아가는 모습을 잘 관찰하기 위해서이다. (2) 빛은 공기와 물의 경계에서 꺾여 나아간다.

2 모범답안 (1) 볼록 렌즈가 흰 종이에 만든 원 안은 주변보다 밝기가 밝고, 온도가 높다. (2) 볼록 렌즈는 햇빛을 모을 수 있기 때문이다.

1 수조의 물에 우유를 떨어뜨리고, 수면 근처에서 향을 피워 수조에 향 연기를 채우면 빛이 공기와 물의 경계에서 꺾여 나아가는 모습을 잘 관찰할 수 있습니다.

채점 기준	
10점	우유와 향 연기를 넣는 까닭과 공기와 물의 경계에서 빛이 나아가는 모습을 모두 옳게 썼다.
3점	우유와 향 연기를 넣는 까닭만 옳게 썼다.

2 볼록 렌즈는 햇빛을 모을 수 있기 때문에 볼록 렌즈를 통과한 햇빛이 흰 종이에 만든 원 안은 주변보다 밝기가 밝고, 온도가 높습니다.

채점 기준	
10점	볼록 렌즈가 흰 종이에 만든 원 안은 주변보다 밝기가 밝고, 온도가 높다고 옳게 쓰고, 그 까닭을 옳게 썼다.
5점	볼록 렌즈가 흰 종이에 만든 원 안은 주변보다 밝기가 밝고, 온도가 높다고만 옳게 쓰거나, 그 까닭만 옳게 썼다.

학업성취도 평가 대비 문제 1회 평가책 34~36쪽

1 ②　　　　**2** 지구의 자전　**3** ⓒ
4 ㉠: 밤, ㉡: 낮 **5** (1) ⓒ (2) ㉠ (3) ㉣ (4) ⓒ
6 ⓒ　　　　**7** 여름　　　　**8** ④
9 산소　　　**10** ②　　　　**11** ⓒ
12 ④　　　　**13** ㉠　　　　**14** ⓒ, ⓒ
15 ②, ⑤　　**16** 낮으므로, 작아져서
17 ④
18 (1) 하루(1일) (2) 모범답안 하루 동안 태양, 달, 별 등의 천체들이 동쪽에서 서쪽으로 움직이는 것처럼 보인다. 낮과 밤이 나타난다.
19 모범답안 동쪽 하늘에서 보름달이 관찰된다.
20 모범답안 향불의 불꽃이 커진다. 그 까닭은 산소는 다른 물질이 타는 것을 돕는 성질이 있기 때문이다.

1 태양은 하루 동안 동쪽에서 떠서 남쪽 하늘을 지나 서쪽으로 이동합니다. 따라서 3시간 뒤 서쪽으로 조금씩 이동하여 관찰됩니다.

2 지구가 서쪽에서 동쪽으로 자전하기 때문에 지구의 관측자에게 태양이 동쪽에서 서쪽으로 움직이는 것처럼 보입니다.

3 지구는 자전축을 중심으로 하루에 한 바퀴씩 서쪽에서 동쪽으로 자전하기 때문에 달이 동쪽에서 서쪽으로 움직이는 것처럼 보입니다.

4 전등을 태양이라고 할 때, 관측자 모형이 태양 빛을 받는 지역에 위치한 ⓒ은 낮이 되고, 태양 빛을 받지 못하는 지역에 위치한 ㉠은 밤이 됩니다.

5 봄철의 대표적인 별자리에는 목동자리, 사자자리, 처녀자리가 있고, 여름철의 대표적인 별자리에는 백조자리, 거문고자리, 독수리자리가 있습니다. 가을철의 대표적인 별자리에는 안드로메다자리, 페가수스자리, 물고기자리가 있고, 겨울철의 대표적인 별자리에는 쌍둥이자리, 오리온자리, 큰개자리가 있습니다.

6 지구는 태양을 중심으로 일 년에 한 바퀴씩 서쪽에서 동쪽으로 공전합니다.

7 여름철에 태양의 반대 방향에 있는 거문고자리를 가장 오래 볼 수 있고, 태양과 같은 방향에 있는 쌍둥이자리를 볼 수 없습니다.

8 달의 모양은 초승달에서 왼쪽이 점점 차올라 5일 뒤에는 상현달로 관찰됩니다.

9 묽은 과산화 수소수와 이산화 망가니즈가 만나면 산소가 발생합니다.

10 산소가 든 집기병 뒤에 흰 종이를 대면 산소의 색깔을 관찰할 수 있습니다.

11 이산화 탄소는 석회수를 뿌옇게 만듭니다.

12 ④는 산소가 이용되는 예입니다.

13 피스톤을 세게 누르면 약하게 눌렀을 때보다 공기의 부피가 더 많이 작아집니다.

14 물은 공기와 달리 압력을 가해도 부피가 거의 변하지 않습니다.

15 풍선 안 공기의 온도가 높아지면 부피가 커지므로 풍선이 부풀어 오릅니다.

16 겨울에는 여름보다 기온이 낮으므로 자전거 타이어 속 공기의 부피가 작아져서 타이어가 찌그러집니다.

17 자동차 에어백을 채우는 데 이용되는 기체는 질소입니다. ①은 헬륨, ②는 이산화 탄소, ③은 네온이 이용되는 예입니다.

18 지구가 하루를 주기로 서쪽에서 동쪽으로 자전하기 때문에 하루 동안 천체들이 동쪽에서 서쪽으로 이동하는 것처럼 보입니다. 지구가 자전하면서 태양 빛이 비치는 지역은 낮이 되고, 태양 빛이 비치지 않는 지역은 밤이 됩니다.

채점 기준	
상	자전 주기를 옳게 쓰고, 지구의 자전으로 나타나는 현상 두 가지를 모두 옳게 썼다.
중	자전 주기를 옳게 쓰고, 지구의 자전으로 나타나는 현상 중 한 가지만 옳게 썼다.
하	자전 주기만 옳게 썼다.

19 달은 약 30일(한달)을 주기로 모양과 위치 변화가 반복되므로 약 30일 후에는 같은 위치에서 같은 모양으로 관찰될 것입니다.

채점 기준	
상	달의 이름과 위치를 모두 옳게 썼다.
하	달의 이름과 위치 중 한 가지만 옳게 썼다.

20 산소는 다른 물질이 타는 것을 돕는 성질이 있으므로 산소가 든 집기병에 향불을 넣으면 불꽃이 커집니다.

채점 기준	
상	향불이 어떻게 되는지와 그 까닭을 모두 옳게 썼다.
하	향불이 어떻게 되는지만 옳게 썼다.

학업성취도 평가 대비 문제 2회 평가책 37~39쪽

1 ④　　　**2** ㉠　　　**3** ㉢
4 줄기　　　**5** ㉠: 증산 작용, ㉡: 광합성
6 ④　　　**7** ④　　　**8** ⑤
9 ㉣　　　**10** ④　　　**11** 굴절
12 ④　　　**13** ④　　　**14** 볼록 렌즈
15 ③　　　**16** ⑤
17 👓 🔭 🔋
18 **모범답안** 뿌리에서 흡수한 물이 이동하는 통로이다.
19 **모범답안** ㉠, 암술과 수술을 보호한다. 곤충을 유인한다.
20 **모범답안** 볼록 렌즈가 빛을 굴절시키기 때문이다.

1 식물 세포는 세포벽이 있고 동물 세포는 세포벽이 없습니다.

2 뿌리를 자르지 않은 양파는 물을 흡수하지만 뿌리를 자른 양파는 물을 거의 흡수하지 못합니다.

3 뿌리가 있는 양파 쪽 비커의 물이 더 많이 줄어든 것으로 보아 뿌리는 물을 흡수한다는 것을 알 수 있습니다.

4 식물의 줄기는 식물을 지지하고 물이 이동하는 통로 역할을 합니다.

5 증산 작용은 잎에 도달한 물의 일부가 수증기가 되어 기공을 통해 식물 밖으로 빠져나가는 작용이고, 광합성은 식물이 빛과 물, 이산화 탄소를 이용하여 양분을 만드는 작용입니다.

6 증산 작용은 주로 잎에서 일어납니다.

7 벼는 바람에 의해, 검정말과 물수세미는 물에 의해, 동백나무는 새에 의해 꽃가루받이가 이루어집니다.

8 단풍나무는 날개 같은 부분이 있어 빙글빙글 돌아가며 바람에 날려서 씨가 퍼집니다.

9 햇빛이 프리즘을 통과하면 여러 가지 색의 빛이 연속해서 나타납니다.

10 빛이 비스듬하게 들어가면 공기와 물의 경계에서 꺾여 나아가고, 수직으로 들어가면 공기와 물의 경계에서 꺾이지 않고 그대로 나아갑니다.

11 빛은 공기와 유리, 공기와 기름, 공기와 물 등과 같이 공기와 다른 물질이 만나는 경계에서 굴절합니다.

12 컵에 물을 부으면 물에 잠긴 젓가락의 표면에서 나오는 빛이 굴절되어 사람의 눈에 도달하기 때문에 젓가락이 꺾여 보입니다.

13 볼록 렌즈는 가운데 부분이 가장자리보다 두꺼운 렌즈로 빛을 모을 수 있습니다. 볼록 렌즈로 물체를 보면 크게 보일 때도 있고, 상하좌우가 바뀌어 보일 때도 있습니다. 물이 담긴 어항은 볼록 렌즈 역할을 합니다.

14 햇빛을 볼록 렌즈에 통과시키면 볼록 렌즈는 햇빛을 굴절시켜 한 곳으로 모을 수 있어 원의 크기가 달라집니다.

15 간이 사진기로 글자를 관찰하면 글자의 상하좌우가 바뀌어 보입니다.

16 간이 사진기는 겉 상자에 ㉠인 볼록 렌즈를 붙이고, 속 상자에 ㉡인 기름종이를 붙여 만듭니다. 간이 사진기에 있는 볼록 렌즈가 빛을 굴절시켜 기름종이에 물체의 모습을 만듭니다.

17 돋보기안경에서 안경알 부분, 쌍안경에서 물체를 보는 부분, 휴대 전화에서 사진을 촬영하는 부분에는 볼록 렌즈가 사용됩니다.

18 백합 줄기의 단면에서 색소 물이 든 것을 통해 뿌리에서 흡수한 물이 줄기에 있는 통로를 통해 이동한다는 것을 알 수 있습니다.

채점 기준
뿌리에서 흡수한 물이 이동하는 통로라고 옳게 썼다.

19 꽃잎은 암술과 수술을 보호하고, 꽃가루받이가 잘 이루어지도록 곤충을 유인하기도 합니다. ㉠은 꽃잎, ㉡은 수술, ㉢은 암술, ㉣은 꽃받침입니다.

채점 기준	
상	꽃잎의 기호를 옳게 쓰고, 꽃잎이 하는 일을 두 가지 모두 옳게 썼다.
하	꽃잎의 기호를 옳게 썼지만, 꽃잎이 하는 일을 한 가지만 쓰거나 옳게 쓰지 못했다.

20 볼록 렌즈는 빛을 굴절시키기 때문에 볼록 렌즈로 물체를 보면 물체의 모습이 다르게 보입니다.

채점 기준
볼록 렌즈가 빛을 굴절시키기 때문이라고 옳게 썼다.

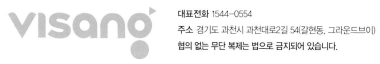

생생한 과학의 즐거움! 과학은 역시!

완자 평가책

초 등 과 학

6.1

책 속의 **가접 별책** (특허 제 0557442호)

'평가책'은 본책에서 쉽게 분리할 수 있도록 제작되었으므로
유통 과정에서 분리될 수 있으나 파본이 아닌 정상제품입니다.

단원 평가 대비

• 단원 정리   • 단원 평가
• 쪽지 시험   • 서술형 평가
• 서술 쪽지 시험

학업성취도 평가 대비

• 학업성취도 평가 대비 문제 1회(1~2단원)
• 학업성취도 평가 대비 문제 2회(3~4단원)

visang

우리는 남다른 상상과 혁신으로
교육 문화의 새로운 전형을 만들어
모든 이의 행복한 경험과 성장에 기여한다

ABOVE IMAGINATION

우리는 남다른 상상과 혁신으로
교육 문화의 새로운 전형을 만들어
모든 이의 행복한 경험과 성장에 기여한다

야무진 평가책

단원 평가 대비

1 | 지구와 달의 운동 ----------------- 2
2 | 여러 가지 기체 ----------------- 10
3 | 식물의 구조와 기능 ------------- 18
4 | 빛과 렌즈 --------------------- 26

학업성취도 평가 대비

• 학업성취도 평가 대비 문제 1회(1~2단원) ---- 34
• 학업성취도 평가 대비 문제 2회(3~4단원) --- 37

초 등 과 학

6.1

탐구1 하루 동안 태양과 달의 위치 변화 관찰하기

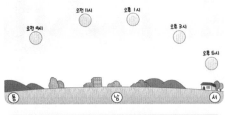

탐구2 하루 동안 지구의 움직임과 태양의 위치 변화의 관계 알아보기

• 투명 반구 안에서 본 전등의 위치 변화

• 지구의 자전

탐구3 낮과 밤이 생기는 까닭 알아보기

▲ 낮일 때   ▲ 밤일 때

1 하루 동안 태양과 달의 위치 변화

① 지구의 관측자가 방위를 확인하는 방법(남쪽을 향할 때)

앞쪽	왼쪽	오른쪽	뒤쪽
남쪽	동쪽	서쪽	북쪽

② 하루 동안 태양과 달의 위치 변화 관찰하기

태양	달
동쪽 → 남쪽 → 서쪽	동쪽 → 남쪽 → 서쪽

③ **하루 동안 천체의 위치 변화**: 하루 동안 태양, 달, 별 등의 천체들은 ❶[　　　] 하늘에서 남쪽 하늘을 지나 ❷[　　　] 하늘로 움직이는 것처럼 보입니다.

2 하루 동안 태양과 달의 위치가 변하는 까닭

① 하루 동안 지구의 움직임과 태양의 위치 변화의 관계 알아보기

> 지구본을 서쪽에서 동쪽으로 회전시키며, 투명 반구 안의 관측자 모형에게 보이는 전등의 위치 변화를 관찰합니다.

↓

지구본이 회전하는 방향	전등의 위치
서쪽 → 동쪽	동쪽 → 서쪽

② **지구의 자전**: 지구가 자전축을 중심으로 하루에 한 바퀴씩 서쪽에서 동쪽(시계 반대 방향)으로 회전하는 것

③ **하루 동안 태양과 달이 움직이는 것처럼 보이는 까닭**: 지구가 하루에 한 바퀴씩 서쪽에서 동쪽으로 ❸[　　　]하기 때문에 하루 동안 태양과 달이 동쪽에서 서쪽으로 움직이는 것처럼 보입니다.

3 낮과 밤이 생기는 까닭

① 낮과 밤이 생기는 까닭 알아보기

> 전등을 켜고, 지구본을 회전시키며 우리나라가 낮일 때와 밤일 때 관측자 모형의 위치를 관찰합니다.

↓

우리나라가 ❹[　　　]일 때	우리나라가 ❺[　　　]일 때
전등 빛을 받는 위치	전등 빛을 받지 못하는 위치

② **낮과 밤이 생기는 까닭**: 지구가 자전하기 때문에 태양 빛을 받는 지역은 낮이 되고, 태양 빛을 받지 못하는 지역은 밤이 됩니다. 또한, 지구가 하루에 한 바퀴씩 자전하기 때문에 낮과 밤이 하루에 한 번씩 번갈아 나타납니다.

4 계절별 대표적인 별자리

① 각 계절마다 오랜 시간 동안 볼 수 있는 별자리를 말합니다.
② 저녁 9시 무렵 남동쪽이나 남쪽 하늘에서 볼 수 있습니다.

⑥	목동자리, 사자자리, 처녀자리
여름	백조자리, 거문고자리, 독수리자리
가을	안드로메다자리, 페가수스자리, 물고기자리
겨울	쌍둥이자리, 오리온자리, 큰개자리

5 계절에 따라 보이는 별자리가 달라지는 까닭

① 지구의 운동과 계절에 따른 별자리 변화의 관계 알아보기

각 계절별 별자리를 든 네 사람이 전등 주위에 계절 순으로 앉습니다. 전등 주위에서 지구본을 시계 반대 방향으로 옮기면서 관측자 모형이 밤일 때 가장 잘 보이는 별자리를 관찰합니다.

↓

계절	잘 보이는 별자리 (태양의 반대편에 있기 때문)	보이지 않는 별자리 (태양과 같은 방향에 있기 때문)
봄	사자자리(봄철 별자리)	페가수스자리(가을철 별자리)
여름	백조자리(여름철 별자리)	오리온자리(겨울철 별자리)
가을	페가수스자리(가을철 별자리)	사자자리(봄철 별자리)
겨울	오리온자리(겨울철 별자리)	백조자리(여름철 별자리)

② **지구의 공전**: 지구가 태양을 중심으로 일 년에 한 바퀴씩 서쪽에서 ⑦ 으로 회전하는 것
③ **계절에 따라 보이는 별자리가 달라지는 까닭**: 지구가 일 년에 한 바퀴씩 ⑧ 하면서 태양을 기준으로 위치가 달라지기 때문에 계절에 따라 볼 수 있는 별자리가 다릅니다.

6 여러 날 동안 달의 모양과 위치 변화

① 여러 날 동안 달의 모양과 위치 변화

관찰한 날짜	음력 2~3일 무렵	음력 7~8일 무렵	음력 15일 무렵	음력 22~23일 무렵	음력 27~28일 무렵
모양	초승달	상현달	⑨	하현달	그믐달
해 진 직후 달의 위치	서쪽 하늘	⑩	동쪽 하늘	해 진 직후에는 보이지 않습니다.	
해뜨기 전 달의 위치	해뜨기 전에는 보이지 않습니다.		서쪽 하늘	남쪽 하늘	동쪽 하늘

② **달의 모양과 위치 변화의 주기**: 약 30일마다 되풀이됩니다.

탐구4 계절별 대표적인 별자리 찾아보기

• 저녁 9시 무렵에 볼 수 있는 별자리

▲ 봄   ▲ 여름

▲ 가을   ▲ 겨울

탐구5 지구의 운동과 계절에 따른 별자리 변화의 관계 알아보기

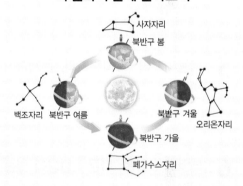

탐구6 여러 날 동안 같은 시각에 보이는 달의 모양과 위치 관찰하기

1 하루 동안 태양은 ( )쪽 하늘에서 ( )쪽 하늘을 지나 ( )쪽 하늘로 이동하는 것처럼 보입니다.

2 지구는 ( )을/를 중심으로 하루에 한 바퀴씩 자전합니다.

3 하루 동안 달이 동쪽에서 서쪽으로 이동하는 것처럼 보이는 까닭은 지구가 ( )하기 때문입니다.

4 지구가 ( )하면서 태양 빛이 비치는 지역은 낮이 되고, 태양 빛이 비치지 않는 지역은 밤이 됩니다.

5 쌍둥이자리, 오리온자리, 큰개자리는 어느 계절의 대표적인 별자리입니까?

6 태양과 (같은, 다른) 방향에 있는 별자리는 태양 빛 때문에 볼 수 없습니다.

7 지구가 태양을 중심으로 일 년에 한 바퀴씩 서쪽에서 동쪽으로 회전하는 것을 지구의 ( )이라고 합니다.

8 계절에 따라 보이는 별자리가 달라지는 까닭은 지구가 ( )하기 때문입니다.

9 달의 모양 변화는 약 ( )일마다 되풀이됩니다.

10 여러 날 동안 같은 시각에 관찰한 달의 위치는 ( )쪽에서 ( )쪽으로 조금씩 옮겨 갑니다.

서술 쪽지 시험 1. 지구와 달의 운동

이름	맞은 개수

정답과 해설 • 32쪽

1 하루 동안 관찰한 태양의 위치가 변하는 까닭을 써 봅시다.

2 지구의 자전은 무엇인지 써 봅시다.

3 우리나라가 낮일 때와 밤일 때는 언제인지 태양 빛과 관련지어 써 봅시다.

4 봄철에 가을철의 대표적인 별자리를 볼 수 없는 까닭을 써 봅시다.

5 지구가 공전하기 때문에 나타나는 현상을 써 봅시다.

6 여러 날 동안 같은 시각에 관찰한 달의 위치 변화를 써 봅시다.

1 하루 동안 관찰한 별의 위치 변화를 옳게 나타낸 것은 어느 것입니까? ( )

① 동쪽 → 서쪽   ② 동쪽 → 남쪽
③ 서쪽 → 동쪽   ④ 서쪽 → 북쪽
⑤ 남쪽 → 북쪽

2 중요
다음은 하루 동안 관찰한 보름달의 위치를 순서 없이 나타낸 것입니다. 이에 대한 설명으로 옳은 것을 보기 에서 골라 기호를 써 봅시다.

(가)   (나)   (다)

보기
㉠ 달을 관찰한 순서는 (다) → (나) → (가)이다.
㉡ (가)는 저녁 7시 30분 무렵에 관찰한 것이다.
㉢ 하루 동안 달의 위치가 변한 까닭은 지구의 공전 때문이다.

( )

3 다음과 같이 지구 역할인 사람이 ㉠서쪽에서 동쪽으로 회전할 때와 ㉡동쪽에서 서쪽으로 회전할 때 보이는 전등의 위치 변화를 각각 써 봅시다.

㉠: ( ) ㉡: ( )

4 보기 에서 방향이 나머지와 다른 하나를 골라 기호를 써 봅시다.

보기
㉠ 지구의 자전 방향
㉡ 하루 동안 달의 위치가 달라지는 방향
㉢ 하루 동안 별의 위치가 달라지는 방향
㉣ 하루 동안 태양의 위치가 달라지는 방향

( )

5 오른쪽과 같은 지구의 운동에 대한 설명으로 옳지 않은 것은 어느 것입니까? ( )

① ㉠은 자전축이다.
② 지구가 자전하는 모습이다.
③ 지구는 ㉠을 중심으로 회전한다.
④ 지구는 일 년에 한 바퀴씩 회전한다.
⑤ ㉡의 방위는 '서', ㉢의 방위는 '동'이다.

6 낮에 대한 설명으로 옳지 않은 것은 어느 것입니까? ( )

① 낮일 때는 밝다.
② 태양 빛을 받는 쪽이 낮이 된다.
③ 지구의 자전으로 낮과 밤이 생긴다.
④ 낮인 지역은 12시간 후에 다시 낮이 된다.
⑤ 태양이 동쪽 지평선에서 떴을 때부터 서쪽 지평선으로 질 때까지의 시간이다.

7 중요 서술형
우리나라에서 낮과 밤이 하루에 한 번씩 번갈아 나타나는 까닭을 써 봅시다.

_____

_____

중요

8 하루 동안 별자리를 오랜 시간 동안 볼 수 있는 계절이 나머지와 다른 하나를 골라 기호를 써 봅시다.

▲ 사자자리   ▲ 백조자리   ▲ 거문고자리

(   )

[9~10] 다음은 서로 다른 계절의 저녁 9시 무렵에 관찰한 밤하늘의 모습입니다.

중요

9 ㉠과 ㉡은 각각 어느 계절에 관찰한 모습인지 써 봅시다.

㉠: (   )   ㉡: (   )

10 위 그림에 대한 설명으로 옳지 <u>않은</u> 것은 어느 것입니까? (   )

① 계절에 따라 보이는 별자리가 다르다.
② ㉠ 계절일 때 하루 동안 독수리자리는 물고기자리보다 오래 볼 수 있다.
③ ㉡ 계절의 대표적인 별자리는 쌍둥이자리, 오리온자리, 큰개자리이다.
④ ㉠ 계절에 남쪽 하늘에 있는 페가수스자리는 ㉡ 계절에는 서쪽 하늘에서 보인다.
⑤ 각 계절의 대표적인 별자리는 여러 계절에 걸쳐 보이기도 한다.

11 지구의 공전에 대한 설명으로 옳은 것은 어느 것입니까? (   )

① 지구는 달을 중심으로 공전한다.
② 지구는 한 달에 한 바퀴씩 공전한다.
③ 지구는 자전과 공전을 번갈아가면서 한다.
④ 지구의 자전 방향과 공전 방향은 서로 같다.
⑤ 지구가 공전하는 동안 관찰되는 밤하늘은 같다.

[12~13] 다음은 계절에 따라 저녁 9시 무렵에 보이는 별자리를 나타낸 것입니다.

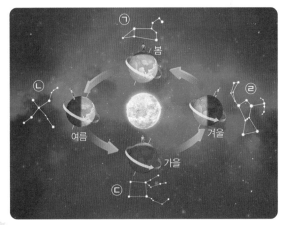

중요

12 위 별자리 중 가을철에 가장 오래 볼 수 있는 별자리와 볼 수 <u>없는</u> 별자리를 순서대로 옳게 짝지은 것은 어느 것입니까? (   )

① ㉠, ㉢   ② ㉡, ㉣   ③ ㉢, ㉠
④ ㉢, ㉣   ⑤ ㉣, ㉡

서술형

13 위 ㉠의 별자리는 계절에 따라 저녁 9시 무렵에 어느 방향에서 볼 수 있는지 써 봅시다.

_____

_____

14 여름철에는 겨울철 별자리가 보이지 <u>않는</u> 까닭으로 옳은 것은 어느 것입니까? ( )

① 여름철은 겨울철보다 밤이 짧기 때문이다.
② 겨울철 별자리는 별자리의 모양이 변하기 때문이다.
③ 겨울철 별자리는 어두운 별들로 이루어져 있기 때문이다.
④ 여름철에 겨울철 별자리는 태양과 반대 방향에 있기 때문이다.
⑤ 여름철에 겨울철 별자리는 태양과 같은 방향에 있기 때문이다.

[15~16] 다음은 여러 날 동안 같은 장소에서 같은 시각에 관찰한 달의 모양입니다.

15 위 달과 이름을 옳게 짝 지은 것은 어느 것입니까? ( )

① ㉠ – 그믐달
② ㉠ – 하현달
③ ㉡ – 상현달
④ ㉡ – 보름달
⑤ ㉢ – 초승달

16 위 달 중 ㉠을 볼 수 있는 때는 언제입니까? ( )

① 음력 2~3일 무렵
② 음력 7~8일 무렵
③ 음력 15일 무렵
④ 음력 22~23일 무렵
⑤ 음력 27~28일 무렵

서술형
17 오른쪽과 같은 모양으로 보이는 달의 이름을 쓰고, 달을 관찰할 수 있는 때를 써 봅시다.

_____

_____

18 음력 2~3일 무렵부터 여러 날 동안 오후 7시 무렵에 관찰한 달의 위치 변화를 옳게 나타낸 것은 어느 것입니까? ( )

① 동쪽 → 서쪽 → 남쪽
② 동쪽 → 남쪽 → 서쪽
③ 서쪽 → 남쪽 → 동쪽
④ 서쪽 → 북쪽 → 동쪽
⑤ 남쪽 → 동쪽 → 북쪽

중요
19 여러 날 동안 저녁 7시 무렵 같은 장소에서 달을 관찰한 결과로 옳은 것은 어느 것입니까? ( )

① 초승달은 남쪽 하늘에서 보인다.
② 상현달은 동쪽 하늘에서 보인다.
③ 보름달은 동쪽 하늘에서 보인다.
④ 하현달은 남쪽 하늘에서 보인다.
⑤ 그믐달은 동쪽 하늘에서 보인다.

20 다음은 달의 모양과 위치 변화에 대한 내용입니다. ( ) 안에 알맞은 말을 각각 써 봅시다.

> 여러 날 동안 같은 시각에 달을 관찰하면 달의 위치는 조금씩 이동하는데, 약 (㉠)일을 주기로 위치 변화가 되풀이된다. 또한, 달의 모양 변화는 약 (㉡)일을 주기로 되풀이된다.

㉠: ( ) ㉡: ( )

1 오른쪽은 하루 동안 태양의 움직임을 관찰한 모습입니다. [10점]

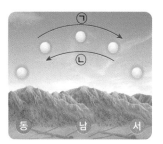

(1) ㉠과 ㉡ 중 태양이 움직인 방향을 써 봅시다. [3점]

(   )

(2) 위 (1)번 답과 같은 방향으로 태양이 움직인 까닭을 지구의 운동과 관련지어 써 봅시다. [7점]

_____

_____

2 관측자 모형을 붙인 지구본을 다음과 같이 전등을 중심으로 회전시키면서 관측자 모형에서 가장 잘 보이는 별자리를 확인하였습니다. [10점]

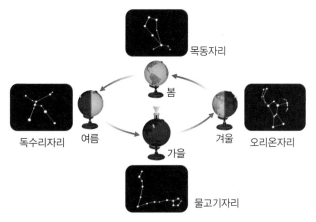

(1) 관측자 모형에서 볼 때 다음 별자리의 이름을 각각 써 봅시다. [5점]

봄철에 오랜 시간 볼 수 있는 별자리	겨울철에 한밤중에 보기 힘든 별자리
㉠ ( )	㉡ ( )

(2) 계절에 따라 보이는 별자리가 다른 까닭을 써 봅시다. [5점]

_____

_____

단원 정리 (2. 여러 가지 기체)

탐구1 기체 발생 장치로 산소를 발생시키는 방법

묽은 과산화 수소수

물＋이산화 망가니즈

탐구2 기체 발생 장치로 이산화 탄소를 발생시키는 방법

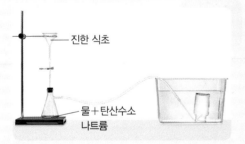

진한 식초

물＋탄산수소 나트륨

1 산소의 성질

① 산소 발생시키기

기체 발생 장치에서 묽은 과산화 수소수를 조금씩 흘려보내면서 가지 달린 삼각 플라스크 내부와 수조의 ㄱ자 유리관 끝부분, 집기병 내부를 관찰합니다.

↓

가지 달린 삼각 플라스크 내부	ㄱ자 유리관 끝부분	집기병 내부
거품이 발생합니다.	기포가 나옵니다.	산소가 모여 집기병 속 물의 높이가 낮아집니다.

② 산소의 성질 알아보기

색깔, 냄새	색깔과 냄새가 없습니다.
향불을 넣었을 때의 모습	향불의 불꽃이 ❶ [ ]집니다. ➔ 다른 물질이 타는 것을 돕습니다.
금속과의 반응	금속을 ❷ [ ]슬게 합니다.

③ 산소의 이용 예: 산소 호흡 장치, 로켓 연료 태우기, 금속 용접 등

2 이산화 탄소의 성질

① 이산화 탄소 발생시키기

기체 발생 장치에서 진한 식초를 조금씩 흘려보내면서 가지 달린 삼각 플라스크 내부와 수조의 ㄱ자 유리관 끝부분, 집기병 내부를 관찰합니다.

↓

가지 달린 삼각 플라스크 내부	ㄱ자 유리관 끝부분	집기병 내부
거품이 발생합니다.	기포가 나옵니다.	이산화 탄소가 모여 집기병 속 물의 높이가 낮아집니다.

② 이산화 탄소의 성질 알아보기

색깔, 냄새	색깔과 냄새가 ❸ [ ]습니다.
향불을 넣었을 때의 모습	향불의 불꽃이 ❹ [ ]집니다. ➔ 다른 물질이 타는 것을 막습니다.
석회수를 넣고 흔들었을 때	석회수가 ❺ [ ] 됩니다.

③ 이산화 탄소의 이용 예: 소화기, 탄산음료, 드라이아이스 등

3 압력에 따른 기체의 부피 변화

① **압력에 따른 기체의 부피 변화 관찰하기**

> 주사기에 공기 또는 공기가 든 고무풍선을 넣고 입구를 막은 다음 피스톤을 누르는 세기를 다르게 해 봅니다.

↓

구분	피스톤을 약하게 누를 때	피스톤을 세게 누를 때
공기 또는 고무풍선의 부피 변화	부피가 ❻ ☐ 작아집니다.	부피가 ❼ ☐ 작아집니다.

➜ 기체에 압력을 약하게 가하면 부피가 조금 작아지고, 압력을 세게 가하면 부피가 많이 작아집니다.

② **생활 속에서 압력에 따라 기체의 부피가 변하는 예**: 과자 봉지를 비행기에 싣고 하늘로 올라가면 과자 봉지가 부풀어 오릅니다.

4 온도에 따른 기체의 부피 변화

① **온도에 따른 기체의 부피 변화 관찰하기**

> 실험 ❶ 삼각 플라스크 입구에 고무풍선을 씌운 뒤 뜨거운 물에 넣었다가 꺼내어 얼음물에 넣어 보기
> 실험 ❷ 주사기 두 개에 공기를 넣고 입구를 막은 다음 뜨거운 물과 얼음물에 각각 넣어 보기

↓

실험	❽ ☐ 에 넣었을 때	❾ ☐ 에 넣었을 때
❶	고무풍선이 부풀어 오릅니다.	고무풍선이 오그라듭니다.
❷	피스톤이 밖으로 밀려납니다.	피스톤이 안쪽으로 들어옵니다.

➜ 온도가 높아지면 기체의 부피가 커지고, 온도가 낮아지면 기체의 부피가 작아집니다.

② **생활 속에서 온도에 따라 기체의 부피가 변하는 예**: 마개로 막은 빈 페트병을 냉장고에 넣어 두면 페트병이 찌그러집니다.

5 공기를 이루는 여러 가지 기체

① 공기는 대부분 질소와 산소로 이루어져 있으며, 이 밖에도 여러 가지 기체가 섞여 있는 혼합물입니다.

② **생활 속에서 공기를 이루는 기체가 이용되는 예**

❿ ☐	식품 보존 및 포장	산소	용접, 압축 공기통
이산화탄소	소화기, 드라이아이스	네온	조명 기구
헬륨	헬륨 풍선	수소	수소 자동차

탐구3 압력에 따른 기체의 부피 변화

▲ 공기가 든 주사기에 압력을 약하게 가할 때　▲ 공기가 든 주사기에 압력을 세게 가할 때

▲ 고무풍선이 든 주사기에 압력을 약하게 가할 때　▲ 고무풍선이 든 주사기에 압력을 세게 가할 때

탐구4 온도에 따른 기체의 부피 변화

뜨거운 물　　얼음물

▲ 입구에 고무풍선을 씌운 삼각 플라스크를 뜨거운 물과 얼음물에 차례로 넣었을 때

뜨거운 물　　얼음물

▲ 공기 40 mL를 넣고 입구를 막은 주사기를 뜨거운 물과 얼음물에 각각 넣었을 때

탐구5 공기를 이루는 기체의 이용

▲ 질소 충전 포장　　▲ 헬륨 풍선

1 기체 발생 장치의 가지 달린 삼각 플라스크에 물과 이산화 망가니즈를 넣고 깔때기의 묽은 과산화 수소수를 조금씩 흘려보냈을 때 ㄱ자 유리관 끝 부분에서 나오는 기체는 (   )입니다.

2 산소는 색깔과 냄새가 (있습니다, 없습니다).

3 산소는 다른 물질이 타는 것을 (돕습니다, 막습니다).

4 이산화 탄소가 들어 있는 집기병에 향불을 넣으면 불꽃이 (커집니다, 꺼집니다).

5 산소와 이산화 탄소 중 석회수를 뿌옇게 만드는 성질이 있는 것은 어느 것입니까?

6 기체는 압력을 (세게, 약하게) 가하면 부피가 많이 작아지고, 압력을 (세게, 약하게) 가하면 부피가 조금 작아집니다.

7 산 위에서 페트병을 마개로 닫은 뒤 산 아래로 가지고 내려오면 페트병이 찌그러지는 까닭은 산 위와 산 아래에서의 (   )이/가 다르기 때문입니다.

8 온도가 낮아지면 기체의 부피는 어떻게 변합니까?

9 찌그러진 탁구공을 (뜨거운, 차가운) 물에 넣으면 찌그러진 부분이 펴집니다.

10 풍선이나 비행선을 공중에 띄우는 데 이용하는 기체는 무엇입니까?

1 산소가 들어 있는 집기병에 향불을 넣었더니 불꽃이 커졌습니다. 이를 통해 알 수 있는 산소의 성질을 써 봅시다.

2 집기병 안에 이산화 탄소가 있는지 석회수를 이용하여 확인하는 방법을 써 봅시다.

3 바닷속에서 잠수부가 내뿜은 공기 방울은 물 표면으로 올라올수록 어떻게 변하는지 까닭과 함께 써 봅시다.

4 공기를 넣고 입구를 막은 주사기의 피스톤을 세게 누르면 공기의 부피가 어떻게 변하는지 써 봅시다.

5 열기구의 풍선 안 공기를 가열하면 어떻게 되는지 까닭과 함께 써 봅시다.

6 공기는 무엇으로 구성되어 있는지 써 봅시다.

[1~4] 다음은 기체 발생 장치를 나타낸 것입니다.

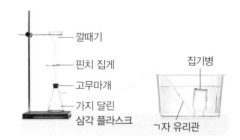

깔때기
핀치 집게
고무마개
가지 달린 삼각 플라스크
집기병
ㄱ자 유리관

1 위 장치를 만드는 방법에 대한 설명으로 옳지 <u>않은</u> 것은 어느 것입니까?　　　(　　)

① 짧은 고무관을 끼운 깔때기를 스탠드의 링에 올려놓는다.
② 유리관을 끼운 고무마개로 가지 달린 삼각 플라스크의 입구를 막는다.
③ 깔때기에 연결한 고무관을 고무마개에 끼운 유리관과 연결한다.
④ 물을 담은 수조에 물을 가득 채운 집기병을 거꾸로 세운다.
⑤ ㄱ자 유리관을 집기병 속으로 깊이 넣는다.

2 위 실험 기구 중 고무관을 통과하여 이동하는 액체의 흐름을 조절하는 역할을 하는 것은 무엇입니까?　　　(　　)

① 깔때기　　　　② 고무마개
③ 핀치 집게　　　④ ㄱ자 유리관
⑤ 가지 달린 삼각 플라스크

서술형
3 위 장치를 이용하여 산소를 발생시키는 방법을 써 봅시다.

_____

_____

4 앞의 장치에서 깔때기에 담긴 액체를 조금씩 흘려보낼 때 나타나는 현상으로 옳은 것을 보기 에서 모두 골라 기호를 써 봅시다.

보기
㉠ ㄱ자 유리관 끝부분에서 기포가 나온다.
㉡ 집기병 내부에 있는 물의 높이가 높아진다.
㉢ 가지 달린 삼각 플라스크 내부에서 거품이 발생한다.

(　　　　　　)

중요
5 산소에 대한 설명으로 옳은 것은 어느 것입니까?　　　(　　)

① 노란색을 띤다.
② 금속을 녹슬게 한다.
③ 달콤한 냄새가 난다.
④ 손으로 만질 수 있다.
⑤ 생물이 숨을 쉴 때 필요하지 않다.

중요
6 다음은 기체 발생 장치로 어떤 기체를 발생시키는 과정 중 일부의 모습입니다. 이 실험을 통해 발생하는 기체는 무엇입니까?　　　(　　)

탄산수소 나트륨
물

진한 식초

① 산소　　　② 헬륨　　　③ 질소
④ 네온　　　⑤ 이산화 탄소

7 소화기에 이용된 이산화 탄소의 성질을 확인하는 방법을 보기 에서 골라 기호를 써 봅시다.

보기
ㄱ 이산화 탄소가 들어 있는 집기병 뒤에 흰 종이를 대어 본다.
ㄴ 이산화 탄소가 들어 있는 집기병에 향불을 넣어 불꽃의 변화를 관찰한다.
ㄷ 이산화 탄소가 들어 있는 집기병의 유리판을 열고 손으로 바람을 일으켜 본다.

(   )

8 이산화 탄소에 대한 설명으로 옳지 않은 것은 어느 것입니까? (   )

① 색깔이 없다.
② 석회수를 뿌옇게 만든다.
③ 드라이아이스로 모을 수 있다.
④ 물질이 타는 것을 막는 성질이 있다.
⑤ 비행선을 공중에 띄우는 데 이용된다.

서술형
9 탄산음료와 자동 팽창식 구명조끼의 공통점은 무엇인지 써 봅시다.

_____

_____

[10~11] 오른쪽과 같이 주사기에 공기가 든 고무풍선을 넣고 입구를 막은 다음 피스톤을 눌러 보았습니다.

중요
10 피스톤을 누르기 전과 후 고무풍선의 부피를 비교하여 ○ 안에 >, =, <를 써 봅시다.

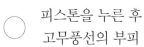

피스톤을 누르기 전   피스톤을 누른 후
고무풍선의 부피   ○   고무풍선의 부피

11 앞의 실험에 대해 옳게 설명한 사람의 이름을 써 봅시다.

• 예서: 피스톤을 세게 누르면 고무풍선의 부피는 많이 작아져.
• 태현: 피스톤에서 손을 떼어도 고무풍선은 원래의 부피로 돌아오지 않아.
• 수진: 피스톤을 누르는 것은 피스톤 안의 온도를 변화시키는 과정이야.

(   )

[12~13] 다음은 땅 위 또는 하늘의 비행기 안에 있는 과자 봉지의 모습입니다.

(가)    (나)

12 (가)와 (나)에 대한 설명으로 옳은 것을 보기 에서 모두 골라 기호를 써 봅시다.

보기
ㄱ (가)는 하늘, (나)는 땅에 있는 과자 봉지의 모습이다.
ㄴ 과자 봉지에 가해지는 압력은 땅보다 하늘에서 더 낮다.
ㄷ 압력에 의해 기체의 부피가 변하는 예이다.

(   )

서술형
13 위 현상과 같은 까닭으로 기체의 부피가 변하는 예를 생활 속에서 찾아 한 가지 써 봅시다.

_____

_____

[14~15] 오른쪽과 같이 삼각 플라스크 입구에 고무풍선을 씌운 뒤 뜨거운 물에 넣었다가 꺼내어 얼음물에 넣어 보았습니다.

고무풍선
뜨거운 물   얼음물

14 위 실험의 결과를 보기 에서 골라 각각 기호를 써 봅시다.

보기 ㉠   ㉡

(1) 뜨거운 물에 넣었을 때: (   )
(2) 얼음물에 넣었을 때: (   )

서술형

15 위 실험을 통해 알 수 있는 사실을 '온도'와 '기체'를 포함하여 써 봅시다.

_____

_____

[16~17] 물이 조금 담긴 페트병을 마개로 막아 냉장고에 넣어 두었더니 오른쪽과 같이 찌그러졌습니다.

16 위 페트병이 찌그러지는 데 영향을 준 것은 무엇입니까?   (   )

① 압력   ② 바람   ③ 습도
④ 온도   ⑤ 햇빛

17 앞의 현상과 같은 까닭으로 나타나는 현상을 보기 에서 골라 기호를 써 봅시다.

보기
㉠ 충격을 받은 에어백이 찌그러진다.
㉡ 겨울철에는 자전거 타이어가 찌그러진다.
㉢ 잠수부가 내뿜은 공기 방울이 물 표면으로 올라갈수록 커진다.

(   )

18 다음 (   )에 해당하는 기체가 이용되는 예로 옳은 것을 보기 에서 골라 기호를 써 봅시다.

공기는 대부분 질소와 (   )(으)로 이루어져 있으며, 이 밖에 여러 가지 기체가 섞여 있는 혼합물이다.

보기
㉠ 소화기에 이용된다.
㉡ 압축 공기통에 이용된다.
㉢ 자동차 에어백을 채우는 데 이용된다.

(   )

19 다음은 어떤 기체에 대한 설명인지 써 봅시다.

청정 연료로 환경을 오염시키지 않고 전기를 만드는 데 이용된다.

(   )

20 공기를 이루는 기체에 대한 설명으로 옳지 않은 것은 어느 것입니까?   (   )

① 네온은 조명 기구에 이용된다.
② 수소는 식물을 키우는 데 이용된다.
③ 헬륨은 풍선을 하늘에 띄우는 데 이용된다.
④ 용접에 이용되는 기체는 다른 물질이 타는 것을 돕는 성질이 있다.
⑤ 물질을 차갑게 보관하는 데 이용되는 기체는 다른 물질이 타는 것을 막는 성질이 있다.

1 다음과 같이 기체 발생 장치를 만든 다음 가지 달린 삼각 플라스크에 물과 탄산수소 나트륨을 넣고, 깔때기에는 진한 식초를 넣었습니다. [10점]

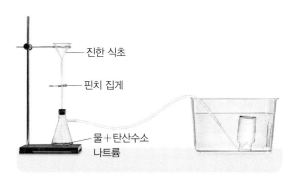

진한 식초
핀치 집게
물＋탄산수소 나트륨

(1) 위 핀치 집게의 역할에 대해 써 봅시다. [3점]

_____

_____

(2) 위 장치에서 발생하는 기체의 이름을 쓰고, 이 기체의 성질을 <u>한 가지</u> 써 봅시다. [7점]

_____

_____

2 오른쪽과 같이 주사기에 공기를 넣고 입구를 막았습니다. 온도를 이용하여 피스톤을 주사기 안쪽으로 이동시키는 방법과 그 까닭을 써 봅시다. [10점]

공기

(1) 방법: _____

_____

(2) 까닭: _____

_____

탐구1 식물 세포와 동물 세포

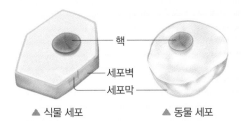

▲ 식물 세포　　▲ 동물 세포

1 생물을 이루는 세포

① **세포**: 생물을 이루는 기본 단위 ➡ 생물은 모두 세포로 이루어져 있으며, 세포는 종류에 따라 크기와 모양이 다양하고 하는 일도 다릅니다.

② **식물 세포와 동물 세포의 공통점과 차이점**

공통점	• ❶〔 　 〕과 세포막이 있습니다. • 크기가 매우 작아 맨눈으로 관찰하기 어렵습니다.
차이점	• ❷〔 　 〕이 식물 세포에는 있고, 동물 세포에는 없습니다.

탐구2 뿌리의 생김새

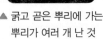

▲ 굵고 곧은 뿌리에 가는　▲ 굵기가 비슷한 가는
뿌리가 여러 개 난 것　　뿌리가 수염처럼 난 것

2 뿌리의 생김새와 하는 일

① **생김새**: 식물의 종류에 따라 뿌리의 생김새가 다양합니다.

굵고 곧은 뿌리에 가는 뿌리가 여러 개 난 것	굵기가 비슷한 가는 뿌리가 수염처럼 난 것
예 감나무, 명아주, 봉선화 등	예 파, 양파, 강아지풀 등

• 공통적으로 솜털처럼 가는 ❸〔 　 〕이 나 있습니다.

② **하는 일**

• 땅속으로 뻗어 ❹〔 　 〕을 흡수합니다.

양파 두 개 중 한 개만 뿌리를 자른 뒤, 같은 양의 물이 담긴 비커 위에 올려놓으면, 며칠 뒤 뿌리를 자르지 않은 양파 쪽 비커의 물이 더 많이 줄어듭니다.	➡	뿌리는 물을 흡수합니다.

• 식물을 지지하고, 뿌리에 양분을 저장하기도 합니다.

탐구3 붉은 색소 물에 넣어 둔 백합 줄기의 단면

▲ 가로 단면　　▲ 세로 단면

3 줄기의 생김새와 하는 일

① **생김새**: 식물의 종류에 따라 줄기의 생김새가 다양합니다.

곧은줄기	감는줄기	기는줄기	양분을 저장하는 줄기
예 소나무, 토마토	예 나팔꽃, 등나무	예 고구마, 딸기	예 감자, 토란

② **하는 일**

• 뿌리에서 흡수한 물이 이동하는 통로 역할을 합니다.

붉은 색소 물에 넣어 둔 백합 줄기의 단면을 관찰합니다.	➡	뿌리에서 흡수한 물은 ❺〔 　 〕에 있는 통로(붉게 물든 부분)로 이동합니다.

• 식물을 지지하고, 줄기에 양분을 저장하기도 합니다.

4 잎의 생김새와 하는 일 / 잎에 도달한 물의 이동

① **생김새**: 잎몸과 잎자루로 이루어져 있고, 잎몸에는 잎맥이 퍼져 있습니다.

② **하는 일**: ⑥ [   ]을 통해 양분인 녹말을 만듭니다.

빛을 받은 잎과 빛을 받지 못한 잎에 아이오딘-아이오딘화 칼륨 용액을 떨어뜨리면 빛을 받은 잎만 청람색으로 변합니다.	→ 빛을 받은 잎에서만 ⑦ [ ]과 같은 양분이 만들어집니다.

③ **잎에 도달한 물의 이동**: ⑧ [   ]을 통해 잎에 도달한 물이 잎의 기공을 통해 식물 밖으로 빠져나갑니다.

잎이 있는 모종과 잎이 없는 모종을 각각 물이 담긴 삼각 플라스크에 넣고 비닐봉지를 씌우면, 잎이 있는 모종에 씌운 비닐봉지 안에만 물이 생깁니다.	→ 물은 잎을 통해 식물 밖으로 빠져나갑니다.

5 꽃의 생김새와 하는 일

① **생김새**

암술	꽃가루받이를 거쳐 씨를 만듭니다.	⑨ [ ]	암술과 수술을 보호합니다.
수술	꽃가루를 만듭니다.	꽃받침	꽃잎을 보호합니다.

② **꽃가루받이**: 수술에서 만든 꽃가루가 암술로 옮겨 붙는 것

곤충에 의한 꽃가루받이	새에 의한 꽃가루받이	바람에 의한 꽃가루받이	물에 의한 꽃가루받이
예 사과나무	예 동백나무	예 벼	예 검정말

6 씨가 퍼지는 방법

① **열매가 자라는 과정**: 꽃가루받이가 이루어지면 암술 속에서 씨가 만들어지고, 씨를 둘러싼 부분이 씨와 함께 자라서 열매가 됩니다.

② **열매가 하는 일**: 어린 씨를 보호하고, ⑩ [   ]를 퍼뜨립니다.

③ **씨가 퍼지는 방법**

동물의 털이나 사람의 옷에 붙어서	예 도꼬마리, 도깨비바늘
동물에게 먹혀서	예 벚나무, 산수유나무
솜털 같은 부분이 있어 바람에 날려서	예 민들레, 박주가리
날개 같은 부분이 있어 바람에 날려서	예 단풍나무, 가죽나무
물에 떠서	예 연꽃, 코코야자
열매껍질이 터져서	예 봉선화, 콩

탐구4 잎에서 만든 양분 확인하기

잎에 아이오딘-아이오딘화 칼륨 용액을 떨어뜨린 결과

▲ 빛을 받지 못한 잎　　▲ 빛을 받은 잎

탐구5 복숭아꽃의 생김새

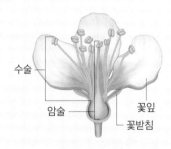

수술

암술

꽃잎

꽃받침

탐구6 씨가 퍼지는 방법

▲ 동물의 털이나 사람의 옷에 붙어서　　▲ 동물에게 먹혀서

▲ 바람에 날려서　　▲ 물에 떠서

쪽지 시험 3. 식물의 구조와 기능

이름	맞은 개수

정답과 해설 ● 35쪽

1 식물 세포는 세포벽과 (   )(으)로 둘러싸여 있고, 안에 핵이 있습니다.

2 식물의 종류에 따라 뿌리의 생김새는 다양하지만 공통적으로 솜털처럼 가는 (   )이/가 나 있습니다.

3 무와 당근은 식물의 어느 부분에 양분을 저장합니까?

4 딸기, 나팔꽃, 토마토 중 줄기가 굵고 곧게 자라는 것은 어느 것입니까?

5 줄기는 잎이나 꽃 등을 받쳐 식물을 지지하고, 줄기에 (   )을/를 저장하기도 합니다.

6 잎은 광합성을 통해 양분인 (   )을/를 만듭니다.

7 (   )은/는 잎에 도달한 물이 기공을 통해 식물 밖으로 빠져나가는 것입니다.

8 꽃의 구조 중 꽃가루받이를 거쳐 씨를 만드는 부분은 무엇입니까?

9 벼와 옥수수는 (곤충, 바람)에 의해 꽃가루받이가 이루어집니다.

10 민들레는 무엇에 의해 씨가 퍼집니까?

서술 쪽지 시험 (3. 식물의 구조와 기능)

이름	맞은 개수

정답과 해설 • 35쪽

1 식물 세포와 동물 세포의 차이점을 써 봅시다.

2 고구마나 우엉의 뿌리가 다른 식물에 비해 굵은 까닭을 뿌리의 기능과 관련하여 써 봅시다.

3 붉은 색소 물에 넣어 둔 백합 줄기를 가로와 세로로 잘라 관찰한 결과로 알 수 있는 줄기의 기능을 써 봅시다.

4 증산 작용의 역할을 두 가지 써 봅시다.

5 꽃가루받이란 무엇인지 써 봅시다.

6 씨가 퍼지는 방법을 두 가지 써 봅시다.

중요

1 세포에 대한 설명으로 옳은 것을 두 가지 골라 써 봅시다. (,   )

① 세포는 크기가 일정하다.
② 식물 세포에는 세포벽이 없다.
③ 모든 생물은 세포로 이루어져 있다.
④ 동물 세포는 세포벽 안에 핵이 있다.
⑤ 세포는 종류에 따라 하는 일이 다르다.

2 오른쪽은 광학 현미경으로 관찰한 양파 표피 세포의 모습입니다. 이에 대한 설명으로 옳지 <u>않은</u> 것은 어느 것입니까? (   )

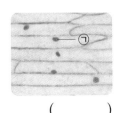

① ㉠은 핵이다.
② 세포 가장자리가 얇다.
③ ㉠은 세포 안에 하나씩 보인다.
④ 벽돌이 쌓여 있는 것처럼 보인다.
⑤ 세포의 크기와 모양이 조금씩 다르다.

3 뿌리의 모양이 다음과 비슷한 식물을 옳게 짝 지은 것은 어느 것입니까? (   )

    ㉠   ㉡   ㉠   ㉡
① 당근   고추   ② 당근   파
③ 고추   감나무   ④ 강아지풀   양파
⑤ 파   감나무

서술형

4 오른쪽 뿌리에서 볼 수 있는 솜털처럼 가는 ㉠ 부분의 이름과 하는 일을 써 봅시다.

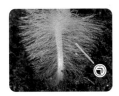

_____

_____

5 다음 ( ) 안에 알맞은 말을 써 봅시다.

> 바람이 불어도 식물이 쉽게 쓰러지지 않는 까닭은 (   )이/가 땅속으로 깊이 뻗어 식물을 지지하기 때문이다.

(   )

[6~7] 붉은 색소 물에 4시간 동안 넣어 둔 백합 줄기를 가로와 세로로 잘라 단면을 관찰하였습니다.

6 관찰한 백합 줄기의 단면을 그림으로 옳게 나타낸 것을 모두 골라 기호를 써 봅시다.

  ㉠   ㉡   ㉢

(   )

중요

7 위 실험을 통해 알 수 있는 사실로 옳은 것은 어느 것입니까? (   )

① 줄기에서 흡수한 물은 잎에 저장된다.
② 줄기는 물을 이용하여 양분을 만든다.
③ 뿌리에서 흡수한 양분은 줄기에 저장된다.
④ 잎에서 만든 양분은 줄기를 거쳐 이동한다.
⑤ 뿌리에서 흡수한 물은 줄기에 있는 통로로 이동한다.

8 줄기가 주변의 다른 물체를 감아 올라가며 자라는 식물을 골라 기호를 써 봅시다.

▲ 토마토   ▲ 나팔꽃   ▲ 고구마

(   )

9 잎이 하는 일로 옳은 것은 어느 것입니까?

(   )

① 물을 흡수한다.
② 꽃가루를 만든다.
③ 어린 씨를 보호한다.
④ 광합성을 하여 양분을 만든다.
⑤ 식물이 쓰러지지 않게 지지한다.

[10~11] 다음은 잎에서 일어나는 작용을 나타낸 것입니다.

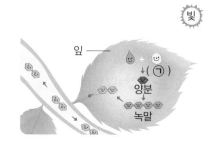

10 위 그림은 어떤 작용을 나타낸 것인지 써 봅시다.

(   )

11 위 ㉠에 들어갈 말로 옳은 것은 어느 것입니까?

(   )

① 질소   ② 산소
③ 수소   ④ 이산화 탄소
⑤ 아이오딘−아이오딘화 칼륨

12 다음은 모종 두 개를 각각 물이 담긴 삼각 플라스크에 넣고 비닐봉지를 씌워 묶은 뒤, 빛이 잘 드는 곳에 놓아둔 결과입니다. ㉠과 ㉡ 중 잎을 모두 딴 모종을 골라 기호를 써 봅시다.

㉠	비닐봉지 안에 물이 생겼다.
㉡	비닐봉지 안에 물이 생기지 않았다.

(   )

13 오른쪽은 잎의 표면을 확대한 모습입니다. ㉠에 대한 설명으로 옳은 것을 두 가지 골라 써 봅시다.

(,   )

① 기공이다.
② 증산 작용과 관련이 있다.
③ 물을 흡수하는 역할을 한다.
④ 맨눈으로 쉽게 볼 수 있는 크기이다.
⑤ 잎에 도달한 양분이 빠져나가는 구멍이다.

14 증산 작용에 대한 설명으로 옳지 않은 것을 보기 에서 골라 기호를 써 봅시다.

보기
㉠ 습도가 낮을 때 잘 일어난다.
㉡ 햇빛이 강할 때 잘 일어난다.
㉢ 잎에서 산소를 내보내는 작용이다.
㉣ 식물의 온도를 조절하는 역할을 한다.

(   )

15 다음 복숭아꽃의 구조에 대한 설명으로 옳지 <u>않은</u> 것은 어느 것입니까? (　　　)

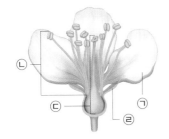

① ㉠은 꽃잎이다.
② ㉡은 꽃가루를 만든다.
③ ㉢은 암술이다.
④ ㉣은 꽃잎을 받치고 보호한다.
⑤ 호박꽃도 복숭아꽃과 같은 구조로 이루어져 있다.

16 꽃이 하는 일을 '꽃가루받이'라는 단어를 포함하여 써 봅시다.

_____

_____

17 다음 식물과 식물의 꽃가루받이를 돕는 것을 선으로 연결해 봅시다.

(1)
 검정말

(2)
 옥수수

(3)
무궁화

• ㉠ 물

• ㉡ 곤충

• ㉢ 바람

18 식물에서 다음과 같은 역할을 하는 부분을 써 봅시다.

> • 어린 씨를 보호한다.
> • 씨가 익으면 씨를 퍼뜨린다.

(　　　　　　　　)

19 다음 도깨비바늘과 우엉의 씨가 동물의 털이나 사람의 옷에 붙어서 퍼지는 것과 관련 있는 열매의 특징으로 옳은 것은 어느 것입니까? (　　　)

▲ 도깨비바늘　　　　▲ 우엉

① 향기가 있다.
② 물에 잘 뜬다.
③ 날개 같은 부분이 있다.
④ 솜털 같은 부분이 있다.
⑤ 갈고리 모양의 가시가 있다.

20 오른쪽 봉선화의 씨가 퍼지는 방법을 써 봅시다.

_____

_____

1 봉선화잎 중에서 한 개를 알루미늄 포일로 씌우고 빛이 잘 드는 곳에 두었습니다. 다음 날 오후 알루미늄 포일을 씌운 잎과 씌우지 않은 잎을 각각 따서 잎에 어떤 용액을 떨어뜨렸더니 결과가 다음과 같았습니다. [10점]

▲ 알루미늄 포일을 씌운 잎에 ( )을/를 떨어뜨린 모습

▲ 알루미늄 포일을 씌우지 않은 잎에 ( )을/를 떨어뜨린 모습

(1) 위 ( ) 안에 공통으로 들어갈 용액의 이름을 써 봅시다. [3점]

( )

(2) 위 실험을 통해 알 수 있는 사실을 잎에서 만들어진 물질을 포함하여 써 봅시다. [7점]

_____

_____

2 다음은 식물의 여러 가지 꽃가루받이 방법을 나타낸 것입니다. [10점]

(㉠)에 의한 꽃가루받이	(㉡)에 의한 꽃가루받이	(㉢)에 의한 꽃가루받이	(㉣)에 의한 꽃가루받이
사과나무	동백나무	벼	물수세미

(1) 위의 ㉠~㉣에 들어갈 말을 각각 써 봅시다. [4점]

㉠: ( ) ㉡: ( ) ㉢: ( ) ㉣: ( )

(2) 위 ㉠에 의해 꽃가루받이가 이루어지는 꽃의 특징을 <u>한 가지</u> 써 봅시다. [6점]

_____

_____

단원 정리 4. 빛과 렌즈

탐구1 프리즘으로 만든 무지개 관찰하기

긴 구멍이 뚫린 검은색 종이
흰 종이
프리즘
프리즘 받침대

1 햇빛이 프리즘을 통과한 모습

① ❶ ◻◻◻ : 유리나 플라스틱 등으로 만든 투명한 삼각기둥 모양의 도구입니다.

② **프리즘을 통과한 햇빛**: 여러 가지 색의 빛이 연속해서 나타납니다. ➡ 햇빛은 ❷ ◻◻◻ 가지 색의 빛으로 이루어져 있습니다.

③ **햇빛이 여러 가지 색의 빛으로 이루어져 있기 때문에 나타나는 현상의 예**: 비가 그친 뒤 하늘에 나타난 무지개, 분수 주변에 나타난 무지개, 유리 장식품 주변에 나타난 무지갯빛 등

탐구2 빛이 물과 유리를 통과하여 나아가는 모습 관찰하기

• 빛이 물을 통과하여 나아가는 모습

레이저 포인터

레이저 포인터

• 빛이 유리를 통과하여 나아가는 모습

2 빛이 물과 유리를 통과하여 나아가는 모습

① **빛의 ❸ ◻◻◻** : 빛이 비스듬히 나아갈 때 서로 다른 물질의 경계에서 꺾여 나아가는 현상입니다.

② 빛이 공기와 물, 공기와 유리의 경계에서 나아가는 모습

빛을 비스듬하게 비출 때	빛을 수직으로 비출 때
공기와 물 또는 공기와 유리의 경계에서 빛이 ❹ ◻◻◻ 나아 갑니다.	공기와 물 또는 공기와 유리의 경계에서 빛이 꺾이지 않고 그대로 나아갑니다.

탐구3 물속에 있는 물체의 모습 관찰하기

• 물속에 있는 동전의 모습

 물을 붓는다.

• 물속에 있는 젓가락의 모습

물을 붓는다.

• 물속에 있는 다리의 모습

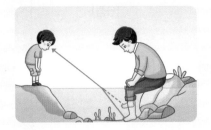

3 물속에 있는 물체의 모습

① 물속에 있는 동전과 젓가락의 모습

구분	물속에 있는 동전	물속에 있는 젓가락
물을 붓지 않았을 때	동전이 보이지 않습니다.	젓가락이 반듯하게 보입니다.
물을 부었을 때	동전이 보입니다.	젓가락이 꺾여 보입니다.

➡ 빛이 공기와 물의 경계에서 ❺ ◻◻◻ 하기 때문에 물속에 있는 물체의 모습은 실제와 다른 위치에 있는 것처럼 보입니다.

② 물속에 있는 다리의 모습

> 물속에 있는 다리에 닿아 반사된 빛은 물과 공기의 경계에서 굴절해 물 밖에 있는 사람의 눈으로 들어옵니다.

> 물 밖에 있는 사람은 빛의 연장선에 다리가 있다고 생각합니다.

➡ 물 밖에 있는 사람이 물속에 있는 사람의 다리를 보면 실제보다 짧아 보입니다.

4 볼록 렌즈의 특징

① **볼록 렌즈**: 렌즈의 가운데 부분이 가장자리보다 ⑥[   ] 렌즈로, 투명합니다.

② 볼록 렌즈를 통과한 빛이 나아가는 모습

볼록 렌즈의 가장자리에 비출 때	볼록 렌즈의 ⑦[ ]에 비출 때
빛이 렌즈의 두꺼운 가운데 쪽으로 ⑧[ ] 나아갑니다.	빛이 꺾이지 않고 그대로 나아갑니다.

③ 볼록 렌즈로 본 물체의 모습

가까이 있는 물체를 관찰할 때	멀리 있는 물체를 관찰할 때
실제보다 크고 똑바로 보일 때도 있습니다.	실제보다 작고 상하좌우가 바뀌어 보일 때도 있습니다.

5 볼록 렌즈를 통과한 햇빛의 모습

① 볼록 렌즈와 평면 유리를 통과한 햇빛

구분	볼록 렌즈	평면 유리
원의 크기	원의 크기가 작아졌다가 다시 커집니다.	원의 크기가 변하지 않습니다.
원 안의 밝기와 온도	주변보다 원 안의 밝기가 밝고, 온도가 높습니다.	원 안의 밝기와 온도가 변하지 않습니다.

② 볼록 렌즈는 햇빛을 ⑨[   ]시켜 한곳으로 모을 수 있습니다.

6 볼록 렌즈를 이용한 도구를 만들어 관찰한 물체의 모습

① 간이 사진기와 간이 프로젝터를 관찰한 물체의 모습

간이 사진기	상하좌우가 바뀌어 보입니다.
간이 프로젝터	상하좌우가 바뀌어 보이고, 커 보입니다.

② **간이 사진기로 본 물체의 모습이 실제와 다른 까닭**: 간이 사진기에 있는 ⑩[   ]가 빛을 굴절시키기 때문입니다.

7 우리 생활에서 볼록 렌즈를 이용하는 예

볼록 렌즈의 쓰임새	볼록 렌즈를 이용한 기구
작은 물체를 확대하여 관찰할 때	현미경, 확대경, 돋보기
멀리 있는 물체를 확대할 때	망원경, 쌍안경
빛을 모아 사진을 촬영할 때	사진기, 휴대전화

탐구4 볼록 렌즈를 통과한 빛과 볼록 렌즈로 본 물체의 모습 관찰하기

• 볼록 렌즈를 통과한 빛이 나아가는 모습

▲ 빛을 볼록 렌즈의 가장자리에 비출 때　▲ 빛을 볼록 렌즈의 가운데에 비출 때

• 볼록 렌즈로 본 물체의 모습

▲ 가까이 있는 물체　▲ 멀리 있는 물체

탐구5 볼록 렌즈를 통과한 햇빛 관찰하기

▲ 볼록 렌즈를 통과한 햇빛의 모습　▲ 평면 유리를 통과한 햇빛의 모습

탐구6 간이 사진기를 만들어 물체 관찰하기

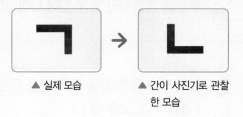

▲ 실제 모습　▲ 간이 사진기로 관찰한 모습

탐구7 볼록 렌즈를 이용한 예

▲ 현미경　▲ 망원경　▲ 사진기

쪽지 시험 (4. 빛과 렌즈)

이름	맞은 개수

정답과 해설 • 37쪽

1 햇빛을 프리즘에 통과시키면 햇빛은 (한, 여러) 가지 색의 빛으로 나타납니다.

2 비스듬히 나아가던 빛이 서로 다른 물질의 경계에서 꺾여 나아가는 현상을 빛의 (   )(이)라고 합니다.

3 빛을 불투명한 유리판에 비스듬하게 비추면 빛이 공기와 물의 (   ) 에서 꺾여 나아갑니다.

4 컵 속에 젓가락을 넣고 물을 부으면 젓가락이 (   ) 보입니다.

5 물 밖에 있는 사람이 물속에 있는 다리를 보면 실제보다 다리가 (짧아, 길어) 보입니다.

6 볼록 렌즈는 가운데 부분이 가장자리보다 (   ) 렌즈입니다.

7 곧게 나아가던 레이저 포인터의 빛이 볼록 렌즈의 (가운데, 가장자리) 부분을 통과하면 빛은 꺾여 나아갑니다.

8 볼록 렌즈로 햇빛을 모은 곳은 주변보다 밝기가 (밝고, 어둡고), 온도가 (높습니다, 낮습니다).

9 간이 사진기로 물체를 보면 실제 모습과 (같게, 다르게) 보입니다.

10 현미경은 볼록 렌즈인 대물렌즈와 접안렌즈를 이용하여 물체의 모습을 (확대, 축소)해서 볼 수 있는 기구입니다.

서술 쪽지 시험 (4. 빛과 렌즈)

이름	맞은 개수

정답과 해설 • 37쪽

1 비가 그친 뒤 하늘에 무지개가 나타나는 까닭을 햇빛의 특징과 관련지어 써 봅시다.

2 빛의 굴절이란 무엇인지 써 봅시다.

3 동전을 넣은 컵 속에 물을 부으면 보이지 않던 동전이 보이는 까닭을 써 봅시다.

4 볼록 렌즈의 구실을 하는 물체의 특징 두 가지를 써 봅시다.

5 볼록 렌즈가 햇빛을 모을 수 있는 까닭을 써 봅시다.

6 간이 사진기에 이용되는 볼록 렌즈의 역할을 써 봅시다.

[1~2] 다음은 햇빛의 특징을 알아보는 실험입니다.

1 위 실험에서 햇빛이 통과하도록 설치한 ㉠에 대한 설명으로 옳은 것은 어느 것입니까?
( )

① ㉠의 이름은 유리막대이다.
② 투명한 물질로 만들어져 있다.
③ 햇빛을 진하게 하는 구실을 한다.
④ ㉠을 통과한 햇빛은 한 가지 색의 빛으로 나타난다.
⑤ 실험을 통해 햇빛은 물체에 닿으면 반사한 다는 것을 알 수 있다.

⭐중요 / 서술형

2 위 실험을 통해 알 수 있는 햇빛의 특징을 써 봅시다.

_____

_____

3 오른쪽과 같이 투명한 보석을 햇빛이 통과할 때 무지갯빛이 나타나는 까닭은 무엇입니까? ( )

① 햇빛은 직진하기 때문이다.
② 햇빛은 반사하기 때문이다.
③ 햇빛은 넓게 퍼지는 성질이 있기 때문이다.
④ 햇빛은 한 가지 색의 빛으로 이루어져 있기 때문이다.
⑤ 햇빛은 여러 가지 색의 빛으로 이루어져 있기 때문이다.

4 오른쪽과 같이 레이저 포인터의 빛을 반투명한 유리판에 비스듬히 비추었을 때의 모습으로 옳은 것은 어느 것입니까? ( )

① 빛이 꺾인다.   ② 빛이 반사된다.
③ 빛이 사라진다.   ④ 빛이 꺾이지 않는다.
⑤ 빛이 여러 가지 색으로 나누어진다.

[5~6] 오른쪽은 공기와 물의 경계에 빛을 비스듬하게 비추었을 때의 모습을 관찰하는 실험입니다.

5 위 실험에서 빛이 나아가는 모습으로 옳은 것을 골라 기호를 써 봅시다.

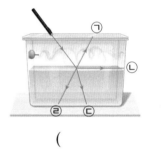

( )

⭐중요 /

6 위 실험에서 빛이 나아가는 모습과 관련 있는 빛의 성질을 써 봅시다.

빛의 ( )

7 다음과 같이 물속에 있는 물고기를 바라볼 때 물 밖에 있는 사람의 눈에 보이는 물고기의 위치로 옳은 것을 골라 기호를 써 봅시다.

( )

[8~9] 다음은 컵에 물을 붓고 관찰하는 실험입니다.

(가) 높이가 낮고 불투명한 컵의 바닥에 동전을 넣는다.
(나) 컵에 물을 붓지 않았을 때와 부었을 때 보이는 모습을 관찰한다.

8 컵에 물을 붓지 않았을 때와 부었을 때 보이는 모습의 차이점으로 옳은 것은 어느 것입니까?
( )

① 컵의 크기　　　② 컵의 색깔
③ 컵의 위치　　　④ 동전의 색깔
⑤ 동전이 보이는지의 여부

9 위 실험에 대한 설명으로 옳지 <u>않은</u> 것을 보기에서 골라 기호를 써 봅시다.

보기
㉠ 컵에 물을 부으면 동전이 물에 뜬다.
㉡ 컵에 물을 부으면 동전에서 반사된 빛이 눈으로 들어온다.
㉢ 물속에 있는 물체는 실제와 다른 위치에 있는 것처럼 보인다.

( )

10 다음 중 볼록 렌즈가 <u>아닌</u> 것은 무엇입니까?
( )

 ①　　② 　　③ 　　④

중요 서술형

11 볼록 렌즈로 물체를 보면 어떻게 보이는지 써 봅시다.

_____

_____

12 다음 두 물체의 공통점으로 옳은 것은 어느 것입니까?
( )

▲ 물방울　　　▲ 물이 담긴 둥근 어항

① 빛을 굴절시킬 수 없다.
② 빛을 통과 시킬 수 없다.
③ 볼록 렌즈와 같은 역할을 한다.
④ 물체의 가장자리가 가운데 부분보다 두껍다.
⑤ 물체와의 거리에 관계없이 물체에 대고 보면 항상 작게 보인다.

[13~14] 다음은 볼록 렌즈와 평면 유리에 햇빛을 통과시키는 실험입니다.

(가) 볼록 렌즈와 흰 종이 사이의 거리를 약 25 cm로 하고, 10초 뒤에 햇빛이 흰 종이에 만든 원 안의 온도를 측정한다.
(나) 볼록 렌즈 대신 평면 유리를 사용하여 (가)와 같은 실험을 한다.

13 위 실험 결과를 나타낸 다음 표에서 ㉠과 ㉡ 중 볼록 렌즈를 통과한 햇빛이 만든 원 안의 온도를 골라 기호를 써 봅시다.

㉠	㉡
24.5 ℃	50.0 ℃

( )

중요 서술형

14 위 13번의 답과 같이 ㉠과 ㉡의 온도가 차이나는 까닭을 써 봅시다.

_____

_____

15 오른쪽과 같이 햇빛이 비치는 곳에서 열 변색 종이에 그림을 그릴 때, 반드시 필요한 준비물은 어느 것입니까? ( )

① 거울
② 스탠드
③ 프리즘
④ 볼록 렌즈
⑤ 평면 유리

16 다음 간이 사진기를 만들 때 필요한 것이 <u>아닌</u> 것은 어느 것입니까? ( )

속 상자

겉 상자

① 기름종이
② 평면 유리
③ 셀로판테이프
④ 볼록 렌즈
⑤ 간이 사진기 전개도

중요

17 다음 모양을 간이 사진기로 보았을 때 보이는 모습을 그려 봅시다.

문 →

18 명수와 은주 중 간이 프로젝터로 본 스마트 기기의 영상에 대한 모습에 대해 옳게 말한 사람의 이름을 써 봅시다.

간이 프로젝터로 영상을 보면 영상이 작게 보여.

명수

간이 프로젝터로 영상을 보면 영상의 상하좌우가 바뀌어 보여.

은주

( )

19 다음 쌍안경과 돋보기의 공통점으로 옳은 것은 어느 것입니까? ( )

▲ 쌍안경 ▲ 돋보기

① 시력을 교정하는 데 사용된다.
② 큰 물체를 축소시켜 볼 수 있다.
③ 볼록 렌즈를 이용해 만든 기구이다.
④ 빛을 모아 사진을 촬영할 때 사용된다.
⑤ 멀리 있는 물체를 확대하여 볼 수 있다.

서술형

20 다음은 현미경의 모습입니다. ㉠과 ㉡에 공통적으로 이용된 렌즈와 현미경의 쓰임새를 써 봅시다.

㉠

㉡

_____

_____

1 다음은 빛이 물을 통과하여 나아가는 모습을 관찰하는 과정입니다. [10점]

▲ 투명한 사각 수조에 물을 넣고 우유를 세네 방울 떨어뜨린다.

▲ 향을 피워 수조 근처에 가져간 뒤, 투명한 아크릴판으로 덮어 향 연기를 채운다.

▲ 레이저 포인터의 빛을 물에 비스듬히 비추고, 빛이 나아가는 모습을 관찰한다.

(1) 위 실험에서 수조에 우유와 향 연기를 넣는 까닭을 써 봅시다. [3점]

_____

_____

(2) 위 실험 결과 공기와 물의 경계에서 빛이 나아가는 모습을 써 봅시다. [7점]

_____

_____

2 다음은 볼록렌즈를 통과한 햇빛을 관찰하는 과정입니다. [10점]

(가) 태양, 볼록 렌즈, 흰 종이가 일직선이 되게 한다.

(나) 볼록 렌즈와 흰 종이의 거리를 25 cm로 했을 때, 10초 뒤에 원의 밝기와 온도를 측정한다.

(1) 위 실험에서 볼록 렌즈가 흰 종이에 만든 원 안의 밝기와 온도를 주변과 비교하여 써 봅시다. [5점]

_____

_____

(2) 위 (1)번의 답과 같이 생각한 까닭을 써 봅시다. [5점]

_____

_____

1. 지구와 달의 운동

1 다음과 같이 어느 날 오후 12시 30분 무렵에 남쪽 하늘에서 태양을 보았습니다. 3시간 뒤 관찰한 태양의 위치에 대한 설명으로 옳은 것은 어느 것입니까? ( )

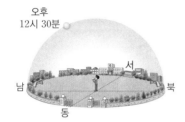

① 동쪽으로 조금씩 이동한다.
② 서쪽으로 조금씩 이동한다.
③ 북쪽으로 조금씩 이동한다.
④ 해가 져서 관찰되지 않는다.
⑤ 남쪽 하늘에서 위치가 변하지 않는다.

1. 지구와 달의 운동

2 오른쪽과 같이 지구본을 회전시면서 투명 반구에 비친 전등의 위치 변화를 관찰하였습니다. 다음은 이 실험으로 알 수 있는 사실을 설명한 것입니다. ( ) 안에 알맞은 말을 써 봅시다.

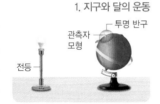

지구의 관측자가 볼 때 하루 동안 태양이 움직이는 까닭은 ( ) 때문이다.

( )

1. 지구와 달의 운동

3 지구의 자전에 대한 설명으로 옳은 것을 보기 에서 골라 기호를 써 봅시다.

보기
㉠ 지구는 한 달에 한 바퀴씩 자전한다.
㉡ 지구는 서쪽에서 동쪽으로 자전한다.
㉢ 지구의 자전으로 달이 서쪽에서 동쪽으로 이동하는 것처럼 보인다.

( )

1. 지구와 달의 운동

4 전등을 켜고 지구본을 회전시키면서 관측자 모형의 위치가 다음과 같을 때, 관측자 모형이 위치한 지역은 낮과 밤 중 어느 때인지 각각 써 봅시다.

㉠: ( ) ㉡: ( )

1. 지구와 달의 운동

5 각 계절의 대표적인 별자리를 선으로 연결해 봅시다.

(1) 봄 • • ㉠ 백조자리
(2) 여름 • • ㉡ 처녀자리
(3) 가을 • • ㉢ 큰개자리
(4) 겨울 • • ㉣ 안드로메다자리

1. 지구와 달의 운동

6 다음 중 옳지 않은 것을 골라 기호를 써 봅시다.

지구가 ㉠태양을 중심으로 ㉡일 년에 한 바퀴씩 ㉢동쪽에서 서쪽으로 회전하는 것을 지구의 공전이라고 한다.

( )

1. 지구와 달의 운동

7 다음은 지구의 공전에 따른 위치와 별자리가 있는 방향을 나타낸 것입니다. 거문고자리를 가장 오래 볼 수 있고 쌍둥이자리를 볼 수 없는 계절을 써 봅시다.

( )

8 오른쪽은 저녁 7시 무렵에 관찰한 달의 모습입니다. 이에 대한 설명으로 옳지 <u>않은</u> 것은 어느 것입니까? ( )

① 초승달이다.
② 서쪽 하늘에서 관찰한 것이다.
③ 음력 2~3일 무렵에 관찰한 것이다.
④ 5일 뒤에는 하현달로 관찰된다.
⑤ 며칠 후 같은 시각에 동쪽으로 이동한 위치에서 관찰된다.

9 다음 ( ) 안에 알맞은 기체의 이름을 써 봅시다.

> 기체 발생 장치의 가지 달린 삼각 플라스크에 물과 이산화 망가니즈를 넣고 핀치 집게를 조금 열어 깔때기에 부은 묽은 과산화 수소수를 흘려보냈더니 ( )가 발생하였다.

( )

10 산소가 든 집기병 뒤에 흰 종이를 대었을 때 알 수 있는 산소의 성질은 무엇입니까? ( )

① 냄새가 없다.
② 색깔이 없다.
③ 스스로 잘 탄다.
④ 불을 끄는 성질이 있다.
⑤ 다른 물질이 타는 것을 돕는다.

11 이산화 탄소가 든 집기병에 석회수를 넣고 흔들었을 때의 결과에 대한 설명으로 옳은 것을 보기 에서 골라 기호를 써 봅시다.

> 보기
> ㉠ 아무런 변화가 없다.
> ㉡ 석회수가 뿌옇게 된다.
> ㉢ 석회수가 기체로 변해 날아간다.

( )

12 이산화 탄소가 이용되는 예로 옳지 <u>않은</u> 것은 어느 것입니까? ( )

① 자동 팽창식 구명조끼에 이용된다.
② 드라이아이스를 만드는 데 이용된다.
③ 불을 끄는 소화기의 재료로 이용된다.
④ 잠수부의 압축 공기통에 넣어 이용된다.
⑤ 탄산음료의 톡 쏘는 맛을 내는 데 이용된다.

[13~14] 오른쪽과 같이 주사기에 공기 40 mL를 넣고 입구를 막은 뒤 피스톤을 누르는 세기를 다르게 해 보았습니다.

공기—

13 다음은 위 실험의 결과를 나타낸 것입니다. 피스톤을 세게 누른 경우의 기호를 써 봅시다.

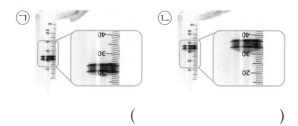

㉠ ㉡

( )

14 위 실험에 대한 설명으로 옳은 것을 보기 에서 모두 골라 기호를 써 봅시다.

> 보기
> ㉠ 공기 대신 물을 넣어도 실험 결과는 같다.
> ㉡ 실험을 통해 공기는 압력에 따라 부피가 변한다는 것을 알 수 있다.
> ㉢ 발로 찬 축구공이 찌그러지는 까닭은 위 실험에서 공기의 부피가 변한 까닭과 같다.

( )

학업
성취도
평가

15 오른쪽과 같이 삼각 플라 스크 입구에 고무풍선을 씌웠습니다. 풍선을 부풀 어 오르게 하는 방법으로 옳은 것을 두 가지 골라 써 봅시다.   (,)

2. 여러 가지 기체

① 삼각 플라스크를 얼음물에 넣는다.
② 삼각 플라스크를 뜨거운 물에 넣는다.
③ 삼각 플라스크를 냉장고에 넣는다.
④ 삼각 플라스크를 추운 겨울철 밖에 둔다.
⑤ 삼각 플라스크를 여름철 햇빛 아래에 둔다.

2. 여러 가지 기체

16 다음 ( ) 안의 알맞은 말에 ○표 해 봅시다.

> 겨울에는 여름보다 기온이 (높으므로, 낮으므로) 자전거 타이어 속 공기의 부피 가 (커져서, 작아져서) 타이어가 찌그러 지므로 공기를 더 많이 넣는다.

2. 여러 가지 기체

17 자동차 에어백을 채우는 데 이용되는 기체가 이 용되는 다른 예로 옳은 것은 어느 것입니까? ( )

① ▲ 풍선

② ▲ 드라이아이스

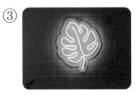
③ ▲ 조명 기구

④ ▲ 과자 봉지

1. 지구와 달의 운동

18 다음은 지구가 자전하는 모습입니다.

(1) 지구가 한 바퀴 자전하는 데 걸리는 시간을 써 봅시다.

( )

(2) 지구의 자전으로 나타나는 현상을 두 가지 써 봅시다.

_____

_____

1. 지구와 달의 운동

19 오른쪽과 같이 저녁 7 시 무렵 동쪽 하늘에서 보름달이 관찰되었습 니다. 약 30일 후 같은 시각에 관찰되는 달의 이름과 위치를 써 봅시다.

_____

_____

2. 여러 가지 기체

20 오른쪽과 같이 산소가 들어 있는 집기병에 향 불을 넣었을 때 향불은 어떻게 되는지 쓰고, 그 까닭을 써 봅시다.

_____

_____

3. 식물의 구조와 기능

1 식물 세포와 동물 세포의 차이점으로 옳은 것은 어느 것입니까? ( )

① 식물 세포에는 세포막이 없다.
② 식물 세포는 작고, 동물 세포는 크다.
③ 식물 세포는 동물 세포와 다르게 핵이 있다.
④ 식물 세포는 동물 세포와 다르게 세포벽이 있다.
⑤ 식물 세포는 맨눈으로 볼 수 있지만, 동물 세포는 맨눈으로 볼 수 없다.

[2~3] 오른쪽과 같이 장치한 뒤 빛이 잘 드는 곳에 3일 동안 놓아두었습니다.

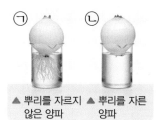

▲ 뿌리를 자르지 않은 양파　▲ 뿌리를 자른 양파

3. 식물의 구조와 기능

2 위 실험 결과 비커에 든 물이 더 많이 줄어든 것의 기호를 써 봅시다.

( )

3. 식물의 구조와 기능

3 위 실험으로 알 수 있는 뿌리의 역할을 보기 에서 골라 기호를 써 봅시다.

보기	
㉠ 지지 기능	㉡ 저장 기능
㉢ 흡수 기능	㉣ 호흡 기능

( )

3. 식물의 구조와 기능

4 다음 ( ) 안에 알맞은 말을 써 봅시다.

( )은/는 잎이나 꽃 등을 받쳐 식물을 지지하고, 물이 이동하는 통로 역할을 한다.

( )

3. 식물의 구조와 기능

5 다음 ㉠과 ㉡은 무엇에 대한 설명인지 각각 써 봅시다.

㉠ 잎에 도달한 물의 일부가 기공을 통해 식물 밖으로 빠져나가는 작용이다.
㉡ 식물이 빛과 이산화 탄소, 뿌리에서 흡수한 물을 이용하여 스스로 양분을 만드는 작용이다.

㉠: ( ) ㉡: ( )

3. 식물의 구조와 기능

6 식물의 각 부분에 대한 설명으로 옳지 <u>않은</u> 것은 어느 것입니까? ( )

① 뿌리에서 물을 흡수한다.
② 줄기는 뿌리와 잎을 연결한다.
③ 꽃받침은 꽃잎을 받치고 보호한다.
④ 증산 작용은 주로 뿌리에서 일어난다.
⑤ 잎에서 만든 양분은 줄기를 통해 이동한다.

3. 식물의 구조와 기능

7 식물과 각 식물의 꽃가루받이를 도와주는 것을 옳게 짝 지은 것은 어느 것입니까? ( )

① 벼 – 새
② 검정말 – 바람
③ 동백나무 – 물
④ 사과나무 – 곤충
⑤ 물수세미 – 바람

3. 식물의 구조와 기능

8 바람에 날려서 씨가 퍼지는 식물은 어느 것입니까? ( )

① 콩　　② 연꽃　　③ 우엉
④ 도꼬마리　⑤ 단풍나무

9 다음과 같이 프리즘을 통과시킨 햇빛을 관찰하여 알 수 있는 사실로 옳은 것을 보기 에서 골라 기호를 써 봅시다.

보기
㉠ 햇빛은 아무런 색이 없다.
㉡ 햇빛이 프리즘을 통과하면 색이 바뀐다.
㉢ 햇빛은 항상 여러 가지 색의 빛으로 보인다.
㉣ 햇빛이 프리즘을 통과하면 여러 가지 색의 빛이 연속해서 나타난다.

(   )

10 공기와 물의 경계에서 빛이 나아가는 모습으로 옳지 않은 것은 어느 것입니까? (   )

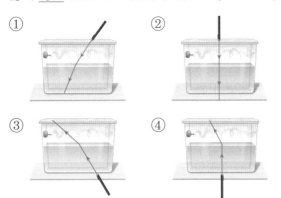

11 (   ) 안에 공통으로 들어갈 말을 써 봅시다.

• 서로 다른 물질의 경계에서 빛이 꺾여 나아가는 현상을 빛의 (   )(이)라고 한다.
• 빛은 공기와 유리, 공기와 기름의 경계에서 (   ) 한다.

(   )

12 다음과 같이 물속에 있는 물체의 모습이 실제 모습과 다르게 보이는 것과 관련 있는 빛의 성질은 어느 것입니까? (   )

① 빛은 항상 직진한다.
② 빛은 모든 물질을 통과한다.
③ 빛은 서로 다른 물질의 경계에서 반사한다.
④ 빛은 서로 다른 물질의 경계에서 굴절한다.
⑤ 빛은 여러 가지 색의 빛으로 이루어져 있기 때문에 물체의 모습이 다르게 보인다.

13 오른쪽과 같은 렌즈에 대한 설명으로 옳은 것은 어느 것입니까? (   )

① 빛을 모을 수 없다.
② 물체를 보면 항상 크게 보인다.
③ 물체를 보면 항상 똑바로 보인다.
④ 물이 담긴 어항은 렌즈와 같은 역할을 한다.
⑤ 물체를 보면 항상 상하좌우가 바뀌어 보인다.

14 볼록 렌즈 또는 평면 유리와 흰 종이 사이의 거리를 다르게 했을 때 아래 표와 같은 결과가 나올 수 있는 것은 무엇인지 써 봅시다.

볼록 렌즈와 흰 종이 사이의 거리	5 cm	25 cm	45 cm
원의 크기	◯	◉	◯

(   )

15 오른쪽과 같은 모양을 간이 사진
기로 관찰한 모습으로 옳은 것은
어느 것입니까? ( )

① ② ③

④ ⑤

18 다음과 같이 붉은 색소 물에 넣어 둔 백합 줄기
를 가로와 세로로 자른 단면에서 색소 물이 든
부분은 무엇을 의미하는지 써 봅시다.

▲ 가로 단면   ▲ 세로 단면

_____

_____

16 오른쪽 간이 사진기에 대한
설명으로 옳은 것은 어느
것입니까? ( )

① ㉠은 평면 유리이다.
② ㉠은 속 상자에 붙인다.
③ ㉡은 겉 상자에 붙인다.
④ 간이 사진기로 물체를 보면 똑바로 보인다.
⑤ 간이 사진기에 있는 ㉠이 빛을 굴절시켜
㉡에 물체의 모습을 만든다.

19 다음 복숭아꽃의 구조에서 꽃잎의 기호를 쓰고,
꽃잎이 하는 일을 <u>두 가지</u> 써 봅시다.

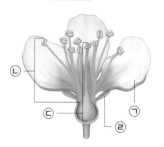

_____

_____

20 오른쪽과 같이 볼록 렌즈로
물체를 보면 물체가 실제 모
습과 다르게 보이는 까닭을
써 봅시다.

17 다음 기구에서 볼록 렌즈가 사용된 부분을 찾아
각각 ○표 해 봅시다.

▲ 돋보기안경   ▲ 쌍안경   ▲ 휴대 전화

_____

_____

o₂ 오·투·시·리·즈 생생한 학습자료와 검증된 컨텐츠로 과학 공부에 대한 모범 답안을 제시합니다.

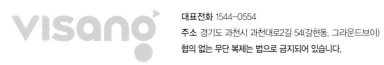

대표전화 1544-0554
주소 경기도 과천시 과천대로2길 54(갈현동, 그라운드브이)
협의 없는 무단 복제는 법으로 금지되어 있습니다.